高等学校计算机类国家级特色专业系列规划教材

Java 8
程序设计及实验

刘继承　王社伟　宋敏　郑丽萍　韩璐　主编

U0350748

清华大学出版社
北　京

内 容 简 介

本书是讲述 Java 程序设计的教材,在一般知识的基础上增加了 JDK 8 中的新功能,包括在接口中声明静态方法、默认方法,还有 Lambda 表达式、方法引用、Stream。在图形界面部分,去掉了介绍 Applet 的内容,增加了用 JavaFX 实现图形界面的内容及案例。本书由多位长期从事 Java 教学的教师根据实际授课经验编写而成,通过在教学环境中的试用,具有较好的教学效果。本书适合作为普通高等学校教材使用,为了便于学习,本书配有习题解答、电子课件及源程序,在本书附录中还有相应的授课计划和实验项目,为教师备课、授课和安排实验环节的项目提供参考,为读者的学习提供引导。

图书在版编目(CIP)数据

Java 8 程序设计及实验/刘继承等主编. —北京:清华大学出版社,2018(2022.1重印)
(高等学校计算机类国家级特色专业系列规划教材)
ISBN 978-7-302-50574-7

Ⅰ. ① J… Ⅱ. ①刘… Ⅲ. ①JAVA 语言-程序设计-高等学校-教材 Ⅳ. ①TP312.8

中国版本图书馆 CIP 数据核字(2018)第 153368 号

责任编辑:汪汉友
封面设计:傅瑞学
责任校对:徐俊伟
责任印制:杨 艳

出版发行:清华大学出版社
　　　　网　　址:http://www.tup.com.cn,http://www.wqbook.com
　　　　地　　址:北京清华大学学研大厦 A 座　　　　　　邮　　编:100084
　　　　社 总 机:010-62770175　　　　　　　　　　　　邮　　购:010-83470235
　　　　投稿与读者服务:010-62776969,c-service@tup.tsinghua.edu.cn
　　　　质量反馈:010-62772015,zhiliang@tup.tsinghua.edu.cn
　　　　课件下载:http://www.tup.com.cn,010-83470236
印 装 者:北京同文印刷有限责任公司
经　　销:全国新华书店
开　　本:185mm×260mm　　　印　　张:23.75　　　　字　　数:590 千字
版　　次:2018 年 9 月第 1 版　　　　　　　　　　　　印　　次:2022 年 1 月第 3 次印刷
定　　价:69.50 元

产品编号:076387-01

前　　言

　　本书的内容主要来自于为计算机专业本科生授课的讲义。本书在正式出版前,经过了两年的试用,根据试用中的反馈意见对内容进行了不断的修改和完善。

　　本书主要介绍 Java 编程语言的基础知识,侧重实际应用,力求引导学生提高动手编写程序的能力。本书内容精练,尽量将复杂的问题进行简化,主要目的是帮助学生克服畏难情绪,提高学习兴趣,从而快速入门。在入门之后可以进行自学,对书中某些知识进行补充。书中加星号(*)部分为选学部分,供有一定基础的读者学习使用。

　　要想学会一门编程语言,需要的是动手编程,只看书,不写程序,即使看无数本书也是学不会一门语言的。正如我们的先辈所说:"书上得来终觉浅,绝知此事要躬行"。书上的习题以及实验数量不多,读者在学习时要自己给自己找问题来编程解决。这些问题完全可以来自生活中。编程语言特别适宜用来解决手工计算的问题,例如高等数学、线性代数、概率与统计中都有很多需要计算的问题,可以试着编程求两个矩阵相乘,更难的可以用来求矩阵的分解等。学习数据结构时,可以用 Java 来实现链表、链式堆栈等,这样既可以学好基础知识,又可以学习如何用程序解决实际问题。

　　在学会 Java 的基本语法后,继续学习分为两个方面:一是学习使用 Java 自带的类库、第三方提供的类库;另一个是自己写类。这两方面同样重要。站在巨人的肩上才能看得更高。同样,每个人遇到的情况都是不一样的,通用的类库只能解决共有的问题,无法解决每个人特定的问题。

　　学习 Java 有一个非常大的方便,就是有详细的帮助文档。如果想学会 Java,必须学会使用 Java 自带类库的 API 文档。该文档可以从官方网站上下载。同样,第三方类库也提供有 API 文档,这些都是极好的参考。大部分的第三方 Java 类库都是开源的,包括 Java 类库也提供了源代码(JDK 下 src. zip 中就是),可以同时下载源代码,从这些源代码中进行学习。对某一个方法不明白,也可看源代码。Sun 还提供了 Java Tutorial,这是 Java 的教程——如何使用类。在有些类的 API 文档中有在线教程的链接。该教程也可以下载。

　　这些文档中,虽然有些有中文版,但是学生在学习时应尽量看英文版,可以同时提高自己的英文水平。目前,大量的资料和比较新的资料都是英文的,直接看英文资料就不用等待翻译,况且有些资料也根本不会有相应的翻译。

　　做事取得的结果取决于热情、坚持、付出的程度! 学编程也是如此!

　　明天的幸福生活,来自于今天的努力! 让我们携手共进,继续创造更美好的生活!

　　本书由河南工业大学信息科学与工程学院老师编写,按章节顺序,第 1、10 章由王社伟完成,第 2、6、7、8、9、12、13、14 章及附录由刘继承完成,第 3 章由韩璐完成,第 4、5 章由宋敏完成,第 11 章及实验由郑丽萍完成。

在编写、审校过程中,编著力求叙述清楚、内容正确,如果读者发现欠妥之处,恳请指正。作者邮箱 ljcyu@163.com(刘继承),随时欢迎大家的信件。

编　者
2018 年 7 月

目　　录

第一部分　Java 程序设计

第二部分 实 验

附　　录

第一部分 Java 程序设计

第 1 章　Java 入门

Java 技术既是一种面向对象的高级编程语言,也是一个平台,目前已经成为软件开发领域的主流技术。作为一种面向对象的高级语言,Java 具有跨平台、安全、强壮等优良特性;作为一种平台,Java 平台是一种纯软件平台,可以在各种基于硬件的平台上运行。Java平台包括两部分内容:Java 虚拟机和 Java API。

本章将介绍 Java 的由来、Java 的特点、Java 平台、Java 程序的开发流程及 Java Doc 文档的生成。

1.1　Java 简介

1.1.1　Java 的由来

Java 起源于美国 Sun 公司的一个名为 Green 的项目。该项目的目的是开发嵌入家用电器的分布式软件系统,以实现用户和电冰箱、电视机等家用电器的交流,使家用电器更加智能化。1990 年,Sun 公司成立了由 James Gosling 领导的开发小组着手该项目的开发。项目之初,他们准备采用C++ ,但C++ 太复杂,安全性差,需要花费很多的精力,而且还不会得到很好的效果。最后他们基于C++ 开发出了一种新的语言 Oak(Java 的前身)。之所以称之为 Oak,是因为在 James Gosling 的办公室外有一棵橡树,企盼着自己的产品能像窗外的橡树一样生机勃勃。Oak 是一种用于网络的精巧而安全的语言,保留了许多C++ 的语法,但除去了指针、操作符重载等潜在的危险特性,并且具有了跨平台的特性。Sun 公司曾以此投标一个交互式电视项目,但结果是被 SGI 打败,Oak 险些就此消失。恰巧这时全球Internet 正在迅速发展,Sun 公司的开发小组认识到 Oak 非常适合于 Internet 编程,运行于浏览器中的 Oak 小程序可以实现与用户的交互,而这恰好弥补了当时 WWW 缺乏交互性和动态性的缺点。

1995 年,Oak 语言更名为 Java。取 Java 名字的灵感来自于咖啡,有一天,几位 Java 成员组的会员正在讨论给这个新的语言取什么名字,当时他们正在咖啡馆喝着 Java(爪哇)咖啡,有一个人灵机一动说,就叫 Java 怎样? 得到了大家的认同,于是,Java 这个名字就这样传开了。

1996 年,Sun 公司发布了第一个 Java 开发工具包 Java Development Kit(JDK 1.0)。1998 年 Sun 公司发布了 JDK 1.2(从这个版本开始的 Java 技术都称为 Java 2),这是 Java 技术发展的里程碑。

1999 年,Sun 公司把 Java 2 技术分成 J2SE、J2EE、J2ME。J2SE(Java 2 Platform,Standard Edition)为 Java 桌面和工作组级应用的开发与运行提供环境;J2EE(Java 2 Platform,Enterprise Edition)帮助开发和部署可移植、稳健性、可伸缩且安全的服务器端Java 应用程序;J2ME(Java 2 Platform,Micro Edition)为在移动设备和嵌入式设备(例如手

机、PDA、电视机顶盒和打印机)上运行的应用程序提供一个稳健且灵活的环境。

2004年,Sun公司发布J2SE 1.5,在新的版本中包含了很多重大更新,例如泛型支持、基本类型的自动装箱、改进的循环、枚举类型、格式化I/O及可变参数等,成为Java语言发展史上的又一个里程碑。Java 2的各种版本开始更名,取消了其中的数字"2",例如J2EE更名为Java EE(Java Enterprise Edition),J2SE更名为Java SE(Java Standard Edition),J2ME更名为Java ME(Java Micro Edition)。

时至今日,Sun公司(现已被Oracle公司收购)已经陆续发布了JDK 1.3、JDK 1.4、JDK 1.5、JDK 1.6、JDK 1.7、JDK 1.8、JDK 9。想获取最新的JDK版本可以访问Java的官方网站(http://www.oracle.com/technetwork/java/index.html 或 java.sun.com)。在这个网站上不仅可以下载到最新的JDK,而且可以获悉Java的最新信息。

1.1.2 Java 的特点

Java是目前使用最为广泛的网络编程语言之一,具有以下特点。

1. 简单

Java语言的语法比较简单,风格类似于C++,但比C++简单。Java语言摒弃了C++中容易引发程序错误的地方,例如内存管理,增加了自动垃圾回收机制,大大简化了程序设计者的内存管理工作。

2. 面向对象

Java语言是一种面向对象的程序设计语言。面向对象的好处之一就是可以设计出可以重用的组件,并使开发出的软件更具弹性且容易维护。将在第4章详细介绍面向对象的基本概念。

3. 平台无关性

Java的平台无关性是指用Java编写的应用程序不用修改就可在不同的软硬件平台上运行。这是Java最显著的特点。Java主要靠JVM(Java Virtual Machine,Java虚拟机)来实现平台无关性。JVM是一种抽象机器,附着在具体操作系统之上。在JVM上,有一个Java解释器用来解释Java编译器编译后的程序。Java编程人员在编写完软件后,通过Java编译器将Java源程序编译为JVM的字节代码。任何一台计算机只要配备了Java解释器,就可以运行这个程序,而不管这种字节码是在何种平台上生成的,从而实现"一次编写,处处运行"(write once,run anywhere)的特点。

4. 解释型

Java是解释执行的。Java解释器直接对Java字节码进行解释执行。

5. 分布式

分布式计算包括数据分布和操作分布。数据分布是指数据可以分散存储在网络的不同主机上;操作分布是指应用系统的计算由分散在网络中的不同主机来完成。

Java支持WWW客户机—服务器模式,因此,它支持这两种分布性。

(1) 数据分布。Java提供了一个名为URL的对象,利用这个对象,可以打开并访问具有相同URL地址上的对象,访问方式与访问本地文件系统相同。

(2) 操作分布。Java的Applet小程序可以从服务器下载到客户端,实现部分计算在客户端进行,提高系统效率。

6. 安全

由于 Java 主要用于网络应用程序开发,因此对安全性有较高的要求。Java 通过自己的安全机制防止了病毒程序的产生和下载程序对本地系统的威胁破坏。当 Java 字节码进入解释器时,首先必须经过字节码校验器的检查,然后,Java 解释器将决定程序中类的内存布局,随后,类装载器负责把来自网络的类装载到单独的内存区域,避免应用程序之间相互干扰破坏。最后,客户端用户还可以限制从网络上装载的类只能访问某些文件系统。上述几种机制结合起来,使得 Java 成为安全的编程语言。

7. 动态特性

Java 程序的基本组成单元是类,而 Java 的类又是在运行过程中动态加载的,这使得 Java 可以在分布环境中动态地维护应用程序及其支持类库之间的一致性,更好地适应不断变化的环境。

8. 多线程

多线程机制使应用程序能够并行执行,而且同步机制保证了对共享数据的正确操作,从而带来更好的交互响应和实时行为。Java 提供了一套线程同步化机制,程序员可以利用它,编写出健壮的多线程程序。多线程是 Java 成为颇具魅力的服务器端开发语言的主要原因之一。

9. 高性能

Java 采用字节码解释运行,由于 Java 字节码与机器码十分接近,这种设计使得字节码能很快捷地转换成机器码,从而具有较高的性能。

1.2 Java 平台

计算机世界里存在着多种操作平台,例如 Windows、Linux、UNIX 等。在 Java 之前所编写的程序必须在每个平台上单独进行编译运行。在一个平台上运行的应用程序的二进制文件就不可能运行于其他的平台之上,因为这个二进制文件是基于特定的机器编码的。而 Java 平台是一种纯软件平台,它将应用程序编译成字节码,这种编码机制并不特定于任何一种机器编码,它的内容是 JVM 的指令。用 Java 编写的程序可以编译成字节码文件,这种文件可以在任何具有 Java 平台的底层操作系统上运行。也就是说,同一个编译文件可以运行于任何安装有 Java 平台的操作系统上,如图 1.1 所示。Java 平台的这种特性,使 Java 程序具有了"一次编写处处运行"的特点。

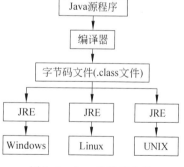

图 1.1 Java 的跨平台性

1.2.1 Java 平台的构成

Java 平台主要由两部分组成。

1. Java 虚拟机

Java 平台的核心是 Java 虚拟机。从底层看,Java 虚拟机就是以 Java 字节码为指令组的软 CPU,它有自己想象中的硬件,例如处理器、堆栈、寄存器等,还具有相应的指令系统。

JVM 负责解析和执行 Java 程序。JVM 执行程序时首先从网络或本地存储器中装入.class文件。由于网络的不安全因素较多,因此,JVM 在执行.class 文件前,首先要对其进行验证。如果没有通过验证,则不执行并给出错误信息,相反,如果程序成功地经过验证阶段,JVM 将运行翻译器读取字节码,把字节码转换成操作系统硬件相关的指令,并在真正的 CPU 上执行,如图 1.2 所示。

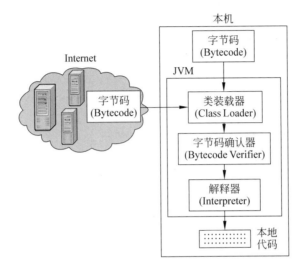

图 1.2　JVM 执行程序的过程

2. Java 应用程序接口(Java API)

Java API 是 Sun 公司提供的使用 Java 语言开发的类集合。这些类根据其相关性被分别存放在不同的包中。Java API 中的包大致可分为两类。

(1) Java 基本 API。提供了非常基础的语言、应用程序、I/O、网络、GUI 以及 Applets 服务。

(2) Java 各种扩展功能的 API。扩展了 Java 在基本 API 之外的一些功能。例如 javax. swing 包中的类就是对 java. awt 包中类的功能的扩展。

1.2.2　Java 平台的版本

目前 Java 运行平台主要分为下列 3 个版本。

(1) Java SE(Java Platform,Standard Edition)。Java SE 称为 Java 标准版。它为 Java 桌面和工作组级应用的开发与运行提供环境。本书基于 Java SE 来学习 Java。

(2) Java EE(Java Platform,Enterprise Edition)。Java EE 称为 Java 企业版。使用它可以构建企业级的服务应用。

(3) Java ME(Java Platform,Micro Edition)。Java ME 称为 Java 微型版。可以为在移动设备和嵌入式设备(例如手机、PDA、电视机顶盒和打印机)上运行的应用程序提供一个健壮且灵活的环境。

1.2.3 JRE 和 JDK

在 Java SE 家族中,Oracle 公司提供了两个主要的软件产品。

1. Java 运行时环境(JRE)

JRE(Java Runtime Environment)提供了运行 Java 程序所必需的类库、JVM 及其他必要的组件。但它不包含开发工具——编译器、调试器和其他工具。如果只是需要运行 Java 程序或 Applet,下载并安装 JRE 即可。但是如果要自行开发 Java 软件,就要下载下面所要讨论的 JDK,在 JDK 中附带有 JRE。

2. Java 开发工具包(JDK)

JDK(Java Development Kit)包含 JRE、Java 基础类库及 Java 开发工具,例如编译器、调试器等对于开发小应用程序(Applet)和应用程序(Application)所必需的一些工具,如图 1.3 所示。

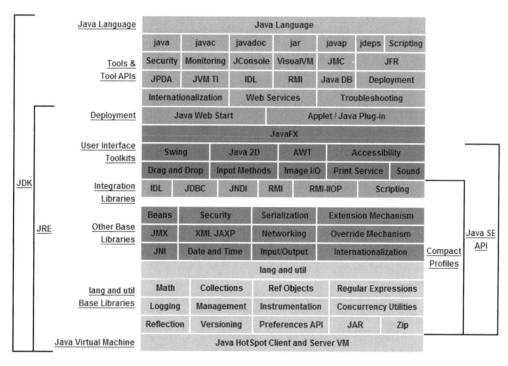

图 1.3　JDK 1.8 的结构

下面主要介绍几种常用工具。

(1) javac:Java 编译器,将 Java 源代码翻译成字节码。

(2) java:Java 解释器,用于运行 Java 应用程序字节码,它会启动 JVM,JVM 加载相关的类。

(3) appletviewer:小应用程序浏览器,允许在 Web 浏览器外运行小应用程序。

(4) javadoc:根据定义在一组源文件中的文档注释,生成一组 HTML 文档,用以描述类、接口、构造方法、方法和字段。

(5) jar：将 Java 应用程序打包成一个文件，该文件的扩展名为. jar，独立于任何操作平台。它的好处是便于发布 Java 应用，提高在网络上的传输速度。

(6) jdb：Java 调试器，用来调试 Java 程序。

(7) javap：反编译，将类文件还原为方法和变量。

当然，JDK 中还有很多其他的工具，可从 Java 的官方网站下载与 JDK 版本（本书截稿时，最新的 Java SE 版本是 8，对应的是 JDK 8，内部版本号是 JDK 1.8。JDK 9 在 2017 年 9 月发布。）所配套的文档来学习。在这个文档中，还提供了 Java API，可以帮助了解各种类、接口、方法、字段等的使用方法。

1.2.4　JDK 的下载与安装

1. JDK 的下载

JDK 是 Oracle 公司在网上免费发布的，无须付费即可下载使用。可在 http：//www. oracle. com/technetwork/java/javase/downloads/index. html 或 java. sun. com 上下载 JDK。Oracle 公司在发布每个版本的 JDK 时，也会同时发布与该版本对应的说明文档，这个文档中包含有 Java API，是学习和使用 Java 的好帮手，也可在上述的网页上下载。注意，需下载与所使用的操作系统匹配的 JDK。如果要使用 Eclipse，应确保下载的 JDK 版本符合其要求。

2. JDK 的安装

JDK 的安装方法很简单，双击下载的软件包，按照向导提示逐步操作完成即可。JDK 1.8（对应的版本号是 JDK 8u144），默认安装目录是 C：\Program Files\Java\jdk1.8.0_144（如果版本不同，默认的安装目录可能会不同）。JDK 1.8 还附带有示例和演示程序，可以从 Oracle 公司网站上选择下载，解压后产生 demo 和 sample 目录，可以放到 JDK 安装目录中。安装后 JDK 的目录结构如图 1.4 所示。可以在命令行窗口检测 JDK 的安装版本，方法是在命令窗口输入 java -version 命令，如果成功安装了 JDK 1.8，就会出现如图 1.5 所示信息。

图 1.4　JDK 安装后的目录

```
C:\>java -version
java version "1.8.0_144"
Java(TM) SE Runtime Environment (build 1.8.0_144-b01)
Java HotSpot(TM) Client VM (build 25.144-b01, mixed mode, sharing)

C:\>
```

图 1.5　JDK 版本及安装测试

1.2.5　环境变量的配置

安装好了 JDK,此时还不能编译和运行 Java 程序,因为 JDK 提供的开发工具,如编译器(javac.exe)和解释器(java.exe)等,位于 Java 安装目录的 bin 文件夹中,应配置环境变量 path,用以指定 JDK 命令的搜索路径。同时,还需要配置环境变量 classpath。因为,Java 程序在运行时,需要加载相关的包和类,Java 执行环境通过读取 classpath,来获取包和类的存放路径。另外,一些 Java 版的软件会用到 JAVA_HOME 环境变量,它一般指向 JDK 的根目录;使用 JAVA_HOME 也能简化 path 和 classpath 的配置。环境变量的配置方法如下。

1. 在 Windows 2000、Windows 2003、Windows XP 操作系统中

右击"我的电脑"图标,在弹出的快捷菜单中选择"属性"选项,在弹出的"系统属性"对话框中单击"高级"选项卡,在该选项卡上单击"环境变量"按钮,打开"环境变量"对话框,单击"系统变量"中的任一行,配置如下环境变量。

(1) 新建 JAVA_HOME 环境变量。单击"新建"按钮,打开"新建系统变量"对话框。在"变量名"中输入"JAVA_HOME";将 JDK 的安装路径复制到"变量值"中,每个人的安装路径不同,此处可自行修改,如图 1.6 所示。

(2) 修改"系统变量"中 path 的值。找到 path 变量所在的行,双击后打开"编辑系统变量"对话框,在变量值的最前面添加"%JAVA_HOME%\bin;"。注意,要用分号和其他已存在的变量值进行分隔,如图 1.7 所示。

图 1.6　JAVA_HOME 环境变量配置

图 1.7　path 环境变量配置

当然也可在命令窗口中输入如下命令:

```
Set Path=C:\Program Files\Java\jdk1.8.0_144;%path%
```

但是,当关闭这个命令行窗口时,所设置的 path 变量值就无效了,下次打开命令行窗口时还需重新设置。而在"系统属性"对话框中配置的变量是不会过期的。

（3）新建 classpath 环境变量。classpath 指定 Java 类路径。配置方法可参考 JAVA_HOME 的配置，在这里将变量值改为".;"。变量值中的"."代表当前路径，";"是和其他的路径进行分隔。当然在学过第 4 章之后，也可根据需要自行设定 classpath 值。

2. 在 Windows Vista、Windows 7、Windows 8、Windows 10 系统中

在高版本的 Windows 系统中，Java 环境变量的配置和上文相似。不过在高版本系统中，右击"计算机"或"此电脑"图标，从弹出的快捷菜单中选择"属性"选项，弹出"系统"对话框。单击对话框左侧的"高级系统设置"按钮，出现"系统属性"对话框。之后，可以参照上文进行环境变量配置。需要注意的是，为了避免版本冲突，一般优先把 JDK 对应的 path 值放到 path 变量的最前端。

1.3　Java 程序的开发流程

1.3.1　Java 程序的种类

从程序的运行环境来看，Java 程序分为以下 3 种。

（1）应用程序。可独立运行，在命令行下通过 java 命令来运行。

（2）小应用程序。不能独立运行，要被嵌入到网页中，也可在命令行通过 appletviewer 命令运行。由于安全性问题，一些主流浏览器逐渐限制或放弃对 Java 小应用程序的支持；Oracle 公司在 JDK 9 中停止对小应用程序的支持。

（3）Servlet。运行于 Web 服务器上，作为来自 Web 浏览器或其他 HTTP 客户端的请求和在 HTTP 服务器上的数据库及其他应用程序之间的中间层程序。

本书该版本中对 Servlet 和 Applet 小应用程序暂不做过多介绍，重点讲应用程序和小应用程序。

1.3.2　Java 程序的开发流程

Java 程序的开发流程大致上分 3 步。

1. 编辑源文件

在这一步中，首先要选择一种编辑器来书写源程序。目前的编辑器分两大类，一类是纯文本编辑器，例如记事本、UltraEdit 等；另一类是集成开发环境（IDE），例如 Eclipse、Netbeans、IntelliJ IDEA 等。纯文本编辑器只提供了编写源程序的环境，需要在命令行窗口中对 Java 程序进行编译运行；而 IDE 不仅集编辑运行于一体，而且提供了可视化的操作界面，并且附带有很多强大的功能，使用起来较为方便。可自行选定编辑器，本章以记事本作为编辑器来讲解 Java 程序的开发流程。

无论选用何种编辑器，源文件都要保存成以 .java 为扩展名的文件。

2. 编译源文件

保存好源文件后，就可以使用 Java 编译器（javac.exe）来编译源文件了。javac 命令的语法如下：

```
javac [选项] 源文件名.java
```

javac 命令还可带有选项，具体的选项内容可在命令行输入 javac 命令来查看。编译通过后生成相应字节码文件,即.class 文件,该文件的名字与在源文件中定义的类名相同。

3. 运行

编译通过后生成字节码文件,即.class 文件。对于应用程序。使用 java 解释器来解释执行其字节码文件,java 命令的语法是:

```
java [选项] 类名
```

java 命令运行的应是含有 main()方法的类。在 java 命令中也可带有一些选项,具体的选项内容可在命令行输入 java 命令来查看。

1.4 小试身手

1. 编辑源文件

在记事本中输入以下程序:

```
//创建你的第一个 Java 应用程序 FirstApp.java
public class FirstApp
{
    public static void main(String[] args)
    {
        System.out.println("这是我的第一个 Java 应用程序");
    }
}
```

说明:

(1) Java 语言是区分大小写的。

(2) Java 源文件中语句的标点应是英文状态下的标点,而字符串中的符号不受中英文符号的限制。

(3) 程序的第一行是注释行,注释是对程序做的说明,不参与程序的编译运行。在 Java 语言中有 3 类注释:

① 单行注释//。以//开始,用以注释该行其后的内容。

② 多行注释/ * …… * /。在程序中注释位于/ * 和 * /之间的一行或多行内容。

③ 文档注释/**…… * /。由 javadoc 处理,用以建立类的说明性文档。将在 1.6.1 节讨论。

(4) 一个 Java 源文件是由零个或多个类组成的。本例只有一个类,所以在编译完成后只有一个类文件 FirstApp.class 产生;如果源文件由多个类组成,在编译完成后将会有多个类文件产生。

(5) class 是 Java 中用来定义类的关键字,public 是权限修饰符(后续章节将会介绍它),也是关键字,在一个源文件中最多只能有一个类被定义为 public,并且该源文件的名字应命名为该类的类名。如果源文件中没有任何一个类被声明为 public,那么该源文件的名字不受类名的限制,可以任意命名。本例 FirstApp 是自定义的 public 类,所以本文件应保存为 FirstApp.java。类名后的第一个和最后一个大括弧之间的部分是类体。

(6) public static void main(String[] args)是类体中的一个方法,这个方法与其他的方法不同,它是 Java 应用程序的入口点,其声明必须是 public static void main(String[] args),当然参数的名字 args 可以更换成其他合法的标识符。一个 Java 应用程序必须有一个类含有 main()方法,含有 main()方法的类称为应用程序的主类。

(7) "System. out. println("这是我的第一个 Java 应用程序")"是一条输出语句,它将"这是我的第一个 Java 应用程序"输出到屏幕上。

输入完程序后,将源文件保存到 D:\example\ch01 中,命名为 FirstApp. java。此处注意,记事本在保存文件时默认的保存类型为. txt,所以在保存时应修改保存类型为"所有文件",否则文件将被保存为 FirstApp. java. txt,这样的文件不是 Java 源文件,Java 编译器不会编译这样的文件。

2. 编译源文件

当创建好 FirstApp. java 后,使用 Java 编译器(javac. exe)对其进行编译。在命令行窗口中使用 cd 命令将当前路径转换为源文件所在的路径,本例为 D:\example\ch01\。

然后输入以下命令:

```
javac FirstApp.java
```

编译通过后将在源文件所在的目录中生成 FirstApp. class 文件,该文件称为字节码文件。如果 Java 源文件中包含多个类,编译后将生成多个字节码文件,每个字节码文件的名字与源文件中定义的类名相同。

3. 运行

对于 Java 应用程序,要通过 Java 解释器(java. exe)来解释执行其字节码文件,并且解释执行的是含有 main 方法的类。在命令行输入:

```
java FirstApp
```

此处注意 FirstApp 后不带. class。

运行结果如图 1.8 所示。

图 1.8 FirstApp 运行结果

1.5 Java API 文档的使用

Oracle 公司在发布 Java SE 的每个版本时,都同时发布与该版本对应的一个 Java API (Application Programming Interface,应用程序编程接口)文档。这个文档对 Java API 进行了详细说明,包括全部的包、包中的类、类的完整定义等。在下载 JDK 时应该同时下载该文档,以便在学习 Java 时随时查阅。可以到 Java 的官方网站(http://docs. oracle. com/javase/8/docs)下载。

Java API 文档是以主页的形式展示给用户的,主页中列举了 Java 中所有的包和类,如图 1.9 所示。可以在主页中单击某个包或类,来查看其中的内容。

图 1.9   API 文档

1.6   Java Doc 文档

在 1.5 节中,学习了如何使用 Java API 文档。如果自己编写的程序代码也有类似的说明文档,那对于程序的使用者来说再好不过了。传统上在撰写说明文档时往往是和程序代码二者分离,这就造成了维护难的问题,即每次改动代码就要一并修改文档。而 Java 提供了一个解决办法,即将程序代码和文件放入同一个文件中,并采用 javadoc 工具将说明文档提取出来。这个工具不仅能提取出特定标签(tag)所标示的信息,也能提取出这些信息所属的类名称、函数名称等。javadoc 的输出结果是 HTML 文档,通过 Web 浏览器阅读查看。

1.6.1   语法

所有的 javadoc 命令只能对类或接口、变量、方法进行说明,并且必须放在/ ∗∗ 和 ∗ /之间,即

```
/∗∗ 类的说明 ∗ /
public class DocDemo{
    /∗∗ 变量的说明 ∗ /
    public int i＝0;
    /∗∗方法的说明 ∗ /
    public int m(){}
    }
```

javadoc 主要有两种运用形式:内嵌式 HTML 和文档标签。内嵌式 HTML 是将HTML 控制命令放入/ ∗∗ 和 ∗ /之间,就像编写网页一样,将说明文本加以排列美化,例如:

```
/**
* 使用内嵌式 HTML,插入列表:
* <ol>
* <li>项目 1
* <li>项目 2
* <li>项目 3
* </ol>
* /
```

关于这种形式,本书不做过多的描述,重点描述文档标签。

1.6.2 标签简介

所谓文档标签是一种以@符号为首的命令,@必须置于注解的最前面。下面介绍常用的一些标签。

1. 类文档注释所用的标签

(1) @version:用来标示版本信息。格式如下:

@version 版本信息

(2) @since:指出最早的版本。格式如下:

@since 早期的版本号

(3) @author:标示作者信息,包括作者的名字、E-mail 等信息。可以提供多个@author 标签。格式如下:

@author 作者信息

(4) @see:用以参考其他类的说明文档,javadoc 会自动为@see 标签产生一个超链接,链接到你所指定的其他文档,但系统并不检查链接的文档是否存在。格式如下:

@see 类名

说明:只有在执行 javadoc 命令时,使用-version 和-author 选项才能把版本和作者信息显示在所产生的 HTML 文档内。

2. 变量文档注释所用的标签

在变量文档中可以使用@see 标签。

3. 方法文档注释所用的标签

方法除了可以使用@see 标签外,还可以使用以下标签。

(1) @param:对方法的参数进行描述,本标签的使用次数不限。格式如下:

@param 参数名 描述性文本

(2) @return:对方法的返回值进行说明。格式如下:

@return 描述性文本

(3) @throws:对方法可能抛出的异常进行说明。格式如下:

@throws 异常类的类名 说明性的文本

（4）@deprecated：该标签标示出这一方法已不再使用，有新的方法来替代它。

1.6.3 生成 Java Doc 文档

下面通过一个程序来介绍以上标签的用法，并使用 javadoc 生成 Java Doc 文档。

1. 编辑源文件

```
/**
 * 学习文档的制作
 *
 * @author Songmin
 * @author email:kcsjwd@yahoo.com.cn
 * @version 3.0
 * @since 1.0
 */
public class DocDemo {
    /** 普通变量 */
    public int i=0;
    /**
     * m()方法用来使变量 i 自加 1
     * @param j 传入整形值，用来判断是否抛出异常
     * @return 本函数返回自加后的 i
     * @throws Exception
     * 调用方法时，若传入参数小于 0，则有异常抛出
     */
    public int m(int j) throws Exception {
        if (j<0)
            throw new Exception();
        return i++;
    }
    /**
     * 程序的入口函数
     *
     * @param args
     *     String 类型的数组
     * @exception Exception
     *     调用方法，可能抛出异常
     */
    public static void main(String[] args) throws Exception {
        DocDemo d=new DocDemo();
        int k=d.m(3);
        System.out.println(k);
    }
}
```

在编辑器中输入完本程序后,保存到 D:\example\ch01 中,命名为 DocDemo.java。

2. 生成 Java Doc 文档

javadoc 命令的格式如下:

```
javadoc [选项] [软件包名称] [源文件] [@file]
```

命令中的各个参数值可在命令行简单的输入 javadoc 之后按 Enter 键,即可查看各参数的含义。由于篇幅所限,此处就不再详述了。需要说明的是,javadoc 只对 public 和 protected 成员进行注解文档的处理。private 或 friendly 成员会被略去,在输出结果中看不到这些成员,但可以在 javadoc 命令中使用-private 选项,使它们也能被 javadoc 处理,从而在结果中看到这些成员。

本例在命令窗口中输入以下命令:

```
javadoc -author -version -d demo DocDemo.java
```

生成过程如图 1.10 所示。

图 1.10 Doc 文档生成过程

命令中的-d 指出生成的文档放在哪个目录中,本例产生的结果放在 demo 目录中。

最终会在 D:\example\ch01 生成 demo 文件夹,在此文件夹中,双击 index.html,即可打开这个程序的 Doc 文档。

本 章 小 结

本章概要介绍了 Java 的由来及特点,并对 Java 的平台作了简要的说明,给出了 JDK 下载和安装的方法及环境变量的配置方法。然后列举了 Java 程序的种类,并结合实例讲解了 Java 应用程序的开发流程。本章的最后讲解了如何使用 Java API 文档,以及如何生成说明文档。在这些内容中,环境变量的配置和 Java 程序的开发流程是本章的重点。

习 题 1

1. 简述 Java 为何具有跨平台性。

2. 简述 Java 平台的构成。

3. 什么是 JRE 和 JDK,二者的区别是什么?

4. 在自己的计算机上安装 JDK,并配置环境变量。

5. 改写 1.4 节中的程序,使程序输出"Hi,欢迎进入 Java 世界!"的字符串。

6. 改写 1.4 节中的程序,使程序输出从命令行传递给 main 方法的一个或多个参数。

7. 练习使用 Java API 文档,查看 java.lang.Object 类的定义。

8. 使用第 5 题的程序,为它加上注解文档。使用 javadoc 产生 HTML 文件,并查看产生结果。

第 2 章　Java 基本语法

　　Java 程序由若干 Java 语句组成,而 Java 语句是由标识符、关键字、分隔符、运算符等基本元素组成,这些基本元素有着不同的语法含义和组成规则,这些语法含义和规则组成了 Java 语言的基本语法。

　　Java 中定义了不同的数据类型。Java 语言的数据类型可分为原始类型和引用类型两大类,具体类型如图 2.1 所示。表示各种类型所用的 bit 及数据类型的范围如表 2.1 所示。

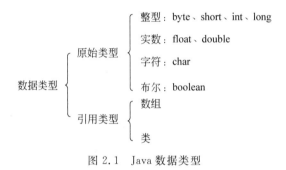

图 2.1　Java 数据类型

表 2.1　各种类型所占的 bit 及范围

类　　型	长度及描述	范　　围
boolean	—	true 或 false
char	16 位,Unicode 字符	\u0000～\uffff 或 0～65535
byte	8 位,有符号,字节	−128～127
short	16 位,有符号,短整型	−32768～32767
int	32 位,有符号,整型	−2147483648～2147483647
long	64 位,有符号,长整型	$-9.223×10^{18}～9.223×10^{18}$
float	32 位,浮点数,IEEE 754 格式	$-3.4×10^{38}～3.4×10^{38}$
double	64 位,浮点数,IEEE 754 格式	$-1.7×10^{308}～1.7×10^{308}$

2.1　原　始　类　型

　　Java 中的原始数据类型包括以下几种。

　　(1) 整型:byte(字节)、short(短整型)、int(整型)、long(长整型)。

　　(2) 实数:float(单精度浮点数)、double(双精度浮点数)。

　　(3) 字符类型:char。

　　(4) 布尔类型:boolean。

　　为了支持跨平台,在任何操作系统上 Java 都用同样位数的 bit 表示各种数据类型。

2.1.1 整数类型

在 Java 语言中,提供了 4 种整型数据类型:byte、short、int、long。所有的整型都是有符号的。就数的大小来说,若以秒为单位来度量时间:byte 只能表示几分钟,short 可以表示一天,int 可以用来表示人的一生,long 可以表示的时间长度达到 3000 亿年。

如下声明了一个 int 变量:

```
int age=16;
```

以上语句中,声明了一个变量名为 age 的整型变量,并赋值为 16。注意在 int 和 age 之间为一个空格,这是类型和变量名之间的分隔符。最后为分号(;),结束一条语句。所有这些字符都是在半角状态下,用英文输入的。

整型数据除可用十进制表示外,还可使用八进制、十六进制形式表示,以"0"开头的数为八进制数,以"0x"开头的数为十六进制数。如下声明了八进制、十六进制表示的数:

```
int num2=012;               //相当于十进制的 10
int num3=0x12;              //相当于十进制的 18
```

可以直接用二进制来赋值,以"0b"开头,如:

```
int num4=0b1001;           //相当于十进制的 9
```

还可以在数字中加入"_"作为分隔符,放在两个数字中间,增加可读性,例如:

```
int num4=0b1_1111;          //合法赋值形式
int personNum=1_339_724_852;  //2011 年我国第六次人口普查,大致人数 13 亿多
int num5=_1235;             //不合法,要放在数字中间
```

1. byte、short 的赋值

给 byte、short 赋值时有一些特殊之处,Java 语言默认没有小数的数为 int 类型。对于语句:

```
byte b=12;
```

会有这样的问题:12 为 int 型占 32b 空间,而 b 只有 8b 空间。对于只占 8b 空间的 b 来说,有些长度为 32b 的数是表示不了的。为此,Java 中采用如下规则对 byte、short 赋值。

(1) 可以把一个在 byte 表示范围([−128,127])内的整数直接赋值给一个 byte 变量,例如:

```
byte b=32;                  //32 在范围内
```

可以,但是

```
byte b=2000;                //2000 在范围外
```

不符合这条规定。

(2) 可以把一个在 short 表示范围([−32768,32767])内的整数直接赋值给一个 short 变量,如

```
short s=2000;                          //2000 在范围内
```

可以,但是

```
short s=50000;                         //50000 在范围外
```

不符合这条规定。

(3) 把范围外的整数赋值给 byte、short 时要用到强制类型转换,具体见 2.1.5 节。

对于 byte、short 的赋值有一更简单的方法,那就是总是使用强制类型转换。

2. long 的赋值

因 Java 中默认没有小数的数为 int 类型,long 比 int 表示的数大。int 表示的最大数为 2147483647,这样,语句:

```
long seed2=5600
```

是正确的,但把 2147483650 这个比最大 int 还大 3 的数赋给 long 时就有问题。在语句:

```
long seed3=2147483650;
```

中,2147483650 被认为是 int,但 int 又表示不了这么大的数。对于该语句,用 javac 编译时会提示"错误:过大的整数:2147483650"。

对于这种情况,Java 中引入了"L""l"(小写的 L),加在数的后边,表示这是一个 long 类型的数。如语句

```
long seed3=2147483650L;
```

中,因为有"L",Java 就会把"2147483650"当 long 处理,而不是 int。

因小写字母 l 容易与数字 1 混淆,所以不建议使用。

3. 不同进制之间的转换

int 作为原始类型,对应的类为 Integer,其中的静态变量 MAX_VALUE 代表 int 所能表示的最大值,MIN_VALUE 代表 int 能表示的最小值。同样,byte 对应的类为 Byte,short 对应的为 Short,long 对应的为 Long。Integer 中有如下常用的方法:

```
static int parseInt(String)            //把一个字符串的数转换为 int
static String toBinaryString(int)      //把一个 int 转换为二进制表示的字符串
static String toOctalString(int)       //把一个 int 转换为八进制表示的字符串
static String toHexString(int)         //把一个 int 转换为十六进制表示的字符串
```

关于 Integer 更多的内容见 4.7.3 节。

以下为一从控制台输入 int,输出十六进制形式的程序(如何从控制台输入参见附录 A)。

例 2.1 输入 int,输出十六进制形式 (ch02\Int2HexStr.java)。

```
1    import java.util.*;
2    public class Int2HexStr {
3      private final static Scanner scanner=new Scanner(System.in);
4      public static void main(String[] args) {
5        int a=scanner.nextInt();
```

```
6        String hexString=Integer.toHexString(a);
7        System.out.println(hexString);
8        scanner.close();
9     }
10   }
```

2.1.2 实数类型

在 Java 语言中有两种实数类型：float、double，均采用 IEEE 754 格式来表示。有小数的数在 Java 中默认为 double 类型，因此，对于 double 类型变量的赋值相对简单，例如：

```
double salary=5000.2;
```

也可以用科学计数法的形式给实数赋值，其中的 e 大小写均可，指数可为正或负数，例如：

```
double d2=1.02e2;              //102
double d3=1.02E-2;             //0.0102
```

对于 float 的赋值，由于 float 型占 32b 空间，double 型占 64b 空间，不能直接用

```
float f=3.2;
```

进行赋值，如程序中有这句，javac 编译时会提示"错误：可能损失精度"。Java 中引入了"F""f"，加在数的后边，表示是 float 类型，例如：

```
float gdp=74.4_127e12f;        //2016 年我国 GDP
float rate=0.067F;             //2016 年 GDP 增速
```

在给实数赋时同样可用"_"，要注意的是不能用在小数点前或后，只能在两个数字之间。对 double 数同样有"d""D"可加在数的后边，表示是 double 类型。

在 Math 类中用 Math.PI 表示圆周率，用 Math.E 表示自然对数的底。在 Math 中还定义了其他数学相关的操作，具体见 JDK API 文档中的 Math 部分。

double 对应的类为 Double，float 对应的类为 Float。在 Double 中定义了 MAX_VALUE 表示最大值。常用方法如下：

```
static double parseDouble(String)       //把一个 String 转换为 double
```

更多内容见 JDK API 文档的 Double 部分。

2.1.3 字符类型

char 类型是用来表示字符，英文字母、一个个汉字都是字符。char 类型变量仅能表示一个单一的字符，在赋值时用单引号括起来，如：

```
char c2='a';
char c3='名';
```

char 还可用 Unicode 格式来表示字符，在\u 后是 4 位十六进制的字符编码（可以从 http://www.unicode.org 查到字符的编码），范围是\u0000～\uFFFF，例如：

```
char c4='\u4E0E';                                    //"与"的 unicode 编码
```

char 也可用"\ddd"这种八进制的形式进行赋值,表示拉丁字符。其中"ddd"为八进制的数,范围是 000～377。如下为用八进制赋值的例子:

```
char c5='\100';//@字符
```

Java 使用转义字符表示一些有特殊意义的字符(如回车符等),用'\'把普通字符变成特殊字符,同时,可把特殊字符变成普通字符。这些转义字符如表 2.2 所示。

表 2.2　Java 转义字符表

转义字符	含　　义	转义字符	含　　义
\ddd	用 3 位八进制数据表示的字符	\r	回车,回到行首
\uxxxx	用 4 位十六进制数据表示的字符	\n	换行
\'	单引号字符	\t	横向制表符
\"	双引号字符	\b	光标退一格
\\	斜杠字符		

char 对应的类为 Character,其中有如下方法:

```
static boolean isLowerCase(char)                     //判断是否是小写字符
static boolean isUpperCase(char)                     //判断是否是大写字符
static char toUpperCase(char)                        //转换为大写字符
static char toLowerCase(char)                        //转换为小写字符
```

2.1.4　布尔类型

boolean 类型又称为逻辑类型,其取值只有 true 和 false 两个。
boolean 对应的类为 Boolean,其中有把 String 转换为 boolean 的方法,代码如下:

```
boolean isHave=Boolean.parseBoolean("true");
```

Java 语言不像 C 语言中可以使用数值 1 和 0 分别表示 true 和 false。

2.1.5　强制类型转换

由于表示每种类型所使用的位长不一样,这样,原始类型之间互相赋值时,可能会出现无法表示或丧失精度的情况。

就数的表示范围来说,byte<short<int<long<float<double。当把表示范围小的数赋值给表示范围大的数时,会发生数据类型的自动转换。如下赋值会进行自动转换:

```
long seed=Long.MAX_VALUE;
double d=seed;                                       //long 赋值给 double,自动转换
int month=1000;
float f=month;                                       //int 赋值给 float,自动转换
float f=seed;                                        //long 赋值给 float,自动转换
```

反之,要把表示范围大的数赋值给表示范围小的数,需要进行强制类型转换,语法及代

码如下：

```
（目标数据类型）数据表达式
int i=3000;
byte b=(byte)3000;              //3000 默认为 int,把 int 赋值给 byte 要强制类型转换
byte c=(byte)i;                 //把 int 赋值给 byte 要强制类型转换
```

就赋值来说，要想简单，对 byte、short 赋值总是用强制类型转换，对 long、float，总是在数字后加上"L""F""f"，这样就不用记忆 byte、short 的取值范围。

2.2　引　用　类　型

引用类型是比原始类型更为复杂的数据类型，一般是类或数组。以类为例，类中可能有多个原始类型、引用类型。

在声明变量时，Java 为变量分配一块存储空间（在 Java 中分配空间由 Java 虚拟机完成，不需要手工操作）。引用类型和基本类型最主要的区别：为原始类型分配的空间存放的是原始类型实际的值，而为引用类型分配的空间中，存放的是地址，指向另一块空间，在该块空间中存放实际的值。如果引用类型中还包含有引用类型，那么这块空间中就会包含指向另一块空间的地址。这只是一种为引用类型分配空间的方式，在 Java 中并没有规定 JVM 要如何分配空间，所以可以有多种分配空间的方式。以上所述的分配方式如图 2.2 所示。

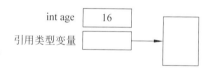

图 2.2　原始类型和引用类型的
存储空间分配

2.3　String

在 Java 中用 String 代表字符串，由多个字符组成。可以如下声明：

```
String name="li si";
```

关于 String 类更多的内容见 4.7.2 节。

2.4　声　明　变　量

在面向对象编程中的对象有两个特征：一是所处的状态，所谓的状态就是属性，如一个学生的年龄、姓名等；另一个是对象有什么样的行为，所谓的行为就是方法。

在 Java 程序中，用变量来代表对象的属性。要声明一个变量，必须指定变量的类型，以及变量的名字，还可以根据需要为它赋初值。声明形式如下：

```
数据类型　变量名
```

下面为声明变量的例子：

```
int age;                        //年龄
```

```
String name;                         //姓名
double salary;                       //工资
char sex;                            //性别
```

声明变量时要注意变量的命名,有如下几点需要注意。

(1) 变量名必须以 A～Z、a～z、_、$ 或是任意一个表示字母的 Unicode 字符开头。可以用中文来命名一个变量,不过最好不用。

(2) 区分大小写,不同的大小写表示不同的名字,main 和 Main 是不同的名字。但最好不要使用仅仅用大小写来区分变量名的名字,例如一个变量名为 sql,另一个变量名为 Sql,虽然可以,但会带来混淆。

(3) 变量名应该有一定的意义,能够反映这个变量的作用。例如,int age(表示这个变量表示的是年龄)和 int a 相比,long id(这个变量表示的是学号)和 long b 相比,前者变量的命名更为有意义,能说明变量的作用。

2.4.1 变量的赋值

可以在声明变量时直接赋初值给变量,也可以在以后赋值。如下为赋值的例子:

```
boolean isHave=true;
byte b= (byte)12;
int age=16;
long seed=1255L;
float rate=0.12F;
double salary=6400;
```

如果没有对变量赋初值,则有默认值。

2.4.2 变量的默认值

当声明变量而还未赋初值时,则有默认值。各种类型的默认值如下:

```
char 类型变量的默认值为"\u0000"
byte、short、int 类型变量的默认值为 0,long 类型变量的默认值为 0L
float、double 类型变量默认值分别为 0.0f 和 0.0d
```

2.4.3 常量

常量是指在程序运行过程中值不改变的量。常量只能赋一次值,一旦设定,在程序中不能改变。在 Java 中同时用 final、static 修饰变量来声明常量:

```
public final static double EXCHANGE_RATE=6.8;       //2017.7$对 RMB 的汇率
```

以上定义了一个汇率常量。在定义常量名字时,一般使用全部大写字母,并且单词之间用"_"连接。

2.4.4 变量作用范围

可以在任何程序块声明变量,程序块包括在一对大括号中,这就定义了一个作用范围。

一个作用范围内声明的变量可以在范围内的任何地方使用,一般不能在作用范围外使用。程序块可以嵌套,一个程序块可以包括其他的程序块。内层程序块可以使用外层程序块中声明的变量。

2.5 命 名

Java 中的类名、方法名、变量名需要合适的命名。在 Java 中命名必须以 A~Z、a~z、_、$ 或是任意一个表示字母的 Unicode 字符开头,后边的字符可以使用数字、字母等。命名不能使用 Java 语言中的关键字(如表 2.3 所示)。

表 2.3　Java 中的关键字

abstract	assert	boolean	break	byte
case	catch	char	class	const
continue	default	do	double	else
enum	extends	final	finally	float
for	if	goto	implements	import
instanceof	int	interface	long	native
new	package	private	protected	public
return	short	static	strictfp	super
switch	synchronized	this	throw	throws
transient	try	void	volatile	while

Java 中的名字大小写敏感,不同的大小写表示不同的名字,main 和 Main 是不同的名字。但最好不要使用仅仅用大小写来区分的名字,例如一个变量名为 sql,另一个变量名为 Sql,虽然可以,但会带来混淆。同时,名字应该有一定的意义,能够反映这个变量的作用,例如对于表示年龄的变量,age 这个名字要比 a 更合适:a 这个命名中看不出变量的意义,而从 age 这个名字中很容易看出该变量表示年龄。

写出机器懂的代码容易,写出人懂的代码难。编码并不是随便的工作。在软件整个开发过程,大部分时间花在维护上,在整个过程中,负责编写代码的人很难全程维护自己写的代码。如果有统一的编码规范,就可以提高代码的可读性、可维护性,维护人员可以更快、更彻底理解新代码,维护起来就不会有太大困难。为此,需要在平时编码时遵守一定的规范。在 Java 编码规范方面,有 Sun 推荐的编码规范。简单来说:

(1) 类名一般用名词,能够描述该类。每个单词的首字母大写。例如 HelloWorld、Student。

(2) 接口的名字一般用形容词,每个单词首字母大写。例如"-able"这种形式。

(3) 方法名字用动词,能够描述该方法的作用。第一个单词首字母小写,后边单词的首字母大写,例如 read()、endsWith()。返回 boolean 值的方法应该用 has 或 is 开头,如 isSuc()。

（4）变量名首字母小写，后边单词字母大写。当一个变量代表数组或多个值时用名词的复数形式。

（5）使用合适的缩进对齐代码。尽量不用 Tab 键，而是使用空格键来进行代码缩进。

2.6 运算符与表达式

Java 语言的运算符包括算术运算符、关系运算符、逻辑运算符、赋值运算符、位运算符等。通过运算符将运算对象连接起来，形成表达式。

2.6.1 算术运算符

Java 中可以对数字进行算术运算，这些运算符分为一元运算符和二元运算符。一元运算符只有一个操作数；二元运算符有两个操作数，运算符位于两个操作数之间，如表 2.4 所示。

表 2.4 算术运算符

类　别	运　算　符	操　作	举　例
一元运算	+	取正	+x
	−	取负	−x
	++	自增	i++
	−−	自减	i−−
二元运算	+	加	2+3
	−	减	a−2
	*	乘	b*c
	/	除	d/e
	%	求余	m%n

算术运算符的操作数必须是数值类型。++、−− 运算符既可放在变量之前（例如 ++ i），也可放在变量之后（例如 i++）。两者的差别是放在变量之前，先增加 1（或减少 1），再取值；放在变量之后，先取值，再增加 1（或减少 1）。例如对于 ++i，变量值先加 1（i=i+1），然后用 i 的值进行其他相应的操作。举例如下。

对于"++"操作：

```
int i=2;
int j=i++;                          //先取值，再增加，相当于 j=i;i=i+1
int k=++i                           //先增加，再取值，相当于 i=i+1;k=i
```

对于"−−"操作：

```
int i=2;
int j=i--;                          //先取值，再减少，相当于 j=i;i=i-1
int k=--i                           //先减少，再取值，相当于 i=i-1;k=i
```

1. 优先级

对于优先级,只要知道 ＊、/的优先级高于＋、－的优先级即可,其他复杂的优先级关系不再罗列。在编码时应写出清晰的代码,需要时加括号以使整个算式的运算顺序清楚、明了,而不需要记得优先级才能进行运算。例如对于

```
int i=1;
int sum=++i * 3/2;
```

如果不知道复杂的优先级关系,最终结果并不一眼明了。对于上述算式完全可写为

```
int sum=(++i) * 3/2;
```

2. 类型的自动提升

参加算术运算的数字有不同的类型,结果类型如何确定? 例如当计算一个 byte 和一个 int 的和,结果为 int 还是 byte? 在 Java 中不同的类型参加运算时需要进行适当的类型提升,再进行计算。类型提升的规则如下。

（1）byte 或 short 先提升为 int 类型,再参与运算。

（2）就数表示的范围来说,int<long<float<double,参与计算的操作数的类型自动提升为能够表示更大数的类型,具体来说:

如果有一个为 double,两个数都提升为 double。

如果有一个为 float,两个数都提升为 float。

如果有一个为 long,两个数都提升为 long。

对于如下算式:

```
byte b=2;
double sum=(b * 3+3 * 2.0f)+2.0f * 3.2d;
```

当计算 b ＊ 3 时,根据(1),b 提升为 int,然后 ＊3,得到 6,为 int;计算 3 ＊ 2.0f 时,一个为 int,一个为 float,根据(2)先把 int 类型的 3 提升为 float,然后运算,得到 6.0f。

计算 b ＊ 3、3 ＊ 2.0f 的和为 6＋6.0f,结果为 12.0f。

对于 2.0f ＊ 3.2d,一个为 float,一个为 double,同样根据(2)将 float 提升为 double,得到 double 类型的 6.4。计算

```
12.0f+6.4d
```

得到 18.4d。

2.6.2　关系运算符

关系运算符用于比较两个数值之间的大小,其运算结果为一个 boolean 类型的值,如表 2.5 所示。

2.6.3　逻辑运算符

逻辑运算符要求操作数的数据类型为 boolean,其运算结果也是 boolean 值。逻辑运算符有 6 种,如表 2.6 所示。

表 2.5　关系运算符

类　　别	运　算　符	操　　作	举　　例
二元运算	＜	小于	4＜5
	＞	大于	a＞b
	＜＝	小于等于	c＜＝d
	＞＝	大于等于	e＞＝f
	＝＝	等于	m＝＝n
	！＝	不等于	x！＝y

表 2.6　逻辑运算符

类　　别	运　算　符	操　　作	举　　例
一元运算	！	逻辑非	！a
二元运算	＆＆	短路与或条件与	a＆＆b
	＆	逻辑与	a＆b
	｜	逻辑或	a｜b
	‖	短路或或条件或	a‖b
	^	逻辑异或	a^b

对于逻辑非(!)，真值表如表 2.7 所示。

对于逻辑与(&)、短路与(&&)，真值表如表 2.8 所示。

表 2.7　! 真值表

a	!a
true	false
false	true

表 2.8　&、&& 真值表

a	b	a&b	a&&b
true	true	true	true
true	false	false	false
false	true	false	false
false	false	false	false

对于逻辑或(|)、短路或(‖)，真值表如表 2.9 所示。

对于逻辑异或(^)，真值表如表 2.10 所示。

表 2.9　|、‖ 真值表

a	b	a｜b	a‖b
true	true	true	true
true	false	true	true
false	true	true	true
false	false	false	false

表 2.10　^ 真值表

a	b	a^b
true	true	false
true	false	true
false	true	true
false	false	false

要说明的是,&&和&的运算规则基本相同,||和|的运算规则也基本相同。其区别是 a&b 和 a|b 运算是把 a、b 两个逻辑表达式全部计算完,而 a&&b 和 a||b 运算具有短路计算功能。对于 a&b 和 a&&b,只有 a 和 b 都为 true,最终结果才为 true;如果 a 为 false,不管 b 为 true 或 false,结果都为 false。a&&b 叫短路与的原因在于:对 a&&b,a 为 false 时,不再判断 b 的值。因为不管 b 的值如何,结果都为 false。对于如下程序片段,运行结果如何?

```
1    int i=2;
2    int j=3;
3    if((i==3)&&(++j==3))
4        System.out.println("i="+i+",j="+j);
5    System.out.println("i="+i+" j="+j);
6    if((i==2)&&(++j==5))
7        System.out.println("i="+i+",j="+j);
8    System.out.println("i="+i+" j="+j);
```

对于以上程序,在 3 行,i==3 关系运算的结果为 false,根据短路与的运算规则,最终结果肯定为 false,++j==3 部分不再判断,j 的值仍为 3。在 6 行,i==2 为 true,继续判断++j==5。在++j==5 中,首先对 j 加 1,为 4,然后判断 4==5 的结果,为 false。这样最终结果为 false。

对于 a||b 运算来说,只要 a 的值为 true,则无论运算符右端 b 的值为 true 或为 false,其最终结果都为 true。所以,系统一旦判断出左端的值为 true,则系统将终止对 b 的判断。

2.6.4 位运算符

位运算是以二进制形式对每位进行运算,不管是一元运算还是二元运算,一律是对 int 操作。位运算符共有 7 个,如表 2.11 所示。

表 2.11 位运算符

类 别	运算符	操 作	举 例	说 明
一元运算	~	按位非	~x	对 x 按位求非
二元运算	&	按位与	x&y	对 x 和 y 按位求与
	|	按位或	x|y	对 x 和 y 按位求或
	^	按位异或	x^y	对 x 和 y 按位求异或
	<<	左移	x<<y	把 x 的各位左移 y 位,右边填 0
	>>	右移	x>>y	把 x 的各位右移 y 位,左边填符号位
	>>>	无符号右移	x>>>y	把 x 的各位右移 y 位,左边填 0

位运算的按位与(&)、按位或(|)、按位非(~)、按位异或(^)与逻辑运算的相应操作的真值表完全相同,其差别只是位运算操作的操作数和运算结果都是二进制整数,而逻辑运算相应操作的操作数和运算结果都是逻辑值。

按位非:把 1 变为 0,0 变为 1。例如:

int b=0b00100111;
~

b 结果如下：

$$\sim \overline{\quad\quad\quad\quad\quad\quad\quad\quad\quad\quad\quad\quad 00100111}$$
$$11111111111111111111111111011000$$

按位与：把两个数转为二进制形式，每位都执行与操作。例如：

```
int b1=0b00100111;
int b2=0b10000100;
```

b1&b2 结果如下：

$$\begin{array}{r} 00100111 \\ \&\quad 10000100 \\ \hline 00000100 \end{array}$$

对同样的 b1、b2 按位或，b1|b2 结果如下：

$$\begin{array}{r} 00100111 \\ |\quad 10000100 \\ \hline 10100111 \end{array}$$

对同样的 b1、b2 按位异或，b1^b2 结果如下：

$$\begin{array}{r} 00100111 \\ \wedge\quad 10000100 \\ \hline 10100011 \end{array}$$

左移($<<$)是将一个数的二进制形式的所有位数都向左移动指定的位数，左边移出的位被扔掉，右边空出的位用 0 填充。每左移一位，就扩大 2 倍。如图 2.3 所示为 4<<2 的结果，变为 16。

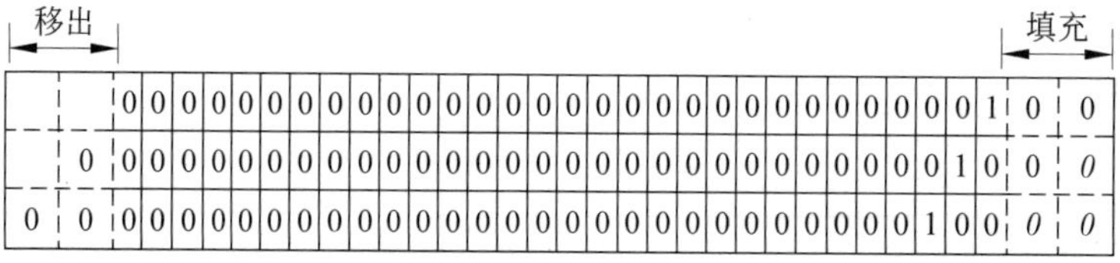

图 2.3 4<<2 的结果（符号位为 0，填充值用斜体表示）

右移($>>$)是将一个数的二进制形式的所有位数都向右移动指定的位数，右边移出的位被扔掉，左边空出来的位用符号位（也就是原来的最高位）填充。每右移一位，数值就缩小 2 倍。如图 2.4 所示为 -4>>2 的结果，变为 -1。

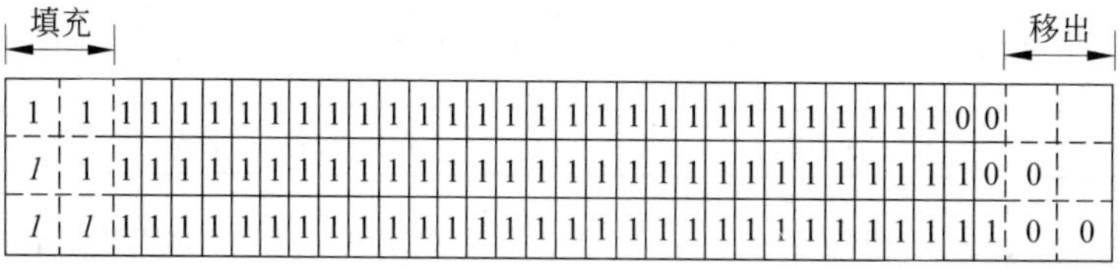

图 2.4 -4>>2 的结果（符号位为 1，填充值用斜体表示）

无符号右移($>>>$)是不论被移动的数是正数还是负数，左边高位一律填充 0，不再像右移按符号位填充。如图 2.5 所示为 -4>>>2 的结果，变为正值，为 1073741823（注意其中填充的为 0，而不是符号位的 1）。

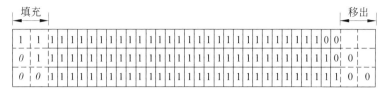

图 2.5　-4>>>2 的结果(符号位为 1,填充值用斜体表示)

2.6.5　赋值运算符

赋值运算符"="的作用是给变量赋值。在 Java 语言中,可以将赋值运算符"="与二元算术运算符、逻辑运算符和位运算符组合成复合运算符,从而可以简化一些常用表达式的书写。如表 2.12 所示。

表 2.12　复合赋值运算符

运　算　符	用　　法	等　价　于	说　　明
＋＝	s＋＝i	s＝s＋i	s、i 是数值型
－＝	s－＝i	s＝s－i	s、i 是数值型
＊＝	s＊＝i	s＝s＊i	s、i 是数值型
/＝	s/＝i	s＝s/i	s、i 是数值型
％＝	s％＝i	s＝s％i	s、i 是数值型
＆＝	a＆＝b	a＝a＆b	a、b 是 boolean 或 int
｜＝	a｜＝b	a＝a｜b	a、b 是 boolean 或 int
^＝	a^＝b	a＝a^b	a、b 是 boolean 或 int
<<＝	s<<＝i	s＝s<<i	s、i 是 int
>>＝	s>>＝i	s＝s>>i	s、i 是 int
>>>＝	s>>>＝i	s＝s>>>i	s、i 是 int

2.6.6　其他运算符

1. 条件运算符(?:)

条件运算符是唯一的三元运算符,语法形式如下:

条件?表达式 1: 表达式 2

条件运算符的运算方法是先判断条件,如果为真,则结果为表达式 1;否则结果为表达式 2。例如:

```
int a=1,b=2,max;
max=a>b?a:b;                    //max 等于 2
```

2. 字符串连接

当两个操作数是字符串时,"＋"可以用来连接两个字符串;当"＋"运算符的左边是字符

串,右边是数值或其他类型时,Java 自动将右边的操作数转换为字符串。例如:

```
int max=100;
System.out.println("max="+max);
```

输出结果为 max＝100,即此时是把变量 max 的整数值 100 转换成字符串 100 输出的。

2.7 数 组

数组是用来保存多个数据的数据结构,每个元素都有各自特定的位置,可以通过整型索引来访问每个元素的值。数组分为一维数组和多维数组。

2.7.1 一维数组

1. 声明
用如下形式就可声明一个 int 数组:

```
int[] days;
```

在以上的声明形式中,声明了类型为"一维 int 数组"的变量 days,在声明时不能定义长度,如

```
int[5] days;
```

为错误的声明形式。一般的声明形式如下:

```
类型[]  变量名;
```

其中类型可以为 Java 中任意的数据类型,包括基本类型和引用类型。[]指明该变量是一个数组类型变量。变量名尽量采用复数形式,表示有多个值。也可以采用如下形式声明:

```
类型  变量名[];
```

这种声明形式在 Java 中不推荐使用。

2. 初始化
数组声明后就可以进行初始化。在以上的声明中只是声明了类型,其值为默认的 null,并未实际指向一个数组。有两种方式进行初始化,一种是先指定长度,再给每个元素赋值。指定数组的长度可采用如下形式:

```
days=new int[3];
```

该语句让 days 指向了一个长度为 3 的 int 数组,并给每个元素赋初值 0,具体如图 2.6 所示。

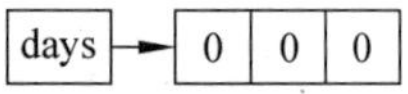

声明和初始化语句也可写在一起,例如:

```
int[] days=new int[3];
```

在指定长度后就可按索引对数组进行赋值,索引的最大值为"长度－1",如下语句进行了赋值:

图 2.6 数组初始化结果

```
days[1]=12
days[2]=13;
days[3]=14;                    //非法,索引越界
```

还有一种方式是采用赋值语句的方式,例如:

```
int[] days={1,2,3};
```

该语句创建了长度为 3 的 int 数组,并为每个元素赋了初值。

程序中对数组访问时,Java 先对索引进行是否越界的检查,这样以保证安全性。如果索引越界,程序停止执行,抛出 ArrayIndexOutOfBoundsException(表示数组索引越界),其中有访问越界的索引值,据此可以对程序进行调试。

对于每个数组都有一个属性 length 指明它的长度,如下为利用这点访问数组元素的例子。

例 2.2　length 的使用(ch02\DispArray.java)。

```
1     import static java.lang.System.out;
2     import static java.lang.Math.*;
3     public class DispArray{
4       public static void main(String args[]){
5         int[] days={1,10,100};
6         out.println("数组 a 的长度为"+days.length);
7         for(int i=0;i<days.length;i++){
8           out.println("days["+i+"]="+days[i]);
9         }
10        int maxNum=max(days[0],days[1]);
11        out.println(maxNum);
12      }
13    }
```

在以上程序的第 1 行,使用了 Java 中的静态导入功能,导入类中的静态变量,这样在使用时就不用再写类名,例如在第 8 行的使用。因为 out 是 System 类中的一个静态变量,所以可以用 import static 的形式静态导入。在第 2 行,静态导入了 Math 类中的静态方法,在第 11 行使用了 Math 中的 max 方法求两个数中的最大值。

2.7.2　多维数组

可以把 Java 中的多维数组看作数组的数组。二维数组是一个特殊的一维数组,其中的每个元素又是一个一维数组。下面主要以二维数组为例来进行说明,高维数组的情况与二维数组类似。

二维数组的定义与一维数组类似,创建二维数组时,可指定各维的长度或至少指定第一维的长度,例如:

```
int[][] nums;
```

以上并没指定数组的长度,可使用如下语句指定长度:

```
nums=new int[3][3];
```

以上语句声明了一个长度为 3 的数组,其中每个元素为一个长度为 3 的整型数组,这样就形成了二维数组。也可先指定第一维的长度,例如:

```
nums=new int[3][];
```

声明了一个长度为 3 的数组,每个元素为一 int[],只是声明,并未对每个元素初始化,可进行如下初始化:

```
nums[0]=new int[1];
nums[1]=new int[2];
nums[2]=new int[3];
```

这样形成了一个每行长度不同的不规则数组,具体如图 2.7 所示。

如下形式定义二维数组为错误形式:

```
int[][] nums=new int[][3];                //错误形式,没有定义第一维的长度
```

指定长度后可以用索引对各个元素赋值或访问,每一维索引都从 0 开始。

也可在声明的同时初始化,例如:

```
int[][] nums={{1},{2,3},{4,5,6}};
```

声明了如图 2.8 的一个数组。

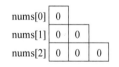

图 2.7 不规则的二维数组

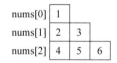

图 2.8 语句执行的结果

由于二维数组是数组的数组,每一维都有 length 属性,如下程序为利用这点显示 nums 中的值。

例 2.3　二维数组中 length 的使用(ch02\DispArray2.java)。

```
1      import static java.lang.System.out;
2      public class DispArray2{
3        public static void main(String args[]){
4          int[][] nums={{1},{2,3},{4,5,6}};
5          for(int i=0;i<nums.length;i++){
6            for(int j=0;j<nums[i].length;j++){//nums[i]也是个数组
7              out.print(" "+nums[i][j]);
8            }
9            out.println();
10         }
11       }
12     }
```

本 章 小 结

本章介绍 Java 的基本语法,包括数据类型、变量的声明和初始化,以及各种运算符和表达式。条件运算符是 Java 中唯一的一个三元运算符。数组包括一维数组和多维数组,有类似的初始化和显示方法。

习 题 2

1. 思考"abcd\bef\tghi\rjkl"的输出结果,并运行程序验证。

2. 判断几个字符是大写还是小写,并输出对应的小写或大写。

3. 从网上下载 Sun 推荐的 Java 编码规范,阅读并讨论。

4. 设计一个例子,验证‖运算符的短路运算。

5. 利用条件表达式求一个数的绝对值。

6. 计算一个整数各位数字之和。

7. 编程求解 234 是否是一个水仙花数,所谓"水仙花数"是指一个 3 位数,其各位数字立方和等于该数。

8. 求数组的和以及平均值。

9. 计算两个矩阵相乘的结果。

第3章 流 程 控 制

一般来说,程序的执行通常是按照语句书写的顺序从前往后一条一条执行,流程控制语句可以用来改变程序执行的顺序。程序利用流程控制语句有条件地执行语句、循环性地执行语句,或者跳转性地执行语句,从而实现一些复杂的算法。Java 语言的流程控制语句分为分支语句、循环语句和跳转语句。

3.1 分 支 语 句

分支结构是根据布尔条件表达式的值采取不同的动作,应用在程序中能够使程序更灵活。在 Java 语言中使用的分支语句有 if…else 语句和 switch 语句。

3.1.1 if…else 语句

if…else 语句可以使程序根据条件执行不同的语句。if…else 语句包括单独 if 语句,if…else 语句和嵌套的 if 语句。

1. if 语句

if 语句的语法形式如下:

```
if (表达式){
    语句块;
}
```

这是最简单的 if 语句,为单分支结构。当表达式的值为 true 时,执行语句块,否则忽略语句块,执行其后的语句,如图 3.1 所示。

2. if…else 语句

if…else 语句的语法形式如下:

```
if (表达式){
    语句块 1;
}
else {
    语句块 2;
}
```

当 if 表达式为 true 时,程序执行语句块 1,执行完后跳出 if 语句;如果表达式为 false,程序跳过语句块 1,执行 else 后的语句块 2,执行完后结束 if 语句,如图 3.2 所示。

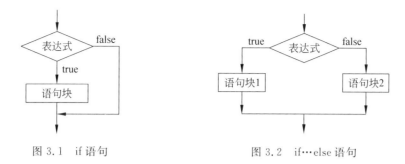

图 3.1 if 语句　　　　　　　　图 3.2 if…else 语句

例 3.1 if…else 应用实例,根据成绩判断并输出是否及格(ch03\IfDemo.java)。

```java
public class IfDemo  {
    public static void main(String[] args)  {
        int score=71;
        if (score>=60)
            System.out.println("成绩及格!");
        else
            System.out.println("成绩不及格");
    }
}
```

运行结果:

成绩及格!

3. 嵌套的 if 语句

对于超过二分支情况的选择,可以使用嵌套的 if…else 语句。语法形式如下:

```
if (表达式 1)  {语句块 1; }
else if (表达式 2)  {语句块 2; }
        else if (表达式 3)  {语句块 3; }
            …
                else if (表达式 m)  {语句块 m; }
                    else  {语句块 n; }
```

这种嵌套的 if 语句,将会依次计算表达式的值,如果某个表达式的值为 true,则执行其后的语句块,执行完后跳出 if 语句;若所有表达式都为 false,则执行最后一个 else 后的语句块。如图 3.3 所示。

例 3.2 嵌套的 if 语句的应用,根据成绩判断并输出所在级别(ch03\IfElseDemo. java)。

```java
public class IfElseDemo  {
public static void main(String[] args)  {
    int score=83;
    if (score<60) { System.out.println("成绩为不及格!"); }
    else if (score<70)  { System.out.println("成绩为及格!"); }
    else if (score<80)  { System.out.println("成绩为中!"); }
```

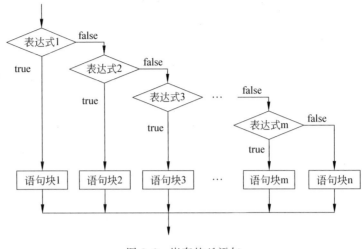

图 3.3　嵌套的 if 语句

```
else if (score< 90)  { System.out.println("成绩为良!"); }
else if (score<100)  { System.out.println("成绩为优!"); }
else if (score==100)  { System.out.println("成绩为满分!"); }
else
    System.out.println("Error!");
}
}
```

运行结果：

成绩为良！

3.1.2　switch 语句

虽然嵌套的 if 语句可以实现多分支处理，但是语句较为复杂，并且容易混乱和出错，因此可以使用 switch 语句来实现多分支情况的处理。switch 语句也叫开关语句，当条件有很多选项时，switch 语句可以很容易写出判断条件，使得编写的程序结构较为清晰。

switch 的语法形式如下：

```
switch(表达式) {
    case  常量值 1: 语句块 1; [ break; ]
    case  常量值 2: 语句块 2; [ break; ]
    case  常量值 3: 语句块 3; [ break; ]
    ...
    case  常量值 m: 语句块 m; [ break; ]
    [default: 语句块 n;[break;]]
}
```

说明：switch 表达式的类型可以是整型（byte、short、int、long）、字符类型、枚举类型，在JDK1.7 版本中又新增了表达式的类型可以是 String 类型。各 case 后面的常量值必须与switch 后面表达类型一致，而且每个 case 后面的值不能有重复；switch 语句中的 break

语句为可选项,根据需要进行设置。switch 语句的执行顺序是:首先计算表达式的值,如果表达式的值和某个 case 后的常量值相同,就执行该 case 后的语句块,直到遇到 break 语句结束整个 switch 语句,如果该 case 后没有设置 break 语句,则程序将继续执行下面的各个 case 语句里的语句块,直到遇到 break 语句跳出 switch 语句。若没有一个 case 的常量值与表达式的值相同,则执行 default 后面的语句块。default 语句是可选项,根据需要选用。如果程序没有设置 default,则当没有一个 case 的常量值与表达式的值相同时,那么 switch 语句将不做任何处理。switch 语句可以嵌套使用,即在一个 case 语句块中可以使用另一个 switch 语句结构,对另一个表达式的值进行判断。

例 3.3 switch 分支结构的应用,根据数值判断并输出为星期几(ch03\SwitchDemo. java)。

```java
public class SwitchDemo  {
    public static void main(String[] args)  {
    int day=6;
        switch(day){
            case 1:
                System.out.println("Monday");
                break;
            case 2:
                System.out.println("Tuesday");
                break;
            case 3:
                System.out.println("Wednesday");
                break;
            case 4:
                System.out.println("Thursday");
                break;
            case 5:
                System.out.println("Friday");
                break;
            case 6:
                System.out.println("Saturday");
                break;
            case 7:
                System.out.println("Sunday");
                break;
            default:
                System.out.println("Error!");
        }
    }
}
```

运行结果:

```
Saturday
```

在 JDK 1.7 之前的版本中,switch 表达式的类型不能是 String 类型,而在 JDK 1.7 中新增了 switch 表达式可以是 String 类型这一新特性,如例 3.4 所示。

例 3.4 从控制台输入星期几,输出该日处于一周的哪个阶段(ch03\SwitchString-Demo. java)。

```java
public class SwitchStringDemo  {
    public static void main(String[] args)  {
        String typeOfDay;
        switch(args[0]) {
            case "Monday":
                typeOfDay="Start of work week";
                break;
            case "Tuesday":
            case "Wednesday":
            case "Thursday":
                typeOfDay="Midweek";
                break;
            case "Friday":
                typeOfDay="End of work week";
                break;
            case "Saturday":
            case "Sunday":
                typeOfDay="Weekend";
                break;
            default:
                typeOfDay="Invalid day of the week: "+args[0];
        }
        System.out.println(typeOfDay);
    }
}
```

3.2 循 环 语 句

循环结构可以根据一定的条件使某一段程序能够重复执行多次,直到满足终止条件为止。Java 提供了 3 种形式的循环语句:while、do…while 和 for 循环语句。

3.2.1 while 语句

while 语句的语法形式如下:

```
while(表达式){
    循环体
}
```

while 循环首先计算表达式的值,它将返回一个布尔值 true 或 false。如果值为 true,执行循环体的语句,然后再计算表达式的值,判断是否执行循环体,直到表达式的值为 false,

将跳出 while 循环,执行其后的程序。如图 3.4 所示。

例 3.5 while 循环语句的应用,求 $1+2+3+\cdots+100$ 的和(ch03\WhileDemo.java)。

```java
public class WhileDemo  {
    public static void main(String[] args)  {
        int i, sum=0;
        i=1;
        while (i<=100) {
            sum+=i++;
        }
        System.out.println("1~100 的和为"+sum);
    }
}
```

运行结果:

1~100 的和为 5050

使用 while 循环时应注意,在循环体内要有使循环趋向于结束的语句,即每执行一次循环,循环条件要发生相应的变化,使得表达式的值能够最终为 false,否则将出现死循环的情况,这是程序设计应尽量避免的。

3.2.2 do…while 语句

do…while 循环与 while 循环不同,do…while 循环先执行循环体中的语句,然后再计算表达式的值,若值为 true,则继续执行下一轮循环,当表达式的值为 false 时,跳出循环。如图 3.5 所示。

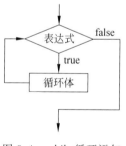

图 3.4　while 循环语句

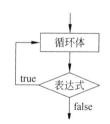

图 3.5　do…while 循环语句

do…while 循环的语法形式如下:

```java
do  {
    循环体
} while(表达式);
```

例 3.6 使用 do…while 循环计算 $1+2+3+\cdots+100$ 的和(ch03\DoWhileDemo.java)。

```java
public class DoWhileDemo   {
    public static void main(String[] args)  {
```

```
int i, sum=0;
i=1;
do {
  sum+=i++;
} while (i<=100);
System.out.println("1~100 的和为"+sum);
  }
}
```

运行结果：

1~100 的和为 5050

由此可见，while 循环与 do…while 循环可以实现同一个程序功能，但是它们也有区别，前者是先判断再执行，后者是先执行再判断。do…while 循环可以保证循环至少执行一次，而 while 循环有可能一次都不执行，这是 do…while 循环与 while 循环最大的区别。

3.2.3 for 语句

for 语句提供了一种更为灵活的循环方式，可以使程序按照指定的次数进行循环。其语法形式如下：

```
for (初始表达式; 逻辑表达式; 增量表达式)  {
    循环体;
  }
```

for 循环语句执行时，首先执行初始表达式，然后计算逻辑表达式来判断是否终止，当逻辑表达式的值为 true 时，则执行循环体中的语句，然后执行增量表达式。完成一次循环后，重新判断终止条件，直到终止表达式的值为 false 时，跳出整个 for 循环。如图 3.6 所示。

因此上述程序中计算 1～100 的和的循环可设计如下：

```
int i, sum=0;
for(i=1;i<=100;i++) {
    sum+=i;
}
System.out.println("1 到 100 的和为"+sum);
```

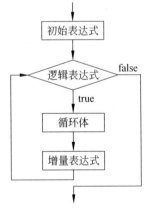

图 3.6 for 循环语句

for 循环语句通常用来执行循环次数确定的情况。初始表达式在循环开始的时候被执行一次；逻辑表达式决定什么时候终止循环，该表达式在每次循环的过程中都被执行一次；增量表达式决定了循环一次增加的步长值。以上 3 个部分都可以按照情况设置为空语句（但分号不能省），三者均为空的时候，相当于一个无限循环，在程序设计中应避免出现无限循环的情况。

例 3.7 for 循环应用，对数组中的数据进行冒泡排序（从小到大）并输出（ch03\ForDemo.java）。

```java
public class ForDemo   {
    public static void main(String[] args)   {
        int   i;
        int intArray[]={39, 12, 5, 102,76};
        int   n=intArray .length;
        for (i=0; i<n-1; i++)   {
            for (int j=0; j<n-1; j++)   {
                if (intArray [j]>intArray [j+1]) {
                    int temp=intArray [j];
                    intArray [j]=intArray [j+1];
                    intArray [j+1]=temp;
                }
            }
        }
        for (i=0; i<n; i++) {
            System.out.println(intArray [i]);
        }
    }
}
```

运行结果：

```
5
12
39
76
102
```

3.2.4   for…each 语句

for…each 诰句是 for 语句的特殊简化版本，也称为增强的 for 循环，是 JDK 1.5 的新特征之一，在遍历数组和集合方面，为开发人员提供了极大的方便。for…each 语句并不能完全取代 for 语句，但任何的 for…each 语句都可以改写为 for 语句版本。

for…each 不是一个关键字，其语法格式如下：

```
for(部分类型 变量名:整体){
    循环体；
}
```

其中，整体由多个值组成，每次从整体中取出一部分，并赋值给冒号前的变量。例如

```
int[] months={1,3,5,7,8,10,12};
for(int month:months){           //months 由多个 int 组成，每次从中取出一个，赋值给 month
    System.out.println(month);
}
```

for…each 语句经 JDK 编译后为普通的 for 循环。

例 3.8 for…each 循环应用,遍历数组,输出其中各元素(ch03\ForEachDemo.java)。

```java
public class ForEachDemo{
    public static void main(String[] args){
        String[] str={"a","b","c"};
        int arr[][]={{9, 6}, {3, 1}};
        for(String s: str){
            System.out.print(s+" ");                    //逐个输出数组元素的值
        }
        System.out.print("\n");
        for (int x[] : arr) {
            for (int i : x) {
                System.out.print(i+"  ");
            }
            System.out.print("\n");
        }
    }
}
```

运行结果:

```
a b c
9  6
3  1
```

for…each 语句的局限性:如果要引用数组或者集合的指定元素(例如给某个数组元素赋值等),则 for…each 语句无法做到,仍需使用基本的 for 语句。

3.2.5 嵌套循环

嵌套循环是指在某个循环语句的循环体中,又包含另一个循环语句,也称多重循环。Java 语言提供的 3 种循环语句都可以互相嵌套使用。例 3.9 即为一种嵌套循环。

例 3.9 嵌套循环应用,输出九九乘法表(ch03\WhileAndForDemo.java)。

```java
public class WhileAndForDemo {
    public static void main(String[] args) {
        for(int i=1;i<=9;i++) {
            int j=1;
            while(j<=i) {
                System.out.print(j+" * "+i+"="+j * i+"\t");
                j++;
            }
            System.out.print("\r\n");                    //输出一个回车换行符
        }
    }
}
```

运行结果:

```
1 * 1=1
1 * 2=2    2 * 2=4
1 * 3=3    2 * 3=6    3 * 3=9
1 * 4=4    2 * 4=8    3 * 4=12   4 * 4=16
1 * 5=5    2 * 5=10   3 * 5=15   4 * 5=20   5 * 5=25
1 * 6=6    2 * 6=12   3 * 6=18   4 * 6=24   5 * 6=30   6 * 6=36
1 * 7=7    2 * 7=14   3 * 7=21   4 * 7=28   5 * 7=35   6 * 7=42   7 * 7=49
1 * 8=8    2 * 8=16   3 * 8=24   4 * 8=32   5 * 8=40   6 * 8=48   7 * 8=56   8 * 8=64
1 * 9=9    2 * 9=18   3 * 9=27   4 * 9=36   5 * 9=45   6 * 9=54   7 * 9=63   8 * 9=72   9 * 9=81
```

设计嵌套循环时应注意,内层循环语句必须完整的被包含在外层循环的循环体中,切不可出现内外层循环交叉情况。

3.2.6　循环语句对比

Java 的 3 种循环语句可以解决同一问题,在很多情况下,3 种循环语句可以相互转换使用,但在实际应用中,也有一定的区别。

(1) while 语句和 do…while 语句,只在 while 后面指定循环条件,但是需要在循环体中包括使循环趋于结束的语句,而 for 语句则可以在增量表达式中包含使循环趋于结束的语句。

(2) 用 while 语句和 do…while 语句时,对循环变量的初始化操作应该放在 while 语句和 do…while 语句之前,而 for 语句则可以在初始表达式中完成。

(3) while 语句和 do…while 语句实现的功能相同,唯一的区别就是 do…while 语句先执行后判断,无论表达式的值是否为 true,都将执行一次循环;而 while 语句则是首先判断表达式的值是否为 true,如果为 true 则执行循环语句;否则将不执行循环语句。

(4) for 循环语句一般用在对于循环次数已知的情况下,而 while 语句和 do…while 语句则一般用在对于循环次数不确定的情况下。

3.3　跳　转　语　句

跳转语句可以无条件改变程序的执行顺序。Java 语言提供了 3 种跳转语句,分别为 break、continue 和 return 语句。

3.3.1　break 语句

1. 无标签 break 语句

break 语句应用于 switch、for、while 及 do 语句中,可以立即终止执行包含 break 语句所在的一个程序块。

例 3.10　使用无标签的 break 语句(ch03\BreakDemo.java)。

```java
public class BreakDemo {
    public static void main(String[] args) {
        boolean test=true;
        int i=1;
```

```
    while (test) {
        System.out.println("i="+i);
        if (i==5)  break;
        i++;
    }
    System.out.println("i 为 5 时结束循环!");
    }
}
```

运行结果：

```
i=1
i=2
i=3
i=4
i=5
i 为 5 时结束循环!
```

上述程序中，尽管 while 循环的判断条件一直为 true，但是当 i 等于 5 时，break 语句结束整个循环，接着执行循环后续的代码。因此，在循环语句中，可以使用 break 语句中断正在执行的循环。

在实际的代码中，结构往往会因为逻辑比较复杂，而存在循环语句的嵌套，如果 break 语句出现在循环嵌套的内部时，则只结束 break 语句所在的循环，对于其他的循环没有影响，示例代码如下：

```
for(int i=0;i<2;i++){
    for(int j=0;j<5;j++){
        System.out.println(i+","+j);
        if (j==2)  break;
    }
}
```

运行结果：

```
0,0
0,1
0,2
1,0
1,1
1,2
```

该 break 语句因为出现在循环变量为 j 的循环内部，则执行到 break 语句时，只中断循环变量为 j 的循环，而对循环变量为 i 的循环没有影响。

使用 break 语句应注意，一个循环中可以有一个以上的 break 语句，但是太多的 break 语句会破坏代码结构。另外，switch 语句中的 break 仅仅影响所在的 switch 语句，而不会影响外层的任何循环。

2. 带标签的 break 语句

break 语句只终止执行包含它的最小语句块,如果希望终止更外层的语句块,可以用带标签的 break 语句。

带标签的 break 语句格式如下:

```
break   标签;
```

当这种形式的 break 执行时,控制被传递出指定的代码块。被加标签的代码块必须包含 break 语句,但是它不需要是直接的包围 break 块。因此可以使用一个加标签的 break 语句退出一系列的嵌套块。

要为一个代码块加标签,在其开头加一个标签即可。标签(label)可以是任何合法有效的 Java 标识符,标签后跟一个冒号。给一个块加上标签后,就可以使用这个标签作为 break 语句的对象。

例 3.11 使用带标签的 break 语句(ch03\LabelBreakDemo.java)。

```java
public class LabelBreakDemo {
    public static void main(String[] args) {
        loop:
        for(int i=1;i<=9;i++) {
            for(int j=1;j<=i;j++) {
                if(j * i==16) {
                    break loop;
                }
                System.out.print(j+" * "+i+"="+j * i+"   ");
            }
            System.out.print("\r\n");                    //输出一个回车换行符
        }
    }
}
```

运行结果:

```
1 * 1=1
1 * 2=2    2 * 2=4
1 * 3=3    2 * 3=6    3 * 3=9
1 * 4=4    2 * 4=8    3 * 4=12
```

3.3.2 continue 语句

continue 语句只能用于循环结构中,用于跳过当次循环的剩余语句,重新开始下一轮循环。continue 语句也有两种形式,即无标签和带标签的。

1. 无标签 continue 语句

无标签的 continue 语句可以结束当次循环,即跳过 continue 语句后面剩余部分,根据条件判断是否进入下一轮循环。

例 3.12 使用无标签的 continue 语句,输出 100 以内能够被 7 整除的数(ch03\

ContinueDemo.java）。

```java
public class ContinueDemo {
    public static void main(String[] args) {
        for(int i=1;i<100;i++) {
            if(i%7!=0) {                          //当 i 的值不能被 7 整除时
                continue;
            }
            System.out.print(i+"  ");             //输出 i 的值
        }
    }
}
```

运行结果：

```
7  14  21  28  35  42  49  56  63  70  77  84  91
```

2. 带标签 continue 语句

continue 语句和 break 语句一样，也可以和标签搭配使用。其作用也是用于跳出深层循环。带标签的 continue 语句也是通常用在嵌套循环的内循环中，其语句格式如下：

continue 标签；

continue 后的标签，必须标识在循环语句之前，使程序的流程在遇到 continue 之后，立即结束当次循环，转入标签所标识的循环层次，进行下一轮循环。

例 3.13 使用带标签的 continue 语句（ch03\LabelContinueDemo.java）。

```java
public class LabelContinueDemo {
    public static void main(String[] args) {
        loop:
        for(int i=1;i<=9;i++){
            for(int j=1;j<=i;j++){
                if(j==2){
                    continue loop;                //跳出双层 for 循环语句
                }
                System.out.print(j+" * "+i+"="+j * i+"\t");
            }
            System.out.print("\r\n");             //输出一个回车换行符
        }
    }
}
```

运行结果：

```
1 * 1=1
1 * 2=2   1 * 3=3   1 * 4=4   1 * 5=5   1 * 6=6   1 * 7=7   1 * 8=8   1 * 9=9
```

3.3.3 return 语句

return 语句用来返回方法的值，其功能是从当前方法退出，返回到调用该方法的语句，语句格式如下：

return 表达式；

return 语句通常位于一个方法体的最后一行，return 语句退出方法并返回一个值。由 return 返回的表达式的值必须与方法的返回值类型一致。当方法用 void 声明时，说明方法无返回值，return 语句省略。

例 3.14 使用 return 语句，计算圆面积（ch03\ReturnDemo.java）。

```
public class ReturnDemo {
    final static double PI=3.14;
    public static void main(String[] args) {
        double r1=3.0, r2=5.0;
        System.out.println("半径为"+r1+"的圆面积为"+area(r1));
        System.out.println("半径为"+r2+"的圆面积为"+area(r2));
    }
    static double area(double r) {
        return (PI * r * r);
    }
}
```

运行结果：

```
半径为 3.0 的圆面积为 28.259999999999998
半径为 5.0 的圆面积为 78.5
```

本 章 小 结

本章介绍了 Java 流程控制语句，包括分支结构的 if…else 语句和 switch 语句，循环结构的 while、do…while 和 for 语句，以及跳转语句 break、continue 和 return 语句，通过语句的介绍，说明了语句的特点及应用。

习 题 3

1. 有如下函数，要求输入 x 的值，求 y 的值。（要求用 if…else 语句实现）编辑、编译、运行该程序，分别使用数据-5、0、5、10、100 做测试，写出相应的结果。

$$y = \begin{cases} x^2, & x < 0 \\ 2x-1, & 0 \leqslant x < 10 \\ 3x-11, & x \geqslant 10 \end{cases}$$

2. 求一元二次方程 $ax^2+bx+c=0$ 方程的根（考虑 b^2-4ac 的值的 3 种情况）。

3. 将一个数组中的值按逆序重新存放。

4. 求两个整数的最大公约数和最小公倍数。

5. 求 $100\sim200$ 的全部素数。

6. 输出 $100\sim999$ 所有的"水仙花数"。

7. 求 Fibonacci 数列的前 40 个数。即 $F_1=1$，$F_2=1$，$F_n=F_{n-1}+F_{n-2}(n\geqslant3)$。

8. 用 $\frac{\pi}{4}\approx1-\frac{1}{3}+\frac{1}{5}-\frac{1}{7}+\cdots$ 公式求 π 的近似值，直到最后一项的绝对值小于 10^{-6}。

9. 一个数如果恰好等于它的因子之和，这个数就是完数。例如 6 的因子为 1、2、3，而 $6=1+2+3$，因此 6 是一个完数。编程序求出 1000 之内的所有完数。并按如下格式输出

　　6,因子是 1,2,3
　　...

10. 用迭代法求出 $x=\sqrt{a}$。求平方根的迭代公式为

$$x_{n+1}=\frac{1}{2}\left(x_n+\frac{a}{x_n}\right)$$

其中 $x_0=a/2$，要求前后两次求出的 x 的差的绝对值小于 10^{-5}。

11. 一球从 100 米高度自由落下，每次落地后反跳回原来高度的一半，再落下。求它在第 10 次落地时共经过多少米？第 10 次反弹多高？

12. 有一堆零件(100～200 个)，如果以 4 个零件为一组进行分组，则多 2 个零件；如果以 7 个零件为一组进行分组，则多 3 个零件；如果以 9 个零件为一组进行分组，则多 5 个零件。编程求解这堆零件总数。

13. 已知大公鸡三文钱一只，大母鸡两文钱一只，小鸡一文钱买三只。现有 100 文钱，想买 100 只鸡，请编写程序解决这个问题。

14.《孙子算经》中记载了这样的一道题："今有雉兔同笼，上有三十五头，下有九十四足，问雉兔各几何？"这四句的意思就是：有若干只鸡和兔在同一个笼子里，从上面数，有三十五个头；从下面数，有九十四只脚。求笼中各有几只鸡和兔？

15. 猴子吃桃问题。猴子第一天摘了若干个桃子，当即吃了一半，还不过瘾，又多吃了一个，第二天早上又吃了剩下的一半多一个，以后每天早上如此，到第 10 天早上想再吃时，只剩下一个桃子了。求第一天共摘了多少桃子。

16. 洗碗(中国古题)：有一位妇女在河边洗碗，过路人问她为什么洗这么多碗？她回答说：家中来了很多客人，他们每两人合用一个饭碗，每三人合用一个汤碗，每四人合用一个菜碗，共用了 65 个碗。你能从她家的用碗情况，算出她家来了多少客人吗？

第4章 面向对象编程

Java 语言是一种面向对象程序设计语言。所以了解面向对象程序设计的概念,是运用 Java 编程的基础。因此本章首先概要介绍面向对象编程的思想,并在此基础上介绍 Java 中类和对象的定义,以及 static 关键字的使用、包的定义、权限修饰符和常用类的使用。

4.1 面向对象编程概述

现实世界是由各式各样的实体(对象)所组成的,每种对象都有自己的内部状态(属性)和运动规律(行为)。将具有相似属性和行为的实体(事物、对象)综合在一起称为类。例如,现实世界存在的各式各样的人:你、我、张三、李四、Mary、Tom 等,都具有相似的属性(有姓名、性别等)和行为(会走路、说话、思考等),所以我们综合在一起就构成了"人"类,而你、我、张三、李四、Mary、Tom 等都是"人"类的对象。客观世界是由不同类的事物间相互联系和相互作用所构成的一个整体。

面向对象编程(Object-Oriented Program,OOP)是按人们认识客观世界的系统思维方式,采用基于对象(实体)的概念建立模型,模拟客观世界的程序设计办法。它已经成为目前主流的程序设计方法。

OOP 的三大特征如下。

1. 封装

将对象的属性和行为(也称方法)一起包装到一个单元中,就称为封装,这个单元称之为类。封装的优点是提高系统的独立性和可重用性,实现数据的封装与隐藏。例如在 OOP 中就要把"人"类的属性和方法封装在一个单元中,如图 4.1 所示。

图 4.1 "人"类的封装示意图

2. 继承

继承是类不同抽象级别之间的关系。当一个类(例如学生类)是另一个类(例如人类)的特例时,这两个类之间就有了继承关系或父子类的关系。其中特例类(学生类)是一般类(人类)的子类,一般类(人类)称为特例类(学生类)的父类,如图 4.2 所示。换句话说,父类是子类更高级别的抽象。子类可以继承父类的属性和方法。通过类的继承关系,使公共的特性能够共享,提高了软件的重用性。在 Java 中只允许单继承。

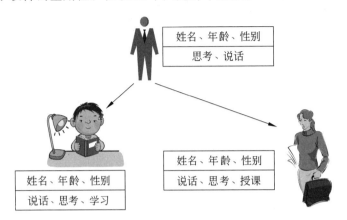

图 4.2 继承示意图

3. 多态

多态的含义可以理解为"相同的行为以多种形式来表现,拥有不同的体现方法"。例如,在 Java 中,多态的典型表现是重载(Overloading)和覆盖(Overriding)。关于这部分内容,会在后续章节中阐述。

4.2 类 的 定 义

4.2.1 类的基本结构

类是封装了属性和行为的单元,所以在类的定义中含有两部分内容:变量和方法,分别称为成员变量(或字段)和成员方法。成员变量可以是基本类型的数据,也可以是一个类的实例(即对象)。成员方法用于处理该类的数据或实现某种功能。类定义的一般格式如下:

[访问权限修饰符] [abstract|final] class 类名 [extends 父类名] [implements 接口列表]

{
  [成员变量的定义]
  [成员方法的定义]

}

其中,由[]所包含的部分是可选项。例如,根据需要可以只在类中定义成员变量,如例 4.1 所示;或只在类中定义方法,如例 4.2 所示;或是在类中既定义成员变量又定义成员方法,如例 4.3 所示。

例 4.1 Date 类的定义(ch04\Date.java)。

```java
public class Date{
    int year;
    int month;
```

```
        int day;
    }
```

例 4.2 Instrument 类的定义(ch04\Instrument.java)。

```
class Instrument {
    public void play(String s) {
        System.out.println(s+"is playing");
    }
}
```

例 4.3 Person 类的定义(ch04\Person.java)。

```
class Person{
    private String name;
    //!name="张三";
    private char sex='M';
    Person(String name){
        this.name=name;
        }
    Person(String name,char sex){
        this.name=name;
        this.sex=sex;
        }
    //展示姓名和性别的方法
    public void show(){
        String str="下面展示姓名和性别";
        System.out.println(str);
        System.out.println("姓名: "+name+" 性别: "+sex);
        }
    }
```

1. 类的声明

类的完整声明格式如下:

[访问权限修饰符] [abstract|final] class 类名 [extends 父类名] [implements 接口列表]

下面对声明的各个部分做一说明。

(1) class 类名。这是类声明的最基本部分,不能省略。其中 class 是关键字;类名可以由程序员设定,但要遵循标识符的命名规则。习惯上,类名通常是名词,且每个单词的首字母大写,如类名 Person。

(2) 访问权限修饰符。Java 中有 4 种权限修饰符:public、protected、private、friendly(默认)。其中的 friendly 不是权限修饰符的关键字,它指的是默认状态,即没有任何权限修饰符。

(3) abstract 或 final。abstract 指出所定义的是抽象类;final 指出所定义的类是最终类,不能被继承。

(4) extends 父类名。指出所定义的类继承于哪个父类。由于 Java 是单继承的,所以 extends 后面只能跟有一个父类。

（5）implements 接口列表。指出所定义的类实现了哪些接口。

以上（2）～（5）的内容会在后续章节中介绍。

2. 类体

在类声明后的一对大括号以及它们之间的内容是类的主体，里面可以定义 0 个或多个成员变量和成员方法。

4.2.2 成员变量和局部变量

Java 中的变量按其作用范围分为成员变量和局部变量。无论是成员变量还是局部变量，其数据类型可以是 Java 中的任何一种数据类型，包括基本类型和引用类型。变量的名字应遵守标识符的命名规则，习惯上，变量名采用小写，如果变量名由多个单词组成，除了第一单词首字母不大写外，其他单词的首字母大写，例如 name、currentState 等。

1. 成员变量

直接定义在类体中的变量称为成员变量，成员变量在整个类体内都有效，如例 4.1 中的 year、month、day 变量和例 4.3 中的 name 和 sex 变量。成员变量定义的一般格式如下：

[访问权限修饰符] [static] 数据类型 成员变量[=初值]；

（1）数据类型 成员变量。这是成员变量定义的最基本部分，不能省略。

（2）访问权限修饰符。可以是 public、protected、private、friendly 中的任意一种。

（3）static。指出所定义的变量为静态变量或类变量，类的所有对象都共享这个变量，由类名来引用该变量，即类名．类变量，下面的小节会有介绍。无 static，说明所定义的变量为实例变量，每个对象都有该变量的一个副本，一个对象对该变量的修改不会影响到其他对象所拥有的这个变量的值，所以实例变量由对象引用，即"对象名．实例变量"。

访问权限修饰符和 static 会在本章后一部分介绍。

（4）＝初值。可以在声明成员变量的同时给它初始化，例如例 4.3 Person 类中 sex 变量的声明语句。或者只声明成员变量不赋值，此时成员变量的值是默认值，但给变量的再次赋值应该写在方法内，不能直接将赋值表达式写在类体中，例如例 4.3 Person 中的语句：

name="张三"；

其书写地方是错误的。

2. 局部变量

定义在方法中的变量和方法的参数称为局部变量，局部变量只在定义它的方法内有效，例如例 4.2 中的参数 s 和例 4.3 中的 str 变量。局部变量的定义格式如下：

数据类型 局部变量[=初值]；

局部变量必须先赋值再使用，因为系统不会为局部变量赋予默认值。所以如下代码是错误的。

```
void f(){
    int i;
    System.out.println(i);
    }
```

如果成员变量与局部变量重名,那么在定义局部变量的方法内,成员变量被隐藏,即该成员变量在这个方法内暂时失效。但如果也要在该方法内使用成员变量,此时就要使用关键字 this,它指向当前对象自身。如例 4.4 所示。

例 4.4 局部变量与成员变量重名的情况(ch04\Overlap.java)。

```
class Overlap{
    int x=3;
    void f(){
        int x=9;
        System.out.println("在 f()中,局部变量 x="+x);
        System.out.println("成员变量 x="+this.x);
        }
    public static void main(String args[]){
        Overlap ovl=new Overlap();
        ovl.f();
        }
    }
```

运行结果:

在 f()中,局部变量 x=9
成员变量 x=3

关于 this 关键字的其他用法将在 4.2.6 节中介绍。

4.2.3 成员方法

成员方法用于处理该类的数据或实现某种功能。成员方法定义的一般格式如下:

[访问权限修饰符] [static][final|abstract] 返回值类型 方法名([参数列表])
{
}

例如例 4.2 Instrument 类中使用了 play 方法,例 4.3 Person 类中使用了 show 方法。请注意,例 4.3 Person 类中的

```
Person(String name){
    this.name=name;
    }
```

和

```
Person(String name,char sex){
    this.name=name;
    this.sex=sex;
    }
```

是一种特殊的方法,称为构造方法,它的定义方法不同于此处一般成员方法的定义,所以在

"构造方法"一节中将详细介绍它。

1．方法的声明

[访问权限修饰符] [static][final|abstract] 返回值类型 方法名([参数列表])

（1）返回值类型 成员方法([参数列表])。这是方法最基本的声明，不能省略。返回值类型指出本方法要返回何种类型的数据；成员方法名可由程序员指定，同样应遵守标识符的命名规则。习惯上，方法名用动词，采用小写字母书写；如果由多个单词构成，除了第一个单词的首字母不大写外，其他每个单词的首字母大写。

参数列表指出该方法可以接收的参数，方法可以含有 0 个或多个参数。参数的定义格式如下：

数据类型　参数名

若方法含有多个参数，参数的定义之间用逗号分隔，例如：

```
float avg(int i, int j)
{
    return (i+j)/2;
}
```

（2）访问权限修饰符。可以是前面提到的 4 种访问权限修饰符之一。

（3）static。用 static 来修饰的方法称为类方法，通过类名引用，即

类名.方法名(参数列表)

类方法将在下面的小节中介绍。没有用 static 修饰的方法称为实例方法，通过对象引用，即

对象名.方法名(参数列表)

（4）final。说明所定义的方法不能被覆盖。

（5）abstract。指出所定义的方法为抽象方法，此时方法不能有实现体。

以上(2)～(5)的内容会在后续章节中介绍。

2．方法体

方法声明后的一对大括号以及它们之间的内容称为方法体。方法体内可以定义局部变量和书写合法的 Java 语句。

3．方法调用中的参数传递

在 Java 中，方法调用时的参数(无论是基本数据类型还是引用类型的参数)传递方式都是值传递。

（1）参数为基本数据类型。如果方法的参数为基本类型，则方法直接得到副本，方法内对它的任何修改都不会扩展到方法之外，如例 4.5 所示。

例 4.5　参数为基本数据类型(ch04\PriParm.java)。

```
public class PriParm{
    //参数类型为基本数据类型
    public void changeValue(int i){
```

```
            i=10;
            System.out.println("In changeValue(),i="+i);
        }
    public static void main(String args[]){
        int i=3;
        System.out.println("Before calling the changeValue(),i="+i);
        PriParm pp=new PriParm();
        pp.changeValue(i);
        System.out.println("After calling the changeValue(),i="+i);
        }
    }
```

运行结果：

```
Before calling the changeValue(),i=3
In changeValue(),i=10
After calling the changeValue(),i=3
```

（2）参数为对象类型。如果方法的参数为对象类型时，在方法调用时传递的是对应变量的值，即某个对象的引用（实例占用的内存地址）。如果在方法内对该参数所指向的对象进行了修改（如修改其成员变量的值），那么这种修改对于该对象来说是永久性的（如果修改的是类变量的值，那么这种修改对该类的所有对象都是永久性的，见 4.4 节），如例 4.6 所示。

例 4.6 参数为对象类型（ch04\RefParm.java）。

```
1    //在类中定义参数为对象类型的两个方法
2    public class RefParm{
3      int i;
4      //在方法中改变参数所指向的对象的成员变量的值
5      public void changeObjValue(RefParm ref){
6        ref.i=10;
7        System.out.println("In changeObjValue(),ref.i="+ref.i);
8        }
9      //参数类型为对象类型,在此方法中改变参数的值
10     public void changeObj(RefParm refp){
11       refp=new RefParm();
12       System.out.println("In changeObj(),refp.i="+refp.i);
13       }
14     public static void main(String args[]){
15       RefParm rp=new RefParm();
16       rp.i=3;
17       System.out.println("Before calling the changeObjValue(),rp.i="+rp.i);
18       rp.changeObjValue(rp);
19       System.out.println("After calling the changeObjValue(),rp.i="+rp.i);
20       rp.changeObj(rp);
21       System.out.println("After calling the changeObj(),rp.i="+rp.i);
```

```
22          }
23      }
```

运行结果：

```
Before calling the changeObjValue(),rp.i=3
In changeObjValue(),ref.i=10
After calling the changeObjValue(),rp.i=10
In changeObj(),refp.i=0
After calling the changeObj(),rp.i=10
```

在例 4.6 中，第 15 行创建了 RefParm 类的对象 rp，在第 16 行为 rp 对象的成员变量 i 赋值为 3。第 18 行以 rp 为参数调用第 5~8 行的 changeObjValue()方法，将 rp 的值传递给 ref，此时两个变量及其所指向对象的内存布局如图 4.3(a)所示。当第 6 行改变了 ref 所指向对象的 i 变量的值时，如图 4.3(b)所示。当 changeObjValue()方法执行完毕时，ref 变量被释放，程序流返回到第 19 行，此时 rp 变量及其所指向的对象的内存布局如图 4.3(c)所示。

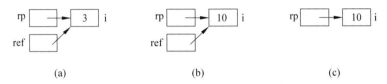

图 4.3　changeObjValue()方法的调用

在例 4.6 中，第 20 行调用了 changeObj()方法，将 rp 的值传递给参数 refp，此时 rp 和 refp 的取值情况如图 4.4(a)所示。当第 11 行运行后，refp 被赋予了新的引用，但此时 refp 的改变并不会影响到 main()方法中的 rp 变量，此时两个变量的取值如图 4.4(b)所示。当 changeObj()方法执行完毕，程序流返回到第 21 行，refp 变量被释放，此时 rp 的取值如图 4.4(c)所示。

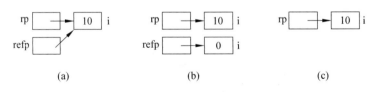

图 4.4　changeObj()方法的调用

（3）参数为数组类型。在 Java 中，数组和对象一样，都属于引用类型。实际上，在 Java 中，数组都是按照对象操作的方式的来处理的。如果方法的参数为数组类型时，在方法调用时，传递的是数组的引用（即数组对象的地址）。在方法中，如果对该参数引用的数组对象的元素进行了修改，那么这种修改是永久性的，在该方法调用结束之后，被引用的数组对象的数组元素值也发生了相应的改变。如例 4.7 所示。

例 4.7　参数为数组类型(ch04\ArrParm.java)。

```
//在类中定义两个方法,用于输出和改变数组参数的值
public class ArrParm {
```

```java
    //changeArrValue()方法用来改变输入的数组参数的值
    public void changeArrValue(double[] aParm){
        System.out.println("In changeArrValue(), the values of array:");
        //此处要使用数组名来引用数组的每个元素,而不能使用 for…each 语句
//          for(double d:aParm){
//              d+=1.0;
//          }
        for(int i=0;i<aParm.length;i++){
            aParm[i]+=1.0;
        }
        printArr(aParm);
    }
    //printArr()方法用来输出数组参数的值
    public void printArr(double[] aParm){
        for(double d:aParm){
            System.out.print(d);
            System.out.print("");
        }
        System.out.println();
    }
    //在主方法中进行数组参数传递测试
    public static void main(String[] args){
        //定义类对象和数组变量
        ArrParm arrParm=new ArrParm();
        double[] dArr={1.1,1.2,1.3,1.4,1.5};

        //比较自建循环输出数组元素和调用方法输出数组元素
        System.out.println("Print the original values of array");
        for(double d:dArr){
            System.out.print(d);
            System.out.print("");
        }
        System.out.println();
        System.out.println("Calling printArr() to print the values of array");
        arrParm.printArr(dArr);

        //调用方法改变数组元素的值并输出
        System.out.println();
        System.out.println("Before calling changeArrValue(),array values:");
        arrParm.printArr(dArr);
        arrParm.changeArrValue(dArr);
        System.out.println("After calling changeArrValue(),array values:");
        arrParm.printArr(dArr);
    }
}
```

运行结果：

```
Print the original values of array
1.1 1.2 1.3 1.4 1.5
Calling printArr() to print the values of array
1.1 1.2 1.3 1.4 1.5

Before calling changeArrValue(),array values:
1.1 1.2 1.3 1.4 1.5
In changeArrValue(),the values of array:
2.1 2.2 2.3 2.4 2.5
After calling changeArrValue(),array values:
2.1 2.2 2.3 2.4 2.5
```

在用数组作为传递参数进行方法调用时，还有两点要引起注意：第一，如果将基本数据类型数组的单个数组元素作为参数传入方法进行修改，调用结束后原数组元素的值并不会发生改变，因为此时发生的是值传递，而不是引用传递；第二，在将数组对象传入方法，进行数组元素修改时，要用数组名加下标的形式直接引用数组元素，进行修改。如例 4.7 在方法 changeArrValue() 的循环中，用 aParm[i] 指向数组的第 i+1 个元素；此处，如果改用 for…each 循环(启用该方法中注释的代码)，依次取出数组的每个元素，进行修改，实际上修改的是数组元素的副本，而原数组不会发生改变。

(4) 可变参数类型(Varargs)。在 Java 早期版本中，不支持可变参数。如果方法需要不确定数量的参数时，需要将参数包装到数组中，再传递给方法。最常见的例子如 main() 方法，它可以接收不定个数的字符串参数。从 JDK 1.5 开始，Java 提供了可变参数类型，Java API 中也出现了可变参数类型的方法，例如 PrintStream 类中的格式化输出方法 printf()，其形式类似于 C 语言标准库中的 printf() 函数。通过可变参数机制，不需要再用数组对参数进行包装，方法也可以接受参数个数不定的相同类型的多个参数。在使用可变参数时需注意：可变参数只能作为方法的最后一个参数；在定义方法参数时，通过将"…"置于变量类型和变量名之间，表示该参数是可变参数，"…"前后有无空格都可以。可变参数的定义和使用方法如例 4.8 所示。

例 4.8 参数为可变类型(ch04\VarParm.java)。

```java
//在类中定义两个方法,分别用于接收数组类型的参数和可变参数,输出最大值
public class VarParm {
    //在主方法中,进行可变参数和数组参数传递测试
    public static void main(String[] args){
        //定义类对象和数组变量
        VarParm varParm=new VarParm();
        double[] dArr=new double[]{1.1,-2.1,3.4,2.7,53.1};
        //以 3 种不同的方式调用具有可变参数的方法
        System.out.println("Calling printMaxByVarParm() with array parameter");
        varParm.printMaxByVarParm(dArr);
        System.out.println("Calling printMaxByVarParm() with variable parameters");
        varParm.printMaxByVarParm(1.1,-2.1,3.4,2.7,53.1);
```

```
            System.out.println("Calling printMaxByVarParm() with empty parameter");
            varParm.printMaxByVarParm();
            //调用具有数组参数的方法,突出可变参数的特点
            System.out.println();
            System.out.println("Calling printMaxByArrParm() with array parameter");
            varParm.printMaxByArrParm(dArr);
            //Unable to Call printMaxByArrParm() with variable parameters");
            //varParm.printMaxByArrParm(1.1,-2.1,3.4,2.7,53.1);
            //Unable to Call printMaxByArrParm() with empty parameter");
            //varParm.printMaxByArrParm();
        }
    //printMaxByArrParm()方法接收数组参数,输出数组元素最大值
    public void printMaxByArrParm(double[] arrParm){
        double t=Double.MIN_VALUE;
        for(double d:arrParm){
            t=t<d?d:t;
        }
        System.out.println("max value:"+t);
    }
    //printMaxByVarParm()方法接收可变参数,输出数组元素最大值
    public void printMaxByVarParm(double...dVars){
        double t=Double.MIN_VALUE;
        for(double d:dVars){
            t=t<d?d:t;
        }
        System.out.println("max value:"+t);
    }
}
```

运行结果:

```
Calling printMaxByVarParm() with array parameter
max value:53.1
Calling printMaxByVarParm() with variable parameters
max value:53.1
Calling printMaxByVarParm() with empty parameter
max value:4.9E-324

Calling printMaxByArrParm() with array parameter
max value:53.1
```

  从例 4.8 可以看出,可变参数在方法中可以作为数组来使用。实际上,可变参数在 Java 内部实现时,也是把多个相同类型的参数包装成一个数组进行处理的,但是这种过程隐藏的,并且由 Java 环境自动执行。例 4.8 也说明了在使用可变参数进行参数传递时,有以下几个特点:第一,对于可变参数,可以不写参数,即传入空参数;第二,可以传入以逗号隔开,类型符合要求的不定数量的多个参数;第三,可以传入相同类型的一个数组。

虽然可变参数简化了不定参数的使用过程,在一定程度上加强了代码的可读性,但是如果过度使用,可能造成程序理解上的语义混淆,反而会减低程序的可读性。例如,可变参数和方法重载混合在一起使用时,且可变参数的类型与前一个参数类型相同,将很难判断哪一个方法才是实际调用的方法,这不仅降低了程序的可读性,有时还会出现编译错误。

4.2.4 Overloading

有时,类中的同一种功能有多种实现方式,到底采用哪种实现方式,取决于调用时给定的参数。例如设置工作任务这个功能,对于不同的人有不同的工作任务,对于教师而言,其工作任务就是教书育人,对于学生来说,其工作任务就是学习,等等。那么如何在一个类中定义不同人群的 setTask 方法呢? Java 提供了方法重载机制,可以帮助实现这种功能。

```
public void setTast(Teacher t){
//设置工作任务为:教书育人
...
}
public void setTast(Student t){
//设置工作任务为学习
...
}
```

Overloading(重载)是多态的一种典型表现。方法重载的意思是指一个类中可以有多个方法具有相同的名字,但这些方法的参数不同。参数不同指的是参数的类型或个数不同。而对于方法的返回值类型、修饰符可以相同,也可以不同。也就是说,在 Java 语言中不能通过返回值的类型来区别不同的方法。

例 4.9 方法的重载(ch04\OverloadingTest.java)。

```
public class OverloadingTest{
    public void print(){
        System.out.println("不含参数的 print 方法()");
        }
    public void print(int i){
        System.out.println("只含有一个 int 参数的 print()方法,i="+i);
      }
    /**!本注释内的方法定义错误,
    因为已在类中定义了这个方法 public void print(int i)
    public int print(int i){
        System.out.println("只含有一个 int 参数的 print()方法");
        return i++;
        }
    */
    public void print(float f){
        System.out.println("只含有一个 float 参数的 print()方法,f="+f);
        }
    public void print(float f, int i){
```

```
        System.out.println("含有两个参数的 print()方法 f="+f+" i="+i);
        }
    /**!本注释内的方法定义错误,
    因为已在类中定义了这个方法 public void print(float f, int i)
    public void print(float m, int n){
        System.out.println("含有两个参数的 print()方法 m="+m+" n="+n);
        }
    */
    public void print(int i, float f){
        System.out.println("含有两个参数的 print()方法 i="+i+" f="+f);
        }
    public static void main(String[] args){
        OverloadingTest ot=new OverloadingTest();
        ot.print();
        ot.print(3.14f);
        ot.print(3);
        ot.print(9,4.55f);
        ot.print(7.5f,8);
        }
    }
```

运行结果:

不含参数的 print 方法
只含有一个 float 参数的 print()方法,f=3.14
只含有一个 int 参数的 print()方法,i=3
含有两个参数的 print()方法 i=9 f=4.55
含有两个参数的 print()方法 f=7.5 i=8

4.2.5　构造方法

构造方法是一种特殊的方法,其特殊之处在于构造方法的名字与它所在类的名字完全相同,并且没有返回类型。Java 中所有的类都有构造方法,用来创建对象。

1. 构造方法的定义

构造方法的定义格式如下:

```
[访问权限修饰符] 类名(参数列表){
...
}
```

(1)类名(参数列表)。这是构造方法声明时必不可少的部分。构造方法的名字就是类名,构造方法可以含有 0 个或多个参数。含有 0 个参数的构造方法称为默认构造方法。

(2)访问权限修饰符。可以是 public、protected、private、friendly 中的任意一种,用来控制其他哪些类可以调用该构造方法见 4.6 节。

(3)构造方法的主体。一对大括号以及二者之间的内容为构造方法的主体。构造方法通常是初始化成员变量的。

需要说明的是用户不能直接调用构造方法,必须通过关键词 new 来自动调用它。

例 4.10 定义 Book 类(ch04\Book.java)。

```
public class Book{
    String author;
    String publisher;
    int pages;
    Book(String author,String publisher,int pages){
        this.author=author;
        this.publisher=publisher;
        this.pages=pages;
        }
    public static void main(String args[]){
        Book book=new Book("Bruce","China Machine Press",809);
        System.out.println("The author is "+book.author);
        System.out.println("The publisher is "+book.publisher);
        System.out.println("The pages is "+book.pages);
        }
    }
```

运行结果:

```
The author is Bruce
The publisher is China Machine Press
The pages is 809
```

2. 默认的构造方法

在前面章节的一些例子中,可以看到在有些类中并没有定义任何的构造方法,但仍可通过 new Xxx()来实例化 Xxx 类的对象。这是因为如果类中没有定义任何构造方法时,Java 在编译时会为这个类自动合成一个不含参数的构造方法,且这个方法的方法体为空,这种构造方法称为默认的构造方法。

例 4.11 定义 Insect 类,不含任何构造方法(ch04\Insect.java)。

```
public class Insect{
    String name="Unknown";
    String species;
    int weight;
    public static void main(String[] args){
        Insect insect=new Insect();
        System.out.println("name: "+insect.name);
        System.out.println("species: "+insect.species);
        System.out.println("weight: "+insect.weight);
        }
    }
```

运行结果:

```
name:Unknown
species:null
weight:0
```

但是,如果一旦在类中定义了构造方法,系统就不会再为这个类合成默认构造方法了。如例 4.12 就采用了错误的对象创建方法。

例 4.12　调用了并不存在的构造方法(ch04\UseBook.java)。

```
class UseBook{
    public static void main(String[] args){
        //以下是错误的代码
        Book b=new Book();
        }
    }
```

该程序在编译时会出现以下错误:

```
UseBook.java:5: 找不到符号
符号：构造函数 Book()
位置：类 Book
                Book b=new Book();
                        ^
```

1 错误

3. 构造方法的重载

构造方法也可以重载,即定义多个构造方法,但其参数列表不同。例如,在例 4.3 中 Person 类的定义时有 Person(String name)和 Person(String name,char sex)这两个构造方法。

```
Person(String name){
    this.name=name;
    }
Person(String name,char sex){
    this.name=name;
    this.sex=sex;
    }
```

4.2.6　this

在 4.2.2 节中,可以看到当成员变量和局部变量重名时,如果想在该局部变量所在的方法内访问同名成员变量时,要使用 this 关键字,如例 4.4 所示。

this 关键字的另一个用处是当类中有多个重载的构造方法时,构造方法中可以通过 this()调用其他构造方法,但必须注意的是它必须作为构造方法中的第一条语句。如例 4.13 所示。

例 4.13　在构造方法内使用 this 去调用同类中的其他构造方法(ch04\Air_Condition.java)。

```java
public class Air_Condition{
    Air_Condition(){
        System.out.println("Common air_condition");
    }
    Air_Condition(int power){
        this();
        System.out.println("The power is "+power);
    }
    Air_Condition(String name,int power){
        this(power);
        System.out.println("name is "+name);
    }
    public static void main(String[] args){
        Air_Condition a=new Air_Condition("Green",2000);
        Air_Condition ac=new Air_Condition(1000);
    }
}
```

运行结果：

```
Common air_condition
The power is 2000
name is Green
Common air_condition
The power is 1000
```

4.3 对　　象

本章开篇就曾提过：现实世界是由各式各样的实体(对象)所组成的。前面介绍的类的定义实际上只是提供了创建对象的模板。定义了类之后还不能对它进行操作，必须在进行实例化后才可以操作。这个实例化的过程就是对象的创建过程。

4.3.1　对象的创建

对象的创建过程分为以下两步。

1. 对象引用的声明

声明一个引用的格式如下：

类名　变量名；

假如 Point 类的定义如例 4.14 所示。

例 4.14　Point 类(ch04\Point.java)。

```java
public class Point{
    int x=1;
    int y=1;
```

```
Point(int x,int y){
    this.x=x;
    this.y=y;
    }
public void move(int x,int y){
    this.x=x;
    this.y=y;
    }
}
```

可以这样声明它的一个变量：

```
Point p;
```

声明之后，系统为 p 分配一个引用单元。由于还没有进行初始化，所以该单元存储初值 null。如图 4.5(a)所示。

2. 对象实例化

通过使用 new 运算符进行实例化。格式如下：

变量名=new 类名(参数列表)；

例如：

```
p=new Point(20,66);
```

这时系统要做以下工作。

(1) 根据类的定义为该对象分配空间,将成员变量初始化为默认值,例如整型变量的默认值为 0,逻辑类型的变量为 false,引用类型的变量为 null,如图 4.5(b)所示。

(2) 执行显式初始化,即执行在类成员变量声明时带有的赋值表达式,如图 4.5(c)所示。

(3) 通过相应的构造方法完成该对象的初始化,并返回该空间的首地址放到变量对应的引用中,以代替原来的 null。如图 4.5(d)所示。

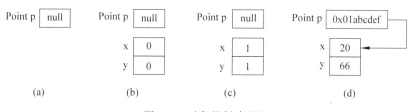

图 4.5　对象的创建过程

从以上的实例化过程可以看出,每生成一个对象,系统就会为该对象分配属于它自己的空间,来存储该对象的成员变量(实例变量),所以对象对于它本身成员变量的修改并不会影响到该类中其他对象所拥有的成员变量(实例变量)的值。如再创建 Point 类的对象 p1:

```
Point p1=new Point(30,55);
```

那么 p1 的成员变量 x 的值为 30,y 的值为 55。这和对象 p 的 x、y 值是不一样的。

当然,也可以把对象的引用声明和对象的初始化合在一起,格式如下:

类名　变量名=new 类名(参数列表);

例如:

```
Point p=new Point(20,66);
```

4.3.2　对象的使用

对象创建后,就可以使用点操作符(.)来访问对象的成员变量和方法了。
格式:

对象.成员变量
对象.成员方法(参数列表);

例 4.15　对象的使用(ch04\UsePoint.java)。

```
public class UsePoint{
    public static void main(String[] args){
        Point p=new Point(20,66);
        System.out.println("Before moving:");
        System.out.println("x="+p.x+" y="+p.y);
        p.move(50,80);
        System.out.println("move to "+"["+p.x+","+p.y+"]");
    }
}
```

4.3.3　对象的清除 *

在 Java 中提供了无用信息收集程序,来帮助删除不再使用的对象,所以不必关心对象的删除问题。

无用信息周期性地释放不再使用的对象所占用的空间,它是自动执行的。在某些情况下,也可以人工启动无用信息收集程序,即调用 System.gc()。

对象在被收集前,无用信息将调用该对象的 finalize()方法,以使对象自己能做最后的清理工作。finalize()方法是 Object 类的一个方法,Object 类是 Java 所有类的根类。可以重写该方法以实现最后的清理工作。但由于 Java 虚拟机的无用信息回收操作对程序是透明的,因此程序无法预料某个无用对象的 finalize()方法何时被调用。而且某些情况下,即使显式调用 System.gc(),也不能保证无用信息回收操作一定执行,当然也不能保证无用对象的 finalize()方法一定被调用。所以多数情况下,应避免使用 finalize()方法。

例 4.16　对象的清除(ch04\Cleanup.java)。

```
class Cleanup{
    Cleanup(){
        System.out.println("creating an object");
    }
    public void finalize() throws Throwable
```

```
        {
            System.out.println("an object is going");
        }
    public static void main(String arg[])
    {
        new Cleanup();
        System.gc();
        }
    }
```

4.4 static

前面介绍了对象的创建过程,从中可以看到每创建一个对象,系统就会为该对象分配相应的空间以存储它所拥有的成员变量(实例变量),因而即使是类中定义的同一个成员变量(实例变量),不同对象间的值也可以不同。但有时,一个类所有对象的属性值可能是一样的,换句话说,一个类的所有对象共享某个特定的值。这时就可以把其声明为类变量(用static修饰)。同样,也可以将类中的方法定义为类方法。

4.4.1 类变量

类变量也称为静态变量,其定义方法如下:

[访问权限修饰符] static 数据类型 成员变量[=初值];

类变量被类的所有对象所共有,也就是说系统只为该静态变量分配一个存储空间,每个对象都要在这个空间来访问该变量。所以任何一个对象修改了静态变量,那么其他对象访问的是该变量修改后的值。如例 4.17 和图 4.6 所示。

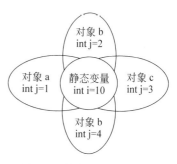

图 4.6　类变量和实例变量

例 4.17 类变量与实例变量(ch04\StaticTest.java)。

```
class StaticTest{
    int j;
    static int i=5;
    public static void main(String[] args){
        StaticTest a=new StaticTest();   StaticTest b=new StaticTest();
        StaticTest c=new StaticTest();   StaticTest d=new StaticTest();
        a.j=1;    b.j=2;    c.j=3;    d.j=4;
        b.i=10;
        System.out.println("a.j="+a.j);System.out.println("b.j="+b.j);
        System.out.println("c.j="+c.j);System.out.println("d.j="+d.j);
        System.out.println("a.i="+a.i);System.out.println("b.i="+b.i);
        System.out.println("c.i="+c.i);System.out.println("d.i="+d.i);
        System.out.println("静态变量 i="+i);
    }
```

运行结果：

a.j=1
b.j=2
c.j=3
d.j=4
a.i=10
b.i=10
c.i=10
d.i=10
静态变量 i=10

类变量的空间是在加载类时就会分配的，所以引用类变量时无须生成该类的对象，类变量的引用方式：

类名.类变量

当然在类变量所在的类中，也可以直接使用类变量，例如

```
System.out.println("静态变量 i="+i);
```

通过该类的已有对象引用也是可以的，例如

```
b.i=10;
```

有时，类变量也用于记录已被创建的对象的个数，如例 4.18 所示。

例 4.18 类变量用于计数（ch04\UseCount.java）。

```
class Count{
    int id;
    static int num=0;
    Count(){
        num++;
        id=num;
        }
    }
public class UseCount{
    public static void main(String[] args){
        Count Mary=new Count();
        Count Alice=new Count();
        System.out.println("Mary's id is "+Mary.id);
        System.out.println("Alice's id is "+Alice.id);
        System.out.println("The number of objects is "+Count.num);
        }
    }
```

运行结果：

Mary's id is 1
Alice's id is 2

The number of objects is 2

4.4.2 类方法

用 static 修饰的方法称为类方法或静态方法。类方法是不依赖特定对象的方法,所以可以通过类名去引用该方法。如例 4.19 所示。

例 4.19 类方法的调用(ch04\UseCircleArea.java)。

```
class CircleArea{
    static float PI=3.14f;
    static float getArea(int r){
        return PI * r * r;
        }
    }
public class UseCircleArea{
    public static void main(String[] args){
        float area=CircleArea.getArea(2);
        System.out.println(area);
        }
    }
```

静态方法在编写和使用时应注意以下问题。

(1) 由于在加载类时,系统就为类中的方法分配了空间,所以在静态方法中可以直接访问本类的静态变量和静态方法,但在静态方法中不能直接访问实例字段和实例方法,也不能使用 this 关键字和 super 关键字。

如下面的代码将会出现编译错误:

```
class Circle{
    static float PI=3.14f;
    int r;
    static float getArea(){
        return PI * r * r;                //编译错误
        }
    }
```

(2) main()方法是程序的入口点,它也是静态方法。要在 main()方法中访问类的实例变量或实例方法,必须首先创建相应的对象。如例 4.18 所示。

4.4.3 静态语句块

在一个类中,不属于任何方法体并且用 static 来修饰的语句块,称为静态语句块。通常用来进行类变量的初始化。定义格式如下:

```
static{
...
}
```

静态语句块是在系统加载其所在类的时候执行的,并且只执行一次。一个类中如果定义了多个静态语句块,那么这些语句块的执行顺序按照它们在程序中的书写顺序来执行。

例 4.20 静态语句块的执行顺序(ch04\StaticBlock.java)。

```java
class StaticBlock{
    static int i=7;
    static{
        i++;
        System.out.println("第一个静态语句块,i="+i);
    }
    static{
        i++;
        System.out.println("第二个静态语句块,i="+i);
    }
    StaticBlock(){
        System.out.println("构建对象");
    }
    public static void main(String[] args){
        StaticBlock stb=new StaticBlock();
        System.out.println("最终 i="+i);
    }
}
```

运行结果:

```
第一个静态语句块,i=8
第二个静态语句块,i=9
构建对象
最终 i=9
```

从例 4.20 可以看出,静态变量和静态语句块在对象生成前就已经分配了空间,所以它们的执行顺序(初始化顺序)先于对象的创建或对象成员变量的初始化。关于初始化的顺序在第 5 章会进行详细的分析。

4.5 包*

在 1.5 节中,可以看到 Java 中所定义的类和接口都放在包中,换句话说,Java 是通过包机制来管理类的。那么什么是包? 为什么要使用包机制来管理类呢?

包是一组相关类和接口的集合。例如 java.lang 包,包含了 Java 程序设计所需要的最基本的一些类和接口,例如 Object 类、System 类、String 类等。又例如 java.awt 包,包含了创建图形用户界面和绘制图形所需要的一些类和接口。

由于 Java 源文件经过编译后会产生类文件(字节码文件),因此可能由于同名类的存在而导致命名冲突。而包机制的使用,分隔了命名空间,可以很大程度上避免命名冲突。同时,包也具有特定的访问权限,同一个包中的类拥有特定的访问权限。

4.5.1 包的定义

使用 package 语句来指出源文件中所定义的类属于某个特定的包。格式如下：

package 包名；

说明：

（1）package 语句必须是写在程序中非注释性代码的第一行。

（2）包名可以是单层的，例如 hngd；也可以是有层次的，例如 hngd. xxjk，各层之间以“.”分隔。包名与操作系统的目录结构对应。如果定义的包名为 hngd，那么磁盘上就应该有 hngd 这样的文件夹存在；如果定义的包名为 hngd. xxjk，那么对应于磁盘上的路径就是 hngd\xxjk。

（3）一个 Java 源程序中最多只能有一条 package 语句，也可以没有。如果源程序没有 package 语句，则源程序中所定义的类都属于默认包。

例 4.21 将 Course 类定义在 hngd. xxjk 包中（ch04\Course. java）。

```
package hngd.xxjk;
class Course{
    long id;
    String name;
    Course(long id, String name){
        this.id=id;
        this.name=name;
    }
}
```

4.5.2 编译和运行包中的类

1. 编译

对于含有包语句的 Java 源文件如何编译呢？如果是在命令行窗口中，可以通过以下任何一种方式来产生与包名所对应的目录结构，并将类文件放入其中。

下面以例 4.21 为例来说明。

（1）在命令行输入以下命令：

javac - d D:\example\ch04 Course.java

命令中的“-d”指出要将编译生成的类或包放入哪个路径下，本例放到 D:\example\ch04 中。编译后会发现在该路径下自动有了 hngd\xxjk 子目录。

（2）在命令行输入以下命令：

javac Course.java

然后在 D:\example\ch04 路径下建立 hngd\xxjk 子目录，再把所生成的 Course. class 复制过去。

如果是在 IDE 中（如 Eclipse），当你新建源程序时，它就会提示你是否要建立包，如果输入了包名,系统就会自动在磁盘上建立与包名对应的目录,并在运行程序后,将类文件放入该目录中。

2. 运行

为例 4.21 编写测试类 UseCourse。

例 4.22 UseCourse 类定义在 hngd. xxjk 包中(ch04\UseCourse. java)。

```
package hngd.xxjk;
class UseCourse{
    public static void main(String[] args){
        Course cs1=new Course(1,"Java 程序设计");
        Course cs2=new Course(2,"数据库原理");
        System.out.println("id  course_name");
        System.out.println(cs1.id+"   "+cs1.name);
        System.out.println(cs2.id+"   "+cs2.name);
    }
}
```

采用上述编译的方法将 UseCourse 类所在的 hngd. xxjk 包放入 D:\example\ch04 中。
在命令行窗口中,分两种情况来运行 UseCourse 类。

(1) 当前路径为包所在的路径。如当前路径为 D:\example\ch04>,输入命令 java hngd. xxjk. UseCourse 来运行。如图 4.7 所示。

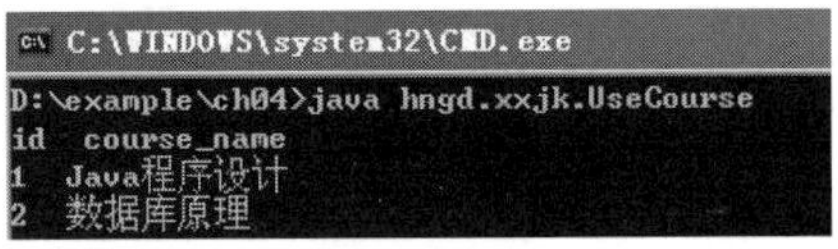

图 4.7　运行包中的类

在运行命令中,关于类名一定要包含包名,否则就出错,如图 4.8 所示。会提示没有发现 UseCourse 类的定义,这是因为 UseCourse 定义在 hngd. xxjk 包中,所以其完整的类名是 hngd. xxjk. UseCourse。

图 4.8　运行出错图

(2) 当前路径不是包所在的路径。如当前路径为 E:,此时就要设置(或修改)环境变量 classpath,该变量指出系统搜索类的路径。本例将该变量的值设置为包所在的路径 D:\example\ch04。设置命令如下:

```
set classpath=%classpath%; D:\example\ch04
```

%classpath%指出保留以前 classpath 的值,并添加 D:\example\ch04 路径;如果不想保留以前的值,"="后直接写新的路径即可。

在命令行窗口中设置的环境变量只在该窗口中起作用,当关闭该窗口时,所设置的环境变量的值就消失了。如果想长久使用环境变量设置的值,应将环境变量设置在"我的电脑"的"系统属性"中(参见第 1 章)。

设置好该变量后,输入命令 java hngd. xxjk. UseCourse 即可。

4.5.3　import 语句

对于属于不同包中的类,如果要相互访问,可使用以下方法。

1. 使用类的完整名称,即包名. 类名或包名. 接口名

例 4.23　使用长名引用包成员(ch04\Hello.java)。

```
class Hello{
    public static void main(String[] args){
        java.util.Random r=new java.util.Random();
        System.out.println(r.nextInt());
        }
    }
```

这种方法使用起来不方便,所以可以使用 import 语句来引入包成员。

2. 使用 import 语句来引入包成员

格式 1:

```
import 包名.类名;
```

引入包中的某个类,如 import java. util. Random;如果要使用这个包中的其他类,就必须再写一条 import 语句,如

```
import java.util.Date;
```

格式 2:

```
import 包名.*;
```

当使用包中的多个类时,可以使用通配符"*",来引入包中的所有类。

例 4.24　改写例 4.23(ch04\HelloM.java)。

```
import java.util.*;
class Hello{
    public static void main(String[] args){
        Random r=new Random();
        System.out.println(r.nextInt());
        }
    }
```

说明:

(1) import 语句必须写在源程序任何类声明之前,但要在 package 语句之后。

(2) 一个源程序可以有多个 import 语句。

import 语句不仅可以导入类,还增加了导入静态变量和静态方法。例如,在源文件中添加一条语句:

```
import static java.lang.System.*;
```

那么就可以直接使用 System 类的静态变量和静态方法,而不必加类名前缀,例如

```
out.println("Hello");
exit(0);
```

静态导入有两个实际的应用。

(1)算数函数。对 Math 类使用静态导入,就可以更简便、清晰地使用算数函数。例如:

```
sqrt(pow(x,3) +pow(y,2))
```

(2)笨重的常量。如果需要使用大量带有长名字的常量,就应该使用静态导入。

4.6 访问权限修饰符

在 Java 中,使用访问权限修饰符来保护类、类的变量和方法。Java 有 4 种权限修饰符: private、friendly(默认的)、protected、public。它们既可以修饰类,也可以修饰类的成员。

4.6.1 private

private 的含义是私有的,所以由 private 修饰的类成员,只能在这个类当中被访问,在这个类的主体之外,是无法访问该类的 private 成员的。因而 private 常用来修饰那些不想让外界访问的成员变量和方法,不使用 private 来修饰类,但内部类可以用 private 修饰。

例 4.25 类的私有成员示例(ch04\PriMember.java)。

```
class PriMember{
    private int pri_i=9;
    private void pri_show(){
        System.out.println(pri_i);
        }
    public static void main(String[] args){
        PriMember pm=new PriMember();
        pm.pri_show();
        }
    }
```

PriMember 类中的 i 和 show()是私有的,所以只能在定义它们的类中被访问。如果在 UsePriMember 中使用 PriMember 中的私有成员将出错。

```
class UsePriMember{
    void access(){
        PriMember p=new PriMember();
    //! p.pri_i=3;                    //错误
    //! p.pri_show();                 //错误
        }
    }
```

如果用 private 修饰某个类的构造方法,那么在该类之外,是无法通过其构造方法来创建对象的。

4.6.2　friendly

没有任何访问权限修饰符修饰的类和类的成员采用的是 friendly(又称为 default 或 package)权限,其含义是只能在类本身和同一个包中的类所访问。其他包中的类即使是这个类的子类,也不能访问这些成员。如例 4.21 和例 4.22,Course 类和 UseCourse 类定义在同一个包中,所以在 UseCourse 类中可以访问 Course 类的成员。

4.6.3　protected

由 protected 修饰的成员称为受保护的成员,这些成员可以被这个类本身、该类的子类(无论与该类是否在同一个包中)和与该类处于同一个包中的其他类访问。

例 4.26

(1) 类的受保护成员在本类中被访问示例(ch04\ProMember.java)。

```
package pro;
public class ProMember{
    protected int pro_i=8;
    protected void pro_show(){
        System.out.println(pro_i);
        }
    public static void main(String[] args){
        ProMember pm=new ProMember();
        pm.pro_show();
        }
    }
```

ProMember 类中的 i 和 show()是受保护的,所以可以在定义它们的类中被访问,也可以被和 ProMember 类在同一包中的类访问。

(2) 类的受保护成员被位于同一包中的其他类所访问示例(ch04\UseProMember.java)。

```
package pro;
class UseProMember{
    void access(){
        ProMember p=new ProMember();
        p.pro_i=2;
        p.pro_show();
        }
    }
```

当然这些受保护的成员也能被 ProMember 类的子类访问,而无论 ProMember 类的子类是否与它位于同一包中。

(3) 类的受保护成员被该类的子类所访问示例(ch04\SubProMember.java)。

```
package sub;
```

```
import pro.*;
class SubProMember extends ProMember{
    public static void main(String[] args){
        SubProMember spm=new SubProMember();
        spm.pro_show();
        }
    }
```

但是受保护的成员却不能在与该类没有继承关系并且和该类不处于同一个包中的类访问。

（4）类的受保护成员不能被与该类无继承关系且不处于同一个包中的类所访问示例（ch04\EProMember.java）。

```
import pro.ProMember;
class EProMember{
    public static void main(String[] args){
        ProMember epm=new ProMember();            //正确,因为 ProMember 为 public
        //!epm.pro_show();错误
        }
    }
```

4.6.4　public

由 public 修饰的类、类的成员可以被所有的类访问（无论这些类是否位于同一个包中）。如例 4.26 所示，在 EProMember 类中虽然不能访问 ProMember 的受保护成员，但是却能使用 ProMember 类生成对象：ProMember epm ＝ new ProMember（）；原因就是 ProMember 类在创建时被声明为 public 类型的。

下面通过表格来总结一下各种访问权限修饰符和它们访问能力之间的关系，如表 4.1 所示。

表 4.1　访问权限修饰符

	成员的可见性			
	public	protected	friendly	private
同一类	√	√	√	√
同一包	√	√	√	×
不同包中的子类	√	√	×	×
不同包中的非子类	√	×	×	×

4.7　常　用　类

目前的 Java 类库已经非常庞大了，并且还在不断壮大中。由于篇幅所限，本书不可能将 Java 类库中的类逐一进行介绍。本节将概要介绍一些常用的类，供使用时参考。如果要了解这些类更多的信息或 Java 类库中其他的类，可查阅 JavaDoc 文档（也称为 Java API 文档,详见 1.5 节)。

4.7.1 Object 类

Object 类是必须要介绍的类,因为它是 Java 所有类的根类。Object 类的子类都可以使用 Object 类中定义的方法。

本节主要介绍 Object 类中定义的 equals(Object obj)方法。这个方法的作用是比较两个对象是否相等。仅当被比较的两个引用变量指向同一个对象(即指向同一个空间),该方法才返回 true,否则返回 false。这和操作符"=="用于比较引用变量时的作用一样。如例 4.27 EqualsTest.java 所示。

例 4.27 Object 类中 equals(Object obj)方法的使用(ch04\EqualsTest.java)。

```
class Common {
    int i;
}
public class EqualsTest {
    public static void main(String[] args) {
        Common c1=new Common();
        Common c2=new Common();
        c1.i=c2.i=60;
        System.out.println("c1==c2? "+(c1==c2));
        System.out.println("c1.equals(c2) ?"+c1.equals(c2));
    }
}
```

运行结果:

```
c1==c2? false
c1.equals(c2)? false
```

但是 Object 的某些子类如 String、数值包装类(Integer、Character 等)、Date、File,它们覆写了 Object 类的这个方法,将其改为对比对象的内容,而不是空间地址。如例 4.28 EqualsTest2.java 所示。

例 4.28 被覆写后的 equals(Object obj)方法的使用(ch04\EqualsTest2.java)。

```
public class EqualsTest2{
public static void main(String[] args) {
    Integer n1=new Integer(23);
    Integer n2=new Integer(23);
    String str1=new String("Good");
    String str2=new String("Good");
    System.out.println("n1==n2? "+(n1==n2));
    System.out.println("n1.equals(n2)? "+n1.equals(n2));
    System.out.println("str1==str2? "+(str1==str2));
    System.out.println("str1.equals(str2) ? "+str1.equals(str2));
    }
}
```

运行结果：

```
n1==n2?  false
n1.equals(n2)?  true
str1==str2?  false
str1.equals(str2)?  True
```

n1 和 n2 是不同的对象,所以 n1＝＝n2 的值是 false;n1 和 n2 的内容相同都是 23,由于 Integer(数值包装类的一种)覆写了 Object 类的 equals 方法,所以 n1.equals(n2)返回 true。同样道理,str1＝＝str2 的值是 false,但 str1.equals(str2)的值是 true。

4.7.2 String 类与 StringBuffer 类

对于字符串的处理,Java 提供了 String 类、StringBuffer 类、StringBuilder 类(JDK 1.5 版本中新加入的一个类)。String 类是不可变类,即一个 String 对象所包含的字符串,其内容和大小永远不会被改变,只能对这个字符串进行查找、比较等操作,不能添加新的字符,不能改变字符串的长度。而 StringBuffer 类和 StringBuilder 类是可变类,它们所包含的字符串可以进行添加和删除字符的操作。StringBuffer 类和 StringBuilder 类的功能相似,只是前者可用于多线程,而 StringBuilder 类不提供同步保证,用于单线程。本节将以 StringBuffer 类为例介绍可变字符串类。

1. String 类

(1) 构造方法。String 类提供了很多构造方法,常用的有以下几种。

① public String()创建一个字符串内容为空("")的字符串对象。

② public String(String original)创建一个内容为参数所指定字符串内容的对象。例如

```
String s=new String("World");
```

③ public String(char[] value)用一个字符数组 value 创建一个字符串对象。例如

```
char value[]={'C','h','i','n','a'};
String s=new String(value);
```

④ public String(char[] value, int offset, int count)提取字符数组 value 的一部分字符创建一个字符串对象,参数 offset 和 count 分别指定在 value 中提取字符的起始位置和从该位置开始提取的字符个数。

由于字符串常量也是 String 的对象,所以可以将字符串常量的引用赋值给一个字符串变量,例如

```
String s1="Good";
```

但此时应注意这和采用 new 创建 String 的对象是有区别的。

```
String s2="Good";
```

那么 s1＝＝s2 的比较结果为 true。因为"Good"为常量,Java 虚拟机把它看作编译时常量,在内存中只为它分配一次空间,然后就可以重复使用。

```
String s3=new String("Good");
```

```
String s4=new String("Good");
```

那么 s3==s4 的比较结果为 false。因为每个 new 语句都会创建一个 String 对象。

（2）常用方法。

① public int length()。返回一个字符串的长度，即字符个数。例如：

```
String s1="Good morning", s2="你好";
int n1=s1.length(), n2=s2.length();
```

那么 n1 的值为 12，n2 的值为 2。

② public int compareTo(String str)与 public int compareToIgnoreCase(String str)。这两个方法都是按字典顺序比较字符串内容的大小。返回值可以为负数、0、正数，分别代表当前字符串对象的内容小于、等于、大于参数 str。但二者的区别是后者忽略大小写。

③ public String concat(String str)。把字符串 str 附加在当前字符串末尾。

④ public boolean endsWith(String suffix)与 public boolean startsWith(String prefix)。这两个方法分别判断当前字符串对象的后缀、前缀是否是参数指定的字符串。也可以使用下面的方法来判断当前字符串从某个索引处开始的前缀是否是参数指定的字符串：

```
public boolean startsWith(String prefix, int toffset)
```

⑤ public boolean equals(Object obj)与 public boolean equalsIgnoreCase(String str)。这两个方法都是判断两个字符串的内容是否相等。但区别是后者在比较时不区分字母的大小写，而前者区分大小写。

⑥ indexOf()方法和 lastIndexOf()方法。在字符串中检索特定字符或字符串出现的位置。前者是从字符串的首位开始检索，后者是从字符串的末尾开始查找。String 类提供了针对 indexOf()方法的几个重载形式，例如：

```
public int indexOf(int ch)
public int indexOf(int ch, int fromIndex)
public int indexOf(String str)
public int indexOf(String str, int fromIndex)
```

String 类也提供了针对 lastIndexOf()方法的几个重载形式，例如：

```
public int lastIndexOf(int ch)
public int lastIndexOf(int ch, int fromIndex)
public int lastIndexOf (String str)
public int lastIndexOf (String str, int fromIndex)
```

⑦ public String replace(char oldChar，char newChar)。将当前字符串中的字符 oldChar 替换为 newChar。

⑧ public String substring(int beginIndex)。返回从当前字符串中 beginIndex 的位置开始到字符串末尾的子串。

也可以使用下面的方法来指定获取从当前字符串中 beginIndex 的位置开始到字符串 endIndex 的索引之间的子串。

```
public String substring(int beginIndex, int endIndex)
```

⑨ public char[] toCharArray()。将当前字符串转换为字符数组。

⑩ public String toLowerCase()与 public String toUpperCase()。前者的功能是将当前字符串中的大写字母转换成小写字母,后者是将当前字符串中的小写字母转换成大写字母。

⑪ public String trim()。去除当前字符串首尾的空格。

⑫ public static String valueOf(参数)。把基本类型的数据转换为 String 类型,参数可以为 int、float、char 等。

2. StringBuffer 类

(1) 构造方法。StringBuffer 类常用的构造方法有如下几种。

① public StringBuffer()。构建一个空的 String 缓冲区,默认可以容纳 16 个字符。

② public StringBuffer(int capacity)。构建一个 StringBuffer 对象,初始容量为 capacity 参数指定的字符个数。

③ public StringBuffer(String str)。构建一个 StringBuffer 对象,其内容为参数 str,容量为参数 str 的长度加 16 个字符。

(2) 常用方法。StringBuffer 类中提供的一些方法和 String 类是相似的,如 charAt(int index)、substring()方法等,此处就不再重复介绍了。由于 StringBuffer 是可变类,所以重点介绍该类的插入和删除方法。

① public StringBuffer append(参数)将参数转换为字符串后追加到当前 StringBuffer 的对象中。参数的类型可以是基本类型,如 int、boolean 等,也可以是字符数组、String 类类型等。

② public StringBuffer insert(int offset,参数)将参数转换为字符串后,在字符串的 offset 处插入参数。参数可以是基本类型,如 int、boolean 等,也可以是字符数组、String 类类型等。

③ public StringBuffer delete(int start, int end)删除当前字符串中从 start 位置开始,到 end−1 位置之间的字符序列。如果要删除指定位置处的一个字符,可以使用下面的方法:

```
public StringBuffer deleteCharAt(int index)
```

④ public int capacity()返回当前对象的容量。

例 4.29 String 类与 StringBuffer 类示例(ch04\StringTest.java)。

```
public class StringTest{
    public static String test1(String s){
        String res="";
        int len=s.length();
        int pos=0;
        for(int i=0;i<len;i++){
            char c=s.charAt(i);
```

```
        res+=c;
        pos++;
        }
    return res;
    }
    public static String test2(String s){
        StringBuffer stb=new StringBuffer();
        int len=s.length();
        int pos=0;
        for(int i=0;i<len;i++){
            char c=s.charAt(i);
            stb.append(c);
            pos++;
            }
        return stb.toString();
        }
    public static void main(String[] args){
        String test_str="This is a program to test which is effective.";
        int N=6000;
        long ct;
        ct=System.currentTimeMillis();
        for(int i=1;i<=N;i++){
            test1(test_str);
            }
        long spendTime=System.currentTimeMillis()-ct;
        System.out.println("String spendtime is :"+spendTime);
        ct=System.currentTimeMillis();
        for(int i=1;i<=N;i++){
            test2(test_str);
            }
        spendTime=System.currentTimeMillis()-ct;
        System.out.println("StringBuffer spendtime is :"+spendTime);
        }
    }
```

运行结果：

```
String spendtime is:109
StringBuffer spendtime is:16
```

从运行结果可以看出，当进行字符串的连接时使用 StringBuffer 的 append()方法比使用 String 的"+"效率要高。

4.7.3 数值包装类

Java 用数值包装类把基本数据类型转换为对象，从而提供了更强大的功能，例如字符串与数值之间的转换等。每个基本数据类型都有对应的数值包装类，如表 4.2 所示。

表 4.2 基本数据类型和对应的数值包装类

基本数据类型	数值包装类	基本数据类型	数值包装类
boolean	Boolean	int	Integer
char	Character	long	Long
byte	Byte	float	Float
short	Short	double	Double

除了 Character 类和 Boolean 类直接继承于 Object 类之外,其他的数值包装类都继承于 Number 类。由于篇幅所限,本节以 Integer 类为例进行说明,其他的数值包装类的用法与 Integer 类相似,可查阅 JavaAPI 文档。Integer 类中定义了字段、构造方法和常用的方法。

(1) 字段。

① public static final int MAX_VALUE

② public static final int MIN_VALUE

③ public static final Class<Integer>TYPE

④ public static final int SIZE

在 Integer 类中定义的这些字段其实都是常量,分别是 int 可以表示的最大值、最小值、int 的 Class 实例、以二进制补码形式表示 int 值的位数。

(2) 构造方法。

① public Integer(int value)。所有的包装类都可以用和它对应的基本数据类型作为参数来构造它们的实例,例如:

```
Integer n1=new Integer(100);
```

② public Integer(String s) throws NumberFormatException。除了 Character 类之外,其他的数值包装类都可以以一个字符串作为参数来构造它们的实例,例如:

```
Integer n2=new Integer("123");
```

但请注意该字符串参数必须可以被解析为相应的基本类型的数据,否则在运行时将会抛出 NumberFormatException 异常,例如:

```
Integer n3=new Integer("12hello");                    //将会抛出 NumberFormatException 异常
```

(3) 常用方法。在 Integer 类中提供了许多方法,本节着重介绍类型转换方法。

① public static Integer valueOf(String s) throws NumberFormatException 除了 Character 类和 Boolean 类之外,其他的数值包装类都有 valueOf(String s)静态工厂方法,可以根据 String 类型的参数来构建包装类的实例,例如:

```
Integer n4=Integer. valueOf("215");
```

但要注意参数 s 不能为 null,而且必须可以被解析为相应的基本类型的数据,否则在运行时将会抛出 NumberFormatException 异常。

② public static int parseInt(String s) throws NumberFormatException 除了 Character

类和 Boolean 类之外,其他的数值包装类都有 parseXxx(String s)静态方法,将参数 s 转换为基本类型的数据(Xxx 为基本数据类型的名称),例如:

```
int i=Integer.parseInt("32");                              //i 的值为 32
```

在 JDK 1.5 以后,Java 允许数值包装类和基本数据类型进行混合运算,JDK 能够自动进行二者之间的转换。如例 4.30 所示。

例 4.30 Integer 类示例(ch04\IntegerTest.java)。

```
public class IntegerTest{
    public static void main(String[] args){
        Integer n=new Integer(args[0]);          //将字符串构建成 Integer 对象
        int m=Integer.parseInt(args[1]);         //将字符串转换成 int
        int sum=m+n;
        System.out.println("sum="+sum);
        }
    }
```

编译:

D:\example\ch04>javac IntegerTest.java

运行:

D:\example\ch04>java IntegerTest 123 56

结果:

sum=179

由于 args[]数组是 String 类型的,所以通过命令行传递给 args[0]和 args[1]的其实是字符串"123"和"56",若想获得数值 123 和 56,需要构建 Integer 对象或将字符串转换成 int。语句

```
int sum=m+n;
```

其实是包装类和基本类型数据的混合运算,系统自动进行转换。

4.7.4 Math 类

Math 类处于 java.lang 包中,提供了用于基本数学运算的方法,包括对数运算、三角运算等。

java.lang.Math 类中包含 E 和 PI 两个静态字段,以及进行科学计算的静态方法。

1. 字段

(1) public static final double E。自然对数,E＝2.7182818284590452354。

(2) public static final double PI。圆周率,PI＝3.14159265358979323846。

2. 方法

java.lang.Math 类中定义了许多用于进行数学运算的方法。

(1) abs(参数):返回参数的绝对值。

（2）max(参数 1,参数 2)：返回两个参数的最大值。

（3）min(参数 1,参数 2)：返回两个参数的最小值。

（4）random()：返回[0.0,1.0]之间的 double 类型的随机数。

（5）round(参数)：返回将参数四舍五入后的整数值。

（6）ceil(参数)：返回参数向上取整后的整数值。如 ceil(4.2)的值为 5。

（7）floor(参数)：返回参数向下取整后的整数值。如 floor(4.7)的值为 4。

（8）sqrt(参数)：返回参数的平方根。

（9）pow(参数 1,参数 2)：返回参数 1 的参数 2 次幂。

（10）sin(参数)：正弦函数。

（11）cos(参数)：余弦函数。

（12）tan(参数)：正切函数。

当然除了以上的方法外,java.lang.Math 类还提供了其他方法,可参阅 Java API 文档。

例 4.31 java.lang.Math 类示例(ch04\MathTest.java)。

```
public class MathTest{
    public static void main(String[] args){
        double r=Math.random() * 10;                    //将产生[0,10)之间的随机数
        System.out.println("r="+r);
        double area=Math.PI * Math.pow(r,2);
        System.out.println("area="+area);
        System.out.println("round(area)="+Math.round(area));
        System.out.println("ceil(area)="+Math.ceil(area));
        System.out.println("floor(area)="+Math.floor(area));
        System.out.println("sin(area)="+Math.sin(area));
        System.out.println("sqrt(area)="+Math.sqrt(area));
    }
}
```

运行结果：

```
r=5.902808991914212
area=109.46299661866298
round(area)=109
ceil(area)=110.0
floor(area)=109.0
sin(area)=0.4730472231847572
sqrt(area)=10.462456528878052
```

由于是随机数,所以每次的运行结果都不一样。

4.7.5 Random 类 *

java.lang.Math.random()方法将产生范围是[0.0,1.0)的 double 类型的随机数。
java.util.Random 类提供了一系列用于生成随机数的方法。根据方法的不同,产生的随机
数的取值范围也不同。

（1）nextInt()：返回下一个随机整数。

（2）nextInt(int *n*)：返回下一个大于或等于 0 的并且小于 *n* 的 int 类型的随机数。

（3）nextBoolean()：返回下一个 boolean 类型的随机数,随机数的值为 true 或 false。

（4）nextDouble()：返回下一个大于或等于 0 但小于 1.0 的 double 类型的随机数。

（5）nextFloat()：返回下一个大于或等于 0 但小于 1.0 的 float 类型的随机数。

例 4.32 java.util.Random 类示例(ch04\RandomTest.java)。

```
import java.util.*;
public class RandomTest{
    public static void main(String[] args){
        Random r=new Random();
        for(int i=0;i<3;i++){
            System.out.print(r.nextInt()+"   ");
            System.out.print(r.nextInt(50)+"   ");
            System.out.print(r.nextBoolean()+"   ");
            System.out.print(r.nextFloat()+"   ");
            System.out.println(r.nextDouble()+"   ");
        }
    }
}
```

运行结果：

```
-1473807632   3   false   0.80504674   0.6111681243453934
-1308151532   4   false   0.7496751    0.49121118502036465
 1817987876  33   false   0.516379     0.5485662896362731
```

由于是随机数,所以每次的运行结果都不一样。

4.7.6　处理日期的类 *

Java 中处理日期的类主要有以下几种。

1. java.util.Date

使用该类的无参构造方法创建的对象可以获取本地当前的时间。例如：

```
Date date=new Date();
System.out.println(date);
```

将打印出：

```
Thu Apr 16 16:09:09 CST 2009
```

Date 对象表示时间的格式是星期、月、日、小时、分、秒、年。

如果要改变这种时间格式,怎么办呢？可以使用 DateFormat 的子类 SimpleDateFormat 类。

2. java.text.SimpleDateFormat

这个类是抽象类 java.text.DateFormat 的子类,用于定制日期。

（1）常用的构造方法：

```
public SimpleDateFormat(String pattern)
```

参数 pattern 指出日期的格式,包含有一些特殊意义的字符(称为元字符,区分大小写),这些特殊的字符及其表示的含义可参见 JavaAPI 文档,这里只列出较常用的一些字符,如表 4.3 所示。

表 4.3　元字符及其含义

元　字　符	含　　义	备　　注
y 或 yy	用两位数字表示年份	yyyy 表示用四位数字表示年份
M 或 MM	用一或两位数字或文本表示月份	
d 或 dd	用一或两位数字表示日	
H 或 HH	用一或两位数字表示小时	
m 或 mm	用一或两位数字表示分钟	
s 或 ss	用一或两位数字表示秒	
E	用字符串表示星期	

从表 4.3 可以看出,时间或日期的部分有些只能用文本显示(例如星期);有些只能用数字显示(例如年份);有些既能用文本显示,又能用数字显示(例如月份)。另外,有些时候只想显示简称,如 Mon,有些时候又需要显示全称,那么如何设定呢? 表 4.4 进行了总结。

表 4.4　元字符个数与显示结果的关系

时间或日期的一部分用数字或是文本显示	元字符个数	显示形式
只能用文本(例如星期 E)显示	1～3	如果有简写显示简写,没有的话显示全称。地区为中国时,E、E、EE、EEEE 一样,因为"星期一"没有简写;如地区是美国,则 E、EE、EEE 显示 Mon、Tue 等简写,EEEE 显示 Monday 等全称
	≥4	全称
只能是数字(例如年 y)		如值的位数不够补 0。如够显示指定位。y 和 yy 都显示两位年。mm 表示分:01,12 m:1,12
文本或数字(例如月 M)	1～2	数字形式 如值的位数不够,补 0。M:1,12;MM:01 12
	≥3	文本形式,3 位简写,4 位全称 如 MMM,当地区为中国时显示十一月,当地区是美国时显示 Apr 等三位月,MMMM 显示月的全称

当然,pattern 也可以包含普通的字符,但如果是 ASCII 字符集中的字母要用单引号括起来。

(2) 常用的方法: public final String format(String date)。

格式化时间对象 date,并以 String 类型返回。例如:

```
Date d=new Date();
```

```
SimpleDateFormat sdf=new SimpleDateFormat("格式化之后的日期是:yyyy/MM/d E"+
"'time is: ' HH:mm:ss ");
System.out.println(sdf.format(d));
```

将打印出

格式化之后的日期是:2009/04/16 星期四   time is: 17:09:35

3. java. util. Calendar

在该类中定义了表示星期、月份等的静态字段,除此之外还有许多实用的方法,例如 set
()和 get()方法可以设置和读取日期的年、月等特定部分。但该类是个抽象类,可以使用它
的子类 java. util. GregorianCalendar,或者使用 Calendar 的静态方法 getInstance()方法来
初始化一个 Calendar 对象,例如:

```
Calendar cal=Calendar. getInstance();
```

然后通过该对象去调用相关的 set()和 get()方法设置和读取日期的特定部分。

例 4. 33   测算当前时间距离 2030 年 7 月 27 日还有多少天(ch04\DateTest. java)。

```
import java.util.*;
import java.text.SimpleDateFormat;
class DateTest{
    public static void main(String[] args){
        Date d=new Date();
        SimpleDateFormat sdf=new SimpleDateFormat("yyyy 年 MM 月 dd E");
        Calendar cal=Calendar.getInstance();
        cal.set(2030, Calendar.JULY,27);        //Calendar.JULY 还可以用数字 6 表示 7 月
                                                //因为 java 默认数字 0 代表 1 月
        long examTime=cal.getTimeInMillis();            //将时间表示为毫秒
        long days=(examTime-System.currentTimeMillis())/(1000 * 60 * 60 * 24);
        System.out.println("今天是: "+sdf.format(d));
        System.out.println("还有"+days+"天");
        }
}
```

4.7.7 Arrays 类

java. util. Arrays 类中包含了可以直接操作数组的许多方法,例如排序、查找等,它们都
是由 static 修饰的方法,可以直接通过类名调用。下面主要介绍一些对数组进行查找、复
制、比较、填充、排序等的方法。

1. 查找

java. util. Arrays 类中具有查找功能的方法有两种,每一种又提供有很多重载的方法。
在调用这些方法时要求数组中元素按升序排列,这样才能得到正确结果。

(1) public static int binarySearch (type[] a, type key)。type 可以是 int、char 等基本
类型,也可以是 Object 类型。这种方法是用于查询 key 元素值在 a 数组中出现的索引;如
果 a 数组不包含 key 元素值,则返回－1。

（2）public static int binarySearch(type[] a，int fromIndex，int toIndex，type key）。这个方法与上一个方法类似，但它只搜索 a 数组中从 fromIndex 到 toIndex 索引（不包括 toIndex 索引）的元素。

2．复制

能实现复制功能的方法，在 Arrays 类中也有两种。

（1）public static type[] copyOf(type[] original，int newLength）。这个方法将会把 original 数组复制成一个新数组，其中 newlength 是新数组的长度。如果 newlength 小于 original 数组的长度，则新数组就是原数组的前面 newlength 个元素；如果 newlength 大于 original 数组的长度，则新数组的前面元素就是原数组的所有元素，后面补充 type 类型的默认值，例如 0（数值型）、false（布尔型）或者 null（引用型）。

（2）public static type[] copyOfRange(type[] original，int from，int to）。这个方法与上一个方法类似，但这个方法只复制 original 数组的从 from 索引到 to 索引（不包括 to 索引）的元素。

另外，在 System 类里也包含了一个方法，用于实现数组的复制。

（3）public static void arraycopy(Object src，int srcPos，Object dest，int destPos，int length）。该方法可以将 src 数组里的元素值赋给 dest 数组的元素，其中 srcPos 指定从 src 数组的第几个元素开始复制，destPos 参数指出 dest 数组的起始位置，length 参数指定将 src 数组的多少个元素赋给 dest 数组的元素。

3．比较

public static boolean equals (type[] a，type[] a2）。如果 a 数组和 a2 数组的长度相等，而且 a 数组和 a2 数组的数组元素也相同，该方法将返回 true。

4．填充

（1）public static void fill(type[] a，type val）。该方法将会把 a 数组所有元素值都赋值为 val。

（2）public static void fill(type[] a，int fromIndex，int toIndex，type val）。该方法与前一个方法的作用相同，区别只是该方法仅仅将 a 数组的从 fromIndex 到 toIndex 索引（不包括 toIndex 索引）的数组元素赋值为 val。

5．排序

（1）public static void sort(type[] a）。该方法对 a 数组的数组元素进行排序。

（2）public static void sort(type[] a，int fromIndex，int toIndex）。该方法与前一个方法相似，区别是该方法仅仅对 fromIndex 到 toIndex 索引（不包括 toIndex 索引）的元素进行排序。

6．将数组转换成字符串

public static String toString(type[] a）。该方法将一个数组转换成一个字符串。该方法按顺序把多个数组元素连缀在一起，多个数组元素使用英文逗号（，）和空格隔开。

例 4.34 Arrays 类的用法（ch04\ArraysTest. java）。

```
import java.util.*;
public class ArraysTest{
    public static void main(String[] args){
```

```
        int[] a1=new int[]{3, 4, 5, 6};
        int[] a2=new int[]{3, 4, 5, 6};
    if (Arrays.equals(a1, a2))
        System.out.println("a1 数组和 a2 数组相等");
    else
        System.out.println("a1 数组和 a2 数组不相等");
    int[] b=Arrays.copyOf(a1, 6);
    System.out.println("a1 数组和 b 数组是否相等: " +Arrays.equals(a1, b));
    System.out.println("b 数组的元素为: " +Arrays.toString(b));
    Arrays.fill(b, 2, 4, 1);
    System.out.println("b 数组的元素为: " +Arrays.toString(b));
    Arrays.sort(b);
    System.out.println("b 数组的元素为: " +Arrays.toString(b));
    int index=Arrays.binarySearch(b,3);
    System.out.println("3 在 b 数组中的索引是: "+index);
    int[] a3=new int[]{7,8,9,0,0};
    System.arraycopy(a1,1,a3,2,3);
    System.out.println("a3 数组的元素为: " +Arrays.toString(a3));
    }
}
```

运行结果:

a1 数组和 a2 数组相等
a1 数组和 b 数组是否相等: false
b 数组的元素为 [3, 4, 5, 6, 0, 0]
b 数组的元素为 [3, 4, 1, 1, 0, 0]
b 数组的元素为 [0, 0, 1, 1, 3, 4]
3 在 b 数组中的索引是 4
a3 数组的元素为 [7, 8, 4, 5, 6]

本 章 小 结

　　本章概要介绍了面向对象的概念,着重介绍了 Java 中类的定义、对象的创建,以及方法的重载、构造方法、静态字段和静态方法、包和访问权限修饰符。本章最后讲解了常用的一些类。本章是 Java 面向对象程序设计的基础,希望能够掌握。

习　题　4

　　1. 简述类和对象之间的关系。
　　2. 什么是方法的重载?
　　3. 为什么说构造方法是一种特殊的方法? 特殊在哪里?
　　4. 编写一个立方体(Cube)类,在其中定义 3 个成员变量 l、w、h,分别表示一个立方体的长、宽和高,定义一个构造方法对这 3 个变量进行初始化,然后定义一个方法 volume()求立方体的体积。创建一个对象,求给定尺寸的立方体的体积。

5. 编写一个类,在其中分别定义实例变量、静态变量、实例方法,要求在实例方法中打印出实例变量、静态变量的值,在 main()方法中改变静态变量的值,并创建该类的两个对象,要求为每个对象的实例变量设置不同的值,然后访问各自的实例方法。

6. 简述 this 关键字的作用,并说明能否在静态方法中使用 this 关键字。

7. 什么是包?如何创建包?包名与操作系统的文件结构有何关系?

8. 编写一个定义在 c04exercise 包中的类,说明如何编译和运行它。

9. 在一个类中如何使用位于其他包中的类。

10. Java 的访问权限修饰符有哪些?各自的访问权限是什么?

11. 在字符串"China is a country. "插入"great",使其变为"China is a great country. "

12. 编写一个类实现求圆的周长,要求从命令行给 main()方法传递一个参数,该参数为圆的半径。

13. 查阅 Java API 文档,学习其他数值包装类的使用。并完成下面的题目:

百钱买百鸡:已知大公鸡三文钱一只,大母鸡两文钱一只,小鸡一文钱买三只。现有 100 文钱,想买 100 只鸡,怎么买? 请编写程序解决这个问题。

14. 编写一个类实现统计字符串中字符和数字的个数,要求从命令行给 main()方法传递一个字符串。

15. 随机产生 10 个整数,要求比较相邻两个随机整数的大小。

16. 编写程序(PrintCalendar.java),要求输出 2022 年 10 月的日历页,如图 4.9 所示。

图 4.9 2022 年 10 月日历页

17. 从命令行给 main()方法传递一个字符串(长度大于 6),并把该字符串中的各个字符放入 char []a 数组中,并实现以下功能:

(1) 对该数组进行排序;

(2) 查找数组中是否含有字符 j,如含有 j,输出其索引;

(3) 在该数组中将索引 2~5(不包含 5)的内容复制到另一数组 b 中;

(4) 将 b 数组的全部内容填充为 w;

(5) 比较此时 a 和 b 数组是否相等。

第 5 章 继 承

继承是面向对象程序设计(OOP)的三大特征之一,描述了类不同抽象级别之间的关系:"is a"的关系,即"特殊与一般"的关系。换句话说,一般(父类)是特殊(子类)更高级别的抽象。子类可以继承父类所有的非 private 类型的属性和方法,也可以具有自己独有的属性和方法。通过类的继承关系,使公共的特性能够共享,提高了软件的重用性。但在 Java 中只允许单继承。

5.1　继承的语法

在 Java 中描述两个类之间的继承关系时,使用关键字 extends,格式如下:

```
class SubClass extends SuperClass{
…
}
```

其中 SubClass 为子类,SuperClass 为父类(或超类)。

在第 4 章中定义了 Person 类:

```
class Person{
    private String name;
    private char sex='M';
    Person(String name){
        this.name=name;
        }
    Person(String name,char sex){
        this.name=name;
        this.sex=sex;
        }
    public void show(){
        String str="下面展示姓名和性别";
        System.out.println(str);
        System.out.println("姓名: "+name+" 性别: "+sex);
        }
}
```

现在要定义一个学生类(Stu),由于"学生是人",所以学生类和 Person 类之间是"is a"的关系,即"继承"关系,那么就可以这样来定义 Stu 类:

例 5.1　Stu 类的定义(ch05\Stu.java)。

```
class Stu extends Person {
    long id;
```

```
    private String name;              //仅为演示用,实际编程中无须声明该变量
    private char sex='M';
    public Stu (String name, long id, char sex){
        super(name,sex);
        this.id=id;
    }
}
```

前面讲过子类可以继承父类的非 private 类型的属性和方法,在这个例子中可以看到:虽然在 Person 类中定义了 name、sex 属性,但它们是 private 类型的数据,如果 Stu 也想拥有这些属性的话,就必须重新定义,不能继承于父类,也可以定义这些属性为 protected;但 show 方法,在 Person 类中是以 public 的身份定义的,所以 Stu 类虽然没有显式地定义该方法,但却拥有该方法,因为它继承了父类的 show()方法,编写测试类如下:

```
class UseStu{
    public static void main(String[] args){
        Stu s=new Stu("王强",20094140213L,'M');
        s.show();
        }
}
```

运行结果:

下面展示姓名和性别
姓名:王强 性别:M

另外,还可以在子类中定义子类独有的属性和方法,例如本例中的 id。

在这里需要说明以下几点:

(1) 父类的构造函数不能被子类继承。

(2) 子类不能继承或访问父类中的 private 属性和方法。

(3) 父类中的 friendly(包访问权限)的属性和方法只有在父类和子类在同一包中时,才能被子类继承和访问。

(4) 父类中由 protected 或 public 修饰的属性和方法,都可以被子类继承访问(无论子类是否与父类在同一包中)。

5.2 成员变量的隐藏和方法的覆盖

当子类和父类中定义的成员变量的名字相同时,子类可以隐藏父类的成员变量。同样,子类也可以通过方法重写(或称为覆盖,Overriding)来隐藏从父类继承的方法。方法覆盖是指子类中定义的方法的头部(方法的名字、返回类型、参数个数和类型)与父类的方法完全相同,而方法体可以不同。但在进行方法覆盖时,请注意:在覆盖时访问权限只能放大或相同,不能缩小;覆盖方法不能抛出新的异常(关于异常,将在第 8 章介绍)。

例 5.2 成员变量的隐藏和方法的覆盖(ch05\OverriddingTest.java)。

```
class Father{
```

```
    String s="Father";
    int i=1;
    public void f(){
        System.out.println("Father s="+s);
        System.out.println("Father i="+i);
        }
    }
class Child extends Father{
    String s="Child";                      //隐藏了父类的成员变量 s
    public void f(){                       //覆盖了父类的 f()方法,但访问权限只能是 public
        System.out.println("Child s="+s);
        System.out.println("Child i="+i);
        }
    }
class OverriddingTest{
    public static void main(String[] args){
        Father f=new Father();
        Child   c=new Child();
        f.f();
        c.f();
        }
    }
```

运行结果：

```
Father s=Father
Father i=1
Child s=Child
Child i=1
```

方法覆盖与方法重载的区别如下：方法覆盖发生在父类和子类之间,即子类重写了父类的某个方法,子类中定义的方法的头部(方法的名字、返回类型、参数个数和类型)与父类的方法完全相同,而方法体可以不同;重载是在同一类中出现的现象,是指一个类中可以有多个方法具有相同的名字,但这些方法的参数不同。

5.3　super

如果想在子类中使用父类的非 private 类型的变量和方法(特别是被隐藏变量和方法),可以使用 super 关键字。例如,要在例 5.2 中访问父类的变量 s,就要使用 super.s,请试验在子类 Child 的 f()方法中加入如下的代码,查看输出结果。

```
System.out.println("Father s="+super.s);
super.f();
```

如果要在子类的构造方法中访问父类的构造方法,也要使用 super 关键字,例如例 5.1中的 super(name,sex);但要注意,该调用语句必须出现在子类构造方法非注释语句的第一行。

　　注意：如果在子类的构造方法中，没有使用 super 调用父类的构造方法，编译器将自动添加：

```
super();
```

即调用父类不带参数的构造方法，此时就应保证父类中有不带参数的构造方法（当父类未定义任何构造方法时，系统会自动合成；一旦父类定义了一个或多个构造方法，系统将不再提供默认的构造方法，必须手工定义），否则就会产生错误。如例 5.1 中，由于父类 Person 未定义无参的构造方法，所以必须用 super(name,sex) 显式地调用父类中某个已定义的构造方法。

5.4　final

　　final 关键字可以用来修饰类、方法、变量（包括成员变量和局部变量及方法中的参数）。

　　(1) 当 final 修饰类时，意味着该类不能被继承，即该类不能有 String 类等子类。

　　例 5.3　final 修饰类（ch05\FinClass .java）。

```
final class FinClass{                                    //最终类
    int i;
    FinClass(){
        System.out.println("This is a final class.");
        }
    }
class SubFinClass extends FinClass{                      //错误,不能从最终类继承
    }
```

编译时会出现下面的出错信息：

```
FinClass.java:7: 无法从最终 FinClass 进行继承
class SubFinClass extends FinClass{
```

　　(2) 当 final 修饰方法时，代表该方法不能被重写。

　　(3) 当 final 修饰成员变量时，该变量可以理解为常量，必须赋以初值（可在声明时赋值，或在类的构造方法中赋值），并且该变量的值不能再改变；当 final 修饰局部变量时，该局部变量只能被赋一次值；当 final 修饰方法中的参数时，该参数的值不能被改变。

　　例 5.4　final 修饰方法和变量（ch05\UseFinal.java）。

```
class UseFinal{
    final int i=1;
    final int j;          //最终变量若不在声明时赋值,就要在其所属的类的构造方法中赋值
    int k;
    UseFinal(){
        j=2;
        }
    final void f(){       //最终方法,在子类中不能被覆盖
```

```
            System.out.println("This is a final method.");
        }
    void g(){
        //i++;错误,不能重新指定最终变量的值
        //j++;错误,不能重新指定最终变量的值
        k++;
        final String s="Hello ";
        //s="Hi";错误,当final修饰局部变量时,该变量只能被赋一次值
        final String str;
        str="Java";
        System.out.println(s+str+"  i="+i+"  j="+j+"  k="+k);
        }
    void h(final int a){
        //a++;错误,不能指定最终参数
        System.out.println("a="+a);
        }
    public static void main(String[] args){
        UseFinal uf=new UseFinal();
        uf.f();
        uf.g();
        uf.h(100);
        }
    }
```

5.5 多   态

多态是 OOP 的三大特征之一,此处结合上节讲述的覆盖来理解多态的含义。当一个类(如 Instrument 类)有多个子类(Wind、Percussion、Stringed),并且这些类都重写了父类中的某个方法(void play()方法),如图 5.1 所示。那么根据前面所讲的内容,下面的代码很容易理解。

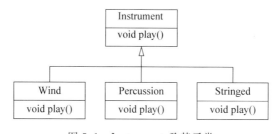

图 5.1 Instrument 及其子类

```
Wind w=new Wind();                          //产生 Wind 类的对象
w.play();                                   //调用 Wind 类中的 play 方法
Percussion p=new Percussion();              //产生 Percussion 类的对象
p.play();                                   //调用 Percussion 类中的 play 方法
Stringed s=new Stringed();                  //产生 Stringed 类的对象
s.play();                                   //调用 Stringed 类中的 play 方法
```

那么下面的代码又如何理解呢？

```
Instrument insw=new Wind();
insw.play();
```

把 Wind 类 的 对 象 赋 值 给 Instrument 类 型 的 变 量（insw）对 吗？ insw 调 用 的 是
Instrument 类中的 play 方法，还是 Wind 类中的 play 方法呢？

子类和父类之间的关系是"is a"的关系，即"特殊与一般"的关系，可以说管乐器（Wind）
是乐器（Instrumen），打击乐器（Percussion）是乐器（Instrument），弦乐器（Stringed）是乐器
（Instrument），所以下面的代码是正确的。

```
Instrument insw=new Wind();
Instrument insp=new Percussion();
Instrument inss=new Stringed();
```

这就是常说的向上转型（upcasting）。向上转型后的对象（简称上转型对象），如 insw、
insp、inss。例如 play()，在调用方法时，其实调用的仍是子类中所重写的 play 方法，而不是
父类的 play 方法。这是因为 Java 对 Override 方法调用采用的是运行时绑定，也就是按照
对象的实际类型来决定调用的方法，不是按照对象的声明类型来决定调用的方法。但
Overload 方法则相反，在编译时已经进行了方法绑定，按照对象的声明类型决定调用的
方法。

例 5.5 多态示例（ch05\Music.java）。

```
class Instrument {
    public void play() {
        System.out.println("Instrument.play()");
    }
}
class Wind extends Instrument {
    public void play() {
        System.out.println("Wind.play()");
    }
}
class Percussion extends Instrument {
    public void play() {
        System.out.println("Percussion.play()");
    }
}
class Stringed extends Instrument {
    public void play() {
        System.out.println("Stringed.play()");
    }
}
public class Music {
    static void tune(Instrument i) {
        i.play();
```

```
        }
        public static void main(String[] args) {
            Instrument[] ins=new Instrument[3];
            int i=0;
            ins[i++]=new Wind();
            ins[i++]=new Percussion();
            ins[i++]=new Stringed();
            for( i=0; i<ins.length; i++)
                tune(ins[i]);
        }
    }
```

运行结果：

```
Wind.play()
Percussion.play()
Stringed.play()
```

那么能否将父类的对象赋值给子类类型的变量呢？答案是否定的，除非进行强制类型转换。例如：

```
Wind w=new Instrument();                            //错误
Wind w=(Wind) new Instrument();                     //正确
```

5.6　继承与组合

通过使用继承，提高了类的可重用性，减少了代码的重复书写，提高了效率。除了继承这种方式外，还可以通过组合的方式来重复使用类。所谓组合，就是在一个新类中创建已有类的对象，即新类由已有类的对象组成。例如，下面的学生成绩管理程序，Score 类中使用了已有类（Student 类和 Course 类）中的对象，所以这种重复使用类的方式就是组合。

例 5.6　组合示例，学生成绩管理程序(ch05\StuApp.java)。

```
package app;
//学生类
class Student {
    String name;
    long id;
    public Student() {
    }
    public Student(String name,long id){
        this.name=name;
        this.id=id;
    }
}
//课程类
class Course{
```

```java
    long id;
    String name;
    Course(long id, String name){
        this.id=id;
        this.name=name;
    }
}
//成绩类
class Score{
    Student stu;
    Course course;
    double grade;
    Score(Student stu,Course course,double grade){
        this.stu=stu;
        this.course=course;
        this.grade=grade;
    }
}
//应用类
class StuApp{
    private static Course[] courses=new Course[5];
    private static Student[] stus=new Student[10];
    private static Score[] scores=new Score[50];
    //添加课程
    private static int coursesIndex=0;
    public static void addCourse(Course course){
        if(coursesIndex>courses.length) {
            System.out.println("too many courses");
            return;
        }
        courses[coursesIndex++]=course;
    }
    //添加学生
    private static int stusIndex=0;
    public static void addStu(Student stu){
        if(stusIndex>stus.length) {
            System.out.println("too many student");
            return;
        }
        stus[stusIndex++]=stu;
    }
    //添加学生的成绩
    private static int scoreIndex=0;
    public static void addScoreToStu(Student stu,String courseName,double grade){
            if(scoreIndex>scores.length){
```

```java
                System.out.println("too many student");
                return;
            }
        for(int i=0;i<=coursesIndex;i++){
                if(courses[i].name.equals(courseName)){
                    scores[scoreIndex++]=new Score(stu,courses[i],grade);
                    break;
                }
            }
    }


    public static void main(String[] args){
        //添加课程
        Course java=new Course(1,"java");
        addCourse(java);
        Course os=new Course(2,"os");
        addCourse(os);
        Course math=new Course(3,"math");
        addCourse(math);
        //添加学生张三并为其添加成绩
        Student stua=new Student("张三",1L);
        addStu(stua);
        addScoreToStu(stua,"java",86);
        addScoreToStu(stua,"math",89.5);
        //添加学生李四,并为其添加成绩
        Student stub=new Student("李四",2L);
        addStu(stub);
        addScoreToStu(stub,"os",100);
        //打印标题栏
        System.out.println("学号\t姓名\t\t课程名\t\t成绩");
        //显示学生的成绩
        for(int i=0;i<scoreIndex;i++){
            StringBuilder sb=new StringBuilder();
            sb.append(scores[i].stu.id).append("\t").append(scores[i].stu.name);
            for(int j=1;j<=16-(scores[i].stu.name.getBytes()).length;j++)
            sb.append(" ");
            sb.append(scores[i].course.name);
            for(int k=1;k<=16-(scores[i].course.name.getBytes()).length;k++)
                sb.append(" ");
            sb.append(scores[i].grade);
            System.out.println(sb);
        }
    }
}
```

对于重复使用类的两种方式——继承和组合,如何选择呢? 这里给出一个小诀窍:如果类之间的关系是"B is a A"的关系,如猫是动物,弦乐器是乐器等,那么 A、B 之间就应该是继承的关系,即 B 继承 A,B 是子类,A 是父类。如果类之间的关系是"A has a B",那么 A、B 之间的关系就应该是组合的关系,例如汽车有门、窗、引擎等,那么在定义汽车(A)类时,就可以采用组合的方式,即将门类、窗类、引擎类的对象作为汽车的成员。

5.7 初始化顺序 *

在第 4 章曾讲过,类在加载后,其内部变量的初始化顺序是按照它们在类中的定义的顺序进行的,当遇到静态变量或语句块时,静态数据要先于实例变量(静态数据在加载类时只初始化一次,而实例变量则是在创建对象时初始化的,也就是每创建一个对象,就要初始化其实例变量),并且变量的初始化总是在方法(包括构造方法)调用前进行。那么类在何时会被加载呢?当一个类首次被使用时系统就会加载该类。首次使用类的情况可以是以下方式之一:

(1) 第一次创建该类的对象;

(2) 首次访问该类的静态变量或静态方法时。

为了更好地理解变量的初始化顺序,请看下面的例子。

例 5.7 初始化顺序(1)(ch05\InitOrder.java)。

```java
class Star {
    Star(int marker) {
        System.out.println("Star(" +marker +")");
    }
    void f1(int marker) {
        System.out.println("f(" +marker +")");
    }
}
class Flag {
    Star s1=new Star(11);
    Flag() {
        System.out.println("Flag()");
        s3=new Star(555);
        s3.f1(66);
    }
    static Star s2=new Star(22);
    void f() {
        System.out.println("f()");
    }
    Star s3=new Star(33);
}
public class InitOrder {
    Star s1=new Star(1);
    public static void main(String[] args) {
        System.out.println("Creating new Flag() in main");
```

```
            Flag flag2=new Flag();
            flag2.f();
            s2.f1(22);
            flag1.f();
            new InitOrder();
        }
    static Star s2=new Star(2);
    static Flag flag1=new Flag();
        }
```

运行结果：

```
Star(2)
Star(22)
Star(11)
Star(33)
Flag()
Star(555)
f(66)
Creating new Flag() in main
Star(11)
Star(33)
Flag()
Star(555)
f(66)
f()
f(22)
f()
Star(1)
```

本例中，运行 InitOrder 类，该类含有 main()函数，这是程序运行的入口。按照前面所表述的内容可知，初始化顺序应该先变量后方法，变量中应该是静态变量先于实例变量，所以应先初始化 s2、flag1，s2 是 Star 类的对象，此时系统就来加载 Star 类。同样道理，先初始化 Star 类中的变量，但在该类中没有变量，所以直接调用构造方法创建 s2；然后初始化 flag1，它是 Flag 类的对象，此时系统加载 Flag 类。在 Flag 类中，初始化顺序为 s2、s1、s3，然后调用构造方法 Flag()。这时，系统就已完成了 InitOrder 类中静态变量的初始化工作，接下来就来执行 main()方法中的语句。首先输出字符串"Creating new Flag() in main"，然后初始化 flag2，此时由于 Flag 类在之前已经被加载过，其中的静态变量也已初始化过，所以这里只是再次初始化实例变量 s1 和 s3，然后再调用 Flag()构造方法来创建 flag2 对象。接下来依次执行语句 flag2.f();、s2.f1(22);、flag1.f()。最后初始化实例变量 s1(定义在 InitOrder 类中的 s1)，创建 InitOrder 类的对象。

思考：当将 new InitOrder();语句注释掉，运行结果如何呢？

当类之间有继承关系时，初始化顺序又如何呢？如例 5.8 所示。

例 5.8 初始化顺序(2)(ch05\Tree.java)。

```
class Plant {
    int i=100;
    int j;
    int h=prt("h initialized");
    Plant() {
        prt("i=" +i+", j=" +j);
        j=25;
    }
    static int m=prt("static Plant.m initialized");
    static int prt(String s) {
        System.out.println(s);
        return 88;
    }
}
public class Tree extends Plant {
    int k=prt("Tree.k initialized");
    Tree() {
        prt("k="+k);
        prt("j="+j);
    }
    static int n=prt("static Tree.n initialized");
    public static void main(String[] args) {
        prt("Tree constructor");
        Tree b=new Tree();
    }
}
```

运行结果：

```
static Plant.m initialized
static Tree.n initialized
Tree constructor
h initialized
i=100, j=0
Tree.k initialized
k=88
j=25
```

运行 Tree 类，系统在加载 Tree 类时，发现其继承（extends）于 Plant 类，此时系统就加载 Plant 类，初始化其中的静态变量（m）。完成这项工作后，就来初始化子类（Tree）的静态变量（n），之后执行 main()方法中的

```
prt("Tree constructor")
```

语句。当执行到 Tree b＝new Tree()时，系统会先初始化父类的实例变量（i,j,h），进而调用父类的构造方法。当完成父类（Plant）实例变量初始化工作后，再来初始化子类（Tree）的实例变量（k），之后执行 Tree()这个构造方法。

总结起来,就是先初始化父类中的静态变量,再初始化子类中的静态变量,如果创建有子类的对象,接下来还要先初始化父类的实例变量、调用父类的构造方法,再初始化子类的实例变量,调用子类的构造方法。

本 章 小 结

本章介绍了继承的概念以及它所涉及的语法、成员变量的隐藏和方法的覆盖、super 和 final 关键字,同时还展示了运行时多态的表现。本章还介绍了重复使用类的另一种方式——组合,并给出了使用的方法。最后归纳了初始化的顺序。

习 题 5

1. Java 中声明类 A 继承类 B,使用什么关键字? 类 A 可以继承类 B 所有的属性和方法吗?

2. 当子类重新定义与父类方法的头部完全相同的方法,这种情况称什么? 此时在子类中还能访问父类原来的方法吗? 如果可以,应该如何访问呢?

3. 在子类的构造方法中如何访问父类的构造方法? 如果子类的构造方法中没有显式地调用父类的某个构造方法,系统将自动调用父类的哪个构造方法?

4. final 关键字可以用来修饰什么? 它们被 final 修饰后有何特点?

5. 编写一个计算机商品类,包括的属性有名称、型号、生产商、单价,定义一个 print() 方法来打印出这些信息。从该类派生出商用计算机和家用计算机两个类,在这两个类中分别重写父类的 print() 方法,除了打印出商品的信息外,还要打印出各自的用途。

6. 定义一个矩形类 MyRectangle,并定义 getLength()方法(获得矩形的长度)、getWidth()方法(获得矩形的宽度)、setLength()方法(设置矩形的长度)、setWidth()方法(设置矩形的宽度)、getArea()方法(求矩形的面积)。再定义该类的子类 MySquare(正方形),对父类的某些方法进行重写,实现正方形面积的计算,并编写程序进行测试。

第6章 抽象类、接口和内部类

本章讲述 Java 中如何定义面向对象中的抽象类、接口及如何继承抽象类和实现接口。

6.1 抽　象　类

6.1.1 声明抽象类

在 Java 中用 abstract 来声明一个类为抽象类,抽象方法也用 abstract 声明,形式如下:

```
public abstract class TestRunTime{
    abstract void run();                        //没有方法体
}
```

抽象类在定义上除了有 abstract 修饰符和抽象方法外,和非抽象类一样,可以定义类变量、类方法、实例方法、实例变量等类里边允许出现的内容。关于抽象类,有以下几点值得注意:

(1) 抽象类不能进行实例化,也就是不能用 new TestRunTime () 来创建一个对象,但可以用来声明变量类型,例如 TestRunTime aTest。

(2) 抽象类可以有或没有抽象方法,而有 abstract()方法的类必须定义为 abstract 类。

(3) 抽象方法没有方法体,而不是方法体为空。

抽象类的特点就在于既有抽象方法,也有非抽象方法。对于哪些方法应该定义成抽象方法、哪些方法应该定义成非抽象方法,可以如下理解:假设有一些意义上相近的类,这些类中每个类都有一个(或几个)方法的作用和代码基本相同,那么可以把这些方法定义为抽象类中的非抽象方法;每个类中的一个(或几个)方法根据自己情况的不同会有不同的实现,这些方法可以定义为抽象方法。定义抽象类后,这些类可以继承该抽象类,然后实现抽象方法,在该方法中表明自己的与众不同。如果一个抽象类中只有抽象方法,那么该抽象类更适于作为接口而存在。

6.1.2 继承抽象类

继承抽象类在 Java 中使用的是 extends。子类继承抽象类后,要么实现超类所有的抽象方法;如果没有实现所有的抽象方法,那么子类必须声明自己也是抽象类(为何?)。子类继承抽象类,其实现的方法的权限(或可见范围)必须大于或等于父类方法的权限。如抽象类中定义的抽象方法权限为默认,那么子类的权限可以为默认、protected 或 public。

6.1.3 抽象类的应用

在 Java 类库中抽象类应用很多,例如后边学到的输入和输出、集合都大量用到抽象类来定义共有的行为。抽象类在设计模式中也有广泛的应用,模板方法(Template Method)、抽象工厂(Abstract Factory)、DAO(Data Access Object)等都有用到。建议阅读这些设计模式的资料,以便更好地了解抽象的用处,可以先从模板方法开始了解。

在使用时,紧密结合其有抽象方法,也有非抽象方法的特点,把共有且作用相同的方法变为非抽象方法,共有但每个子类都有不同实现的方法变为抽象方法。以测试一个方法运行所花时间为例,为了更为准确,多次运行该方法,然后求运行时间的平均值,大致过程如图 6.1 所示。从该图中大致可以判断哪些方法应该定义为抽象方法,哪些方法应该定义为实例方法。

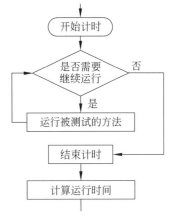

图 6.1 测试方法运行时间流程图

这里以测试计算 0～999 的和以及平方和的运行时间为例说明如何逐步进行抽象。没有定义抽象类时代码如例 6.1a、例 6.1b 所示。

例 6.1a 测试计算 0～999 的和所用时间(ch06\TestSumTime.java)。

```
1    public class TestSumTime{
2      public void run(){
3        long startTime=System.nanoTime();          //开始计时
4        int sum=0;
5        for(int i=0;i<1000;i++){
6          sum+=i;
7        }
8        long endTime=System.nanoTime();             //停止计时
9        System.out.printf("运行时间为：%dns%n",(endTime-startTime));
10     }
11   }
```

第 3 行所谓的开始计时就是得到当前的时刻,用纳秒来表示。同样在第 8 行的停止计时也是得到当前时刻。

例 6.1b 测试计算 0～999 的平方和所用时间(ch06\TestSquareSumTime.java)。

```
1    public class TestSquareSumTime{
2      public void run(){
3        long startTime=System.nanoTime();          //开始计时
4        int sum=0;
5        for(int i=0;i<1000;i++){
6          sum+=i*i;
7        }
8        long endTime=System.nanoTime();             //停止计时
9        System.out.printf("运行时间为：%dns%n",(endTime-startTime));
10     }
11   }
```

观察例 6.1a 和例 6.1b 中的代码,可以发现二者除测试的内容不同外(一个是计算和,一个是计算平方和),其他相同。把内容大体相同的定义为实例方法,内容不同的定义为抽象方法。具体代码如例 6.1c 所示。

例 6.1c 通过例 6.1a 和例 6.1b 抽象出来的类 (ch06\TestRunTime1.java)。

```
1   public abstract class TestRunTime1{
2       abstract void run();
3       public void test(){
4           long startTime=System.nanoTime();              //开始计时
5           run();
6           long endTime=System.nanoTime();                //停止计时
7           System.out.printf("运行时间为: %dns%n",(endTime-startTime));
8       }
9   }
```

还需要让 TestSumTime 和 TestSquareSumTime 继承该类。

如果没有抽象类,当需要测试 100 个方法的运行时间时,就需要写 100 个类,其中有大量重复代码。重复代码带来的一个最大问题就是难于适应需求的变化。设想如下情况:程序员现在觉得用纳秒作为单位太小,用毫秒即可,这时需要更改 100 个类中的代码,工作量很大,而且容易出错,可能忘了更改某一个类中的代码。有抽象类时,如此的修改工作就很容易完成:只要更改抽象类中的代码即可。从工作量上就可看到有无抽象类时的巨大差异。

这里是另一个例子,测试 String、StringBuffer、StringBuilder 连接字符串的性能。具体如例 6.2 所示。

例 6.2 测试连接字符串性能 (ch06\TestRunTime.java)。

```
1    public abstract class TestRunTime{
2       final static String str="programming everyday";
3       private final static int NUMS=10000;
4       //由子类定义测试的具体内容
5       abstract void run();
6       public void test(){
7         long startTime=System.nanoTime();                //开始计时
8         for(int i=0;i<NUMS;i++){
9           run();
10        }
11        long endTime=System.nanoTime();                  //停止计时
12        System.out.println("运行时间为(ns): "+(endTime-startTime)/NUMS);
13      }
14      public static void main(String[] args){
15        new TestStringConcatRunTime().test();
16        new TestStringBufferConcatRunTime().test();
17        new TestStringBuilderConcatRunTime().test();
18      }
19    }
20    class TestStringConcatRunTime extends TestRunTime{
```

```
21      String s;
22      @Override public void run(){
23        s+=str;
24      }
25    }
26    class TestStringBufferConcatRunTime extends TestRunTime{
27      StringBuffer sb=new StringBuffer();
28      @Override public void run(){
29        sb.append(str);
30      }
31    }
32    class TestStringBuilderConcatRunTime extends TestRunTime{
33      StringBuilder sb=new StringBuilder();
34      @Override public void run(){
35        sb.append(str);
36      }
37    }
```

以上程序中在第 22、28、34 行使用@Override 注释，该注释用在子类 override 父类方法、继承抽象类或实现接口中的方法前。这样编译时编译器会自动进行检查：加该注释的方法是否满足 override 条件，不满足则编译不通过。在以后的编程中应尽可能使用这一注释，由编译器帮助进行检查。该程序运行结果如下（根据计算机软硬件的不同，结果会有不同）：

```
运行时间为(ns)：2303773
运行时间为(ns)：263
运行时间为(ns)：213
```

从中可以看出在大量连接字符串时的性能差异，String 性能最差，StringBuilder 相较于 StringBuffer 没有线程同步开销，性能稍微优异。

6.2　接　　口

6.2.1　声明接口

接口表示的是一种能力，定义了一种规范。举例来说，国家定义了三相插座的规格（各插孔的距离、角度等），具体使用什么材料制造则无规定，或塑料、或金、或银。只要一个插座符合国家标准，就表明总可以用来给一个三相插头供电。

接口用 interface 来定义，名字一般使用"-able"形式的形容词。接口中通常定义抽象方法、default 方法、static 方法和常数。下面为一个接口的定义：

```
public interface Testable{
    int NUMS=10000;
    void test();
}
```

关于接口,有以下几点需要注意:

(1) 接口和抽象类一样,不能进行实例化,也就是不能用 new Testable() 来创建一个对象,但可以用来声明变量,如 Testable stringConcatTest。

(2) 接口中的每个方法的默认修饰符是 public。这样类在实现接口中方法的时候,必须声明方法为 public。

(3) 接口中没有方法体的方法是抽象方法,默认修饰符是 abstract。

(4) 所有的变量,默认都是 public final static,所以定义的变量名应使用定义常数的命名规则:全部大写,单词间用下画线分隔。

6.2.2 实现接口

实现接口使用的是 implements 关键字,实现接口表示有接口中定义的能力。与此相比,抽象类表示“是”的关系,“工人”“学生”都是“人”,但职责是不同的:一个是工作,一个是学习。

一个类可以同时实现多个接口,接口之间用个“,”分开。和继承抽象类一样,实现接口后,要么实现其中的所有抽象方法,要么声明为抽象类。下面的例 6.3 为一个实现接口的例子。

例 6.3 实现接口 (ch06\ShapeDemo.java)。

```
1    import static java.lang.System.out;
2    public class ShapeDemo{
3      public static void main(String[] args){
4        Shape shape=new Circle(5);
5        out.println(shape.area());
6      }
7    }
8    interface Shape{
9      double area();
10   }
11   class Circle implements Shape{
12     private double r;
13     public Circle(double _r){
14       this.r=_r;
15     }
16     @Override public double area(){
17       return Math.PI * r * r;
18     }
19   }
```

以上程序定义一个 Shape 接口,在其中定义求面积的 area() 方法,Circle 实现该接口,给出 area() 方法的具体实现。

6.2.3 default 方法和 static 方法

在 Java 8 中,可以为 interface 增加 default 方法和 static 方法。default 方法前有

default 修饰符,有方法实现。实现该接口的类可以 override(覆盖)该方法,提供一个新的实现,或是不 override,使用接口中原有的实现。可以为例 6.3 中的 Shape 增加一个用来显示面积的 default 方法:

```
default void print(){
    System.out.println(area());
}
```

增加该方法后,例 6.3 中第 5 行的代码可以更改为

```
shape.print();
```

Circle 类并不需要修改,因为这是一个 default 方法,已经提供了实现。这也正是增加 default 方法的原因,解决类库的进化问题。例如在 Java 自带的类库中的一个接口,已经有很多的类实现了该接口。但随着时间的发展,需要为该接口增加新的方法。如果增加新的抽象方法,那些实现类就会出现问题,需要实现新方法或是声明为抽象类。这种方式显然很难实现,如果增加的是一个 default 方法,原有的实现类就不需要做出修改。在增加 default 方法后的实现类可以选择重新实现或是继续使用。

static 方法产生的目的在于直接在接口中提供常用方法,不需要再定义辅助工具类。在 Java 中,Collection 是一个接口,Collections 类中定义了一些 Collection 相关的常用方法。有了该功能后,就不再需要这种 Collections 辅助工具类。例如可以为 Shape 增加一个计算多个形状总面积的方法:

```
static double sum(Shape...shapes){
    double s=0;
    for(Shape shape:shapes){
        s+=shape.area();
    }
    return s;
}
```

这样在 Shape 中就可以计算多个形状的总面积,不再需要辅助工具类。

6.3 内 部 类

6.3.1 什么是内部类

所谓的内部类就是在类或接口内声明的类。方法内也可声明内部类,这是局部内部类。内部类根据其所在的作用范围,可以访问其所在作用范围内的变量,不过值得注意的是局部内部类访问局部变量时,该局部变量必须有 final 修饰,访问类变量、实例变量则无此要求。以下例 6.4 为一内部类的例子。

例 6.4 内部类例子(ch06\School.java)。

```
1    public class School{
2      private String name;
```

```
3        private Address address;
4        public School(String _name,Address _address){
5          this.name=_name;
6          this.address=_address;
7        }
8        static class Address{
9          private String city;
10         private String street;
11         public Address(String _city,String _street){
12           this.city=_city;
13           this.street=_street;
14         }
15       }
16       public static void main(String[] args) {
17         Address address=new Address("zhengzhou","street lotus");
18         School school=new School("haut",address);
19       }
20     }
```

该程序编译后,会生成 School. class 和 School $ Address. class 两个类,注意 Address 前的符号"$",表示是内部类。值得注意的是,为了在静态方法 main()的第 17 行访问该内部类,将其定义为静态内部类,这和前述静态方法只能访问静态变量或方法一致。

6.3.2　匿名内部类

内部类可以用一种更为简便的形式进行实现,不用单独声明 class,直接用 new 来创建这样一个类。形式如下:

类型　变量名=new 类型(接口、类或抽象类)(构造方法参数){
　　//除不能定义构造方法外,其他和普通类完全相同
};

如果 new 后是类的话,相当于继承该类;如果是接口相当于实现该接口。这只是实现内部类的简便写法,并不是用 new 来初始化抽象类或接口。

书写这种形式时要注意,很容易少写最后的分号。如果是接口,书写过程如下:

(1) 先写上"new 接口名(){};",注意最后的分号。

(2) 在"{}"中和在类中一样,可以实现方法、声明变量等。

如果是类、抽象类,采用同样的写法可以降低出错的可能。

当一个方法需要该类型的一个参数,也可简写为:

方法名(new 类型(接口、类或抽象类)(构造方法参数){
　　//除不能定义构造方法外,其他和普通类完全相同
});

下面的例 6.5 为一用不同样式显示学生信息的例子,Student 为学生类,为了减少代码量,没有把 name 和 school 声明为 private。在接口 Showable 中定义显示学生信息:可以

name 在前或 school 在前等任何一种形式显示。在 InnerClassDemo 的 disp()方法中,根据指定的 Showable 样式来显示学生信息。具体代码如例 6.5 所示。

例 6.5 匿名内部类例子（ch06\InnerClassDemo. java）。

```
1    class Student{
2      String name;
3      String school;
4      public Student(String _name,String _school){
5        this.name=_name;
6        this.school=_school;
7      }
8    }
9    interface Showable{
10     void show(Student stu);
11   }
12   public class InnerClassDemo{
13     Student stu;
14     public InnerClassDemo(Student _stu){
15       this.stu=_stu;
16     }
17     public void disp(Showable style){
18       style.show(stu);
19     }
20     public static void main(String[] args) {
21       Student stu=new Student("qingqing","haut");
22       InnerClassDemo demo=new InnerClassDemo(stu);
23       demo.disp(new Showable(){
24         public void show(Student stu){
25           System.out.println(stu.name+" "+stu.school);
26         }
27       });
28       Showable bstyle=new Showable(){
29         public void show(Student stu){
30           System.out.println(stu.school+" "+stu.name);
31         }
32       };
33       demo.disp(bstyle);
34     }
35   }
```

该程序编译后,会生成 InnerClassDemo＄1. class 和 InnerClassDemo＄2. class 两个内部类,＄1 中的＄表示是内部类,由于该内部类没有名字,所以编译器用“1”作为其名字。如果有多个匿名内部类,会有更多数字编号。

以上代码中,在第 23 行,disp()方法需要一个 Showable 类型的变量,直接用 new 创建一个匿名内部类。需要注意的是写法,可以这样来写。

（1）首先把方法调用写完，需要匿名内部类的地方留空，例如：

demo.disp();

（2）在需要匿名内部类的地方写上 new Showable(){}。

（3）在匿名内部类的大括号中加上内容，和普通类一样，声明变量、方法。

第 28 行是先声明变量，然后用 new 这种简便的匿名内部类写法赋值。要注意第 32 行末尾的分号。

匿名内部类常用在 Swing 部分的编程中，关于这部分的内容将在第 10 章讲述。例 6.6 是一个显示图形的程序，其中有一个按钮。为了在单击按钮时做出反应，声明了匿名内部类，实现 ActionListener 接口中的方法。在其中访问了局部变量和实例变量，注意访问二者方法上的不同。至于如何显示图形、设置大小、增加按钮等组件不是该例的重点。

例 6.6　匿名内部类例子（ch06\FirstJFrame. java）。

```
1      import javax.swing.*;
2      import java.awt.event.*;
3      public class FirstJFrame extends JFrame{
4        private int count=0;
5        public FirstJFrame(){
6          setSize(200,300);                                //设置大小
7          setLocation(200,300);                            //设置左上角位置
8          setDefaultCloseOperation(JFrame.EXIT_ON_CLOSE);  //单击右上角"x"时退出程序
9          final JTextField textField=new JTextField();     //文本框
10         add(textField,"North");                          //放在窗体的北边
11         JButton btn=new JButton("click me");
12         btn.addActionListener(new ActionListener(){
13           @Override public void actionPerformed(ActionEvent e){
14             count++;                                      //访问实例变量
15             textField.setText("单击第"+count+"次");         //访问局部变量
16           }
17         });
18         add(btn);
19         setVisible(true);
20       }
21       public static void main(String[] args){
22         new FirstJFrame();
23       }
24     }
```

以上代码中，在第 12 行声明了一个匿名内部类。在第 15 行显示文本框中的值。为了在匿名内部类中访问局部变量，在第 9 行，为变量增加了 final 修饰符。

6.4　Lambda 表达式

6.4.1　定义

在 Java 8 中，增加了 Lambda 表达式，可以看作匿名内部类去掉接口、方法名，增加箭头

"－＞",类似一个匿名方法。定义形式如下：

(参数列表)-> 表达式或{语句块}

参数的类型可以忽略,大括号中和普通方法一样,可以根据接口中方法的定义返回值。如果是单一表达式,可以不用放在大括号中,虽然没有 return 语句,该单一表达式运算的结果自动返回。注意,有 return 的是一个语句,需要放在大括号中。语句块中如果只有方法调用,也可不要大括号,该方法调用的结果也会自动返回。

只有一个抽象方法的接口可以用 Lambda 表达式来定义。这种接口有@FunctionalInterface,称为函数式接口。在例 6.6 中的 ActionListener 接口只有一个 actionPerformed 方法,是一个函数式接口,所以在 12～17 行可以写为

```
1  btn.addActionListener((ActionEvent e)->{
2      count++;
3      textField.setText("单击第"+count+ "次");
4  });
```

以上代码中,第 1 行在参数后增加了"－＞",然后是表达式的内容。由于参数 e 的类型可以不要,代码变为

```
btn.addActionListener((e)->{...});
```

由于只有一个参数,可以去掉参数两边的括号,变为

```
btn.addActionListener(e->{...});
```

Java 多线程类库中的 Callable<T>接口,只定义了一个 T call()方法。其中 T 是一个泛型,可以代表除原始类型外的任何类型,减少强制类型转换。当类型为 Callable<Integer>时表示该 call 方法返回的为 Integer。如果定义为 Callable<String>,call 返回的就是 String 类型。Runnable 接口只定义了 void run()方法。由于 Callable、Runnable 都是函数式接口,可以用 lambda 表达式来定义。对于以下几个定义：

(1) Callable<String> c1＝()－＞"2";

(2) Callable<Integer> c2＝()－＞Math. max(2,3);

(3) Callable<Integer> c3＝()－＞{2＋3;};

(4) Runnable r＝()－＞System. out. println("lambda")

(1)中的 Lambda 表达式无参数,返回为 String。注意最后的分号。(2)中的 Lambda 表达式无参数,返回值为方法调用的结果,返回类型为 Integer。(4)中的 Lambda 表达式无参数,无返回值,println 方法调用也无返回值。(3)中的 Lambda 表达式是一个错误的定义形式,和在普通方法中一样,"2＋3"不是一个合法的语句。可以修改为

```
Callable<Integer> c3=()->{return 2+3;};
```

或

```
Callable<Integer> c3= ()->2+3;
```

Lambda 表达式访问局部变量和匿名类类似,局部变量声明为 final 或事实上是 final,

所谓事实上是 final，也就是只赋值一次。

6.4.2　常见函数式接口

在 java.util.function 包中定义了一些常见函数式接口，表 6.1 列举了一部分。

表 6.1　部分常见函数式接口

常见函数式接口	方　　法	说　　　　明
Predicate\<T\>	boolean test(T)	断言，判断 T 的值是否符合要求
Consumer\<T\>	void accept(T)	消费者，使用 T
Function\<T,R\>	R apply(T)	函数，把 T 转换为 R

6.4.3　方法引用

在第 4 章中有使用 Arrays.sort 排序的例子，由于 String 实现了 Comparable 接口，可以进行比较，给一个 String[]数组排序如下：

```
String[] strs= {"Windows","IOS","Android","Linux"};
Arrays.sort(strs);        //结果为 Android, IOS, Linux, Windows
```

默认情况下按字典顺序排序，如果要按照其他规则排序，可以使用 sort(T[]，Comparator\<T\>)方法，Comparator\<T\>是一个函数式接口，有一个 int compare(T,T)方法，用来比较两个对象。可以定义一个按照长度排序的规则，并排序。不用匿名内部类形式，用 lambda 表达式形式可以写为

```
Comparator<String> lengthComparator= (str1,str2)->{
    return Integer.compare(str1.length(),str2.length());
};
```

可以如下使用

```
Arrays.sort(strs,lengthComparator);              //结果为 IOS, Linux, Windows, Android
```

还可以使用 Comparator\<String\>中的静态方法 comparing()得到一个比较器，comparing方法的参数为 Function\<String,int\>，用方法 int apply(String)完成 String 到 int 的转换。使用 comparing()方法，可以写为

```
Comparator<String> lengthComparator=Comparator.comparing((String s)->s.
length());
```

在以上 Lambda 表达式(String s)—>s.length()中，只是调用了一个方法，可以简写为

```
Comparator<String> lengthComparator=Comparator.comparing(String::length);
```

其中的 String::length 就是方法引用。相当于 Lambda 表达式(String s)—>s.length()，参数列表来自 Function 中的 apply()方法，表达式体中调用了 String 的 length()方法。当 Lambda 表达式仅仅只调用一个方法时，可以使用方法引用的形式。有 4 种形式的方法引

用(注意方法名后不需要括号)：

(1) 引用一个静态方法，使用"类名::类方法名"的形式，例如 Function＜String,Integer＞f＝(String s)－＞Integer.parseInt(s)可写为 Integer::parseInt。

(2) 引用某一类任意对象的实例方法，使用"类名::实例方法名"的形式，对象作为参数传递过来求值。例如 String::length 就是这种形式。再如Predicate＜String＞ p＝(String s)－＞s.isEmpty()可写为 String::isEmpty。

(3) 引用一个现存对象的实例方法，使用"对象::实例方法名"的形式。这里的对象是已经初始化的对象，不是作为参数传过来的对象。

假如在一个单独的 StringComparator 类中定义了各种排序规则(只定义一个作为示例)，代码如下：

```
class StringComparator{
    int compareByLength(String s1,String s2){
        return Integer.compare(s1.length(),s2.length());
    }
}
```

使用该类定义的排序规则代码如下：

```
StringComparator comparator=new StringComparator();
Arrays.sort(strs,(s1,s2)->comparator.compareByLength(s1,s2));
```

使用方法引用后可写为

```
Arrays.sort(strs,comparator::compareByLength);
```

这里使用的是已经初始化的对象 comparator 中的方法。

(4) 引用构造方法，使用"类名::new"的形式。如 Student::new。

本 章 小 结

本章介绍面向对象程序设计中抽象类、接口在 Java 中的语法形式。对于抽象类和接口，介绍了它们各自的特点、如何定义、继承或实现。通过一个例子介绍了如何抽象出来一个抽象类。对于接口，还可以定义 default()和 static()方法。本书中常常使用匿名内部类的形式来实现接口，使用 Java 8 中新增的 Lambda 表达式可以写出更为简明、易懂的代码。在后续第 9、10 章使用 Lambda 表达式来简化匿名内部类的实现。第 13 章中更多使用了 Lambda 表达式。

习 题 6

1. 用继承重写例 6.1a 和例 6.1b，使其继承例 6.1c 中的类。
2. 在 Shape 接口声明计算周长(perimeter)的方法，并在子类中实现。
3. 阅读设计模式中模板方法的内容，并设计、实现一个模板方法的程序。

第 7 章 枚 举 *

枚举是从 Java 1.5 中开始出现,用 enum 来定义,常用来列举所有的可能值。这些所有的可能值的名字应该用 Java 中常数声明的样式声明,也就是全部用大写,单词之间用下画线连接。例如用 A、B、C、D、E 表示等级 Grade 时,可如下定义该枚举:

```
public enum Grade{A,B,C,D,E;}
```

可以像定义其他变量一样定义一个枚举变量:Grade score＝Grade. A。每个 enum 默认继承 Enum 类,从其中继承了 toString()、显示名字的 name()方法,这两个方法返回的都是字符串。可以使用 valueOf()方法把字符串转换成一个相应的枚举。values()方法可显示该枚举所有值,返回的是 Grade[]。简单的使用如例 7.1 所示。

例 7.1 枚举简单用法 (ch07\EnumDemo2.java)。

```
1      enum Grade{
2        A,B,C,D,E;
3      }
4      public class EnumDemo2{
5        public static void main(String[] args) {
6          Grade bScore=Grade.B;
7          System.out.println("bScore:"+bScore);
8          for(Grade temp:Grade.values()){
9            System.out.println(temp);
10         }
11         Grade cScore=Grade.valueOf("C");
12         System.out.println("cScore:"+cScore.name());
13       }
14     }
```

以上程序在第 8 行,用 values()方法得到 Grade 枚举的所有值,在第 11 行把一个字符串转换成一个枚举。

枚举常用在 if 或 switch 语句中,用来进行判断,用法如例 7.2 所示。

例 7.2 enum 的使用方法 (ch07\EnumDemo.java)。

```
1      enum Grade{
2        A,B,C,D,E;
3        @Override public String toString(){
4          switch(this){
5            case A:return "优";
6            case B:return "良";
7            case C:return "中";
8            case D:return "及格";
```

```java
 9          case E:return "差";
10          default:return "非法值";
11        }
12      }
13    }
14  class Student{
15    private Grade grade;
16    private String name;
17    public Student(){}
18    public Student(String name,Grade grade){
19      this.name=name;
20      this.grade=grade;
21    }
22    public Grade getGrade(){
23      return this.grade;
24    }
25    @Override public String toString(){
26      return name+" "+grade;
27    }
28  }
29  public class EnumDemo{
30    /**统计各个等级人数 */
31    private static int[] count(Student[] stus){
32      int[] nums=new int[5];
33      for(Student stu:stus){
34        switch(stu.getGrade()){
35          case A:nums[0]++;break;
36          case B:nums[1]++;break;
37          case C:nums[2]++;break;
38          case D:nums[3]++;break;
39          case E:nums[4]++;break;
40        }                              //结束统计各等级人数
41      }                                //结束遍历
42      return nums;
43    }
44    private static void info(int[] nums){
45      System.out.println(Grade.A+" "+nums[0]+"人");
46      System.out.println(Grade.B+" "+nums[1]+"人");
47      System.out.println(Grade.C+" "+nums[2]+"人");
48      System.out.println(Grade.D+" "+nums[3]+"人");
49      System.out.println(Grade.E+" "+nums[4]+"人");
50    }
51    public static void main(String[] args){
52      Student stu2=new Student("2",Grade.A);
53      Student stu3=new Student("3",Grade.B);
```

```
54        Student stu4=new Student("4",Grade.C);
55        Student stu5=new Student("5",Grade.D);
56        Student stu6=new Student("6",Grade.E);
57        Student stu7=new Student("7",Grade.E);
58        Student stu8=new Student("8",Grade.B);
59        Student stu9=new Student("9",Grade.B);
60        Student[] stus={stu2,stu3,stu4,stu5,stu6,stu7,stu8,stu9};
61        info(count(stus));
62    }
63 }
```

本例中,在第 1～13 行定义一个 enum,该枚举的名字是 Grade,所有的可能值定义在第 2 行。在第 3～12 行,定义一个 toString()方法,用来根据不同的值显示合适的信息,其中用到了 switch 结构。以前常见的是 switch 用于对 byte、short、char、int、String 进行分支判断,这里增加一种,可用于对 enum 类型的变量进行判断。需要注意的是在 case 中并没有加上"Grade.",因为 switch 中已经指明对哪一个枚举类型进行判断。类 Student 有姓名和 Grade 这一枚举属性。在 EnumDemo 的 main 方法中,首先初始化几个 Student,然后根据成绩进行统计,显示各个等级的人数。要注意第 34～40 行和第 4～11 行 switch 的不同。

本 章 小 结

Java 中的枚举用来列出所有的可能,要比用 int、String 为 Grade 赋值更为直接,不易出错。

习 题 7

在本章的例子中,也可使用字符串代替枚举给出学生的成绩等级,例如"A""B""C""D""E"。但使用字符串时赋值时,也有可能是"F""good"等这些非法值,需要进行检查。试使用 String 来实现本章的例子。比较两种方法实现的不同。

第8章 异　　常

程序运行的时候难免会出现不正常的情况,例如内存不够、访问的文件不存在或是数组越界等。发生异常时,程序无法按照原来的计划继续执行,需要对发生的异常进行处理。在发生异常时进行恰当的处理是非常必要的。设想银行转账中发生如下情况:从账户 A 转账到账户 B,资金已经从 A 中划出,在划入 B 前,程序崩溃。此时,需要进行异常处理,把从 A 中划出的资金归还给 A。如果没有适当的异常处理,这种程序是无法接受的。在这一章中介绍 Java 中异常的发生、处理。

8.1　异　　常

以下为一段要求输入学生 id 的代码:

```
System.out.println("input id:");
long id=scanner.nextLong();
```

如果输入的是字母,由于 id 是 long 类型,字母无法转换成数字,程序运行时就会抛出异常,程序终止。

没有发生异常的时候,程序处于正常状态,正常执行。但当某一行代码发生异常时,程序进入异常状态。如果没有对该异常的处理,程序终止,JVM 显示异常信息;如有对该异常的处理(如提示出现问题,用户可采取补救的办法),使程序重新进入正常状态,继续执行。

异常处理的作用就是给用户改错的机会,把异常状态的程序转为正常状态,继续运行。

8.1.1　异常信息

当 Java 虚拟机解释执行 Java 程序,遇到某一条语句发生错误时,该语句所在方法创建一个异常对象,提交给运行时系统,这就抛出了相应的异常。异常对象中包含有丰富的异常信息。如例 8.1 所示为一计算除法的程序。

例 8.1　异常信息（ch08\TestException.java）。

```
1    public class TestException {
2    public static int divide(int a,int b){
3        return a/b;
4      }
5    public static void test2(){divide(2,0);}
6    public static void test1(){test2();}
7    public static void main(String[] args){
8        test1();
9      }
10    }
```

以上程序在运行时会有被 0 除的问题，在 Java 中被 0 除会发生 java.lang. ArithmeticException 这样的异常，程序停止执行，并显示异常信息，具体如下：

```
1    Exception in thread "main" java.lang.ArithmeticException: /by zero
2        at TestException.divide(TestException.java:3)
3        at TestException.test2(TestException.java:5)
4        at TestException.test1(TestException.java:6)
5        at TestException.main(TestException.java:8)
```

在第 1 行显示发生的异常为 ArithmeticException，在冒号后显示该异常的信息：被 0 除。其他行显示发生异常时正在执行中的方法（也就是还没执行完的方法）：哪个类的哪个方法正在执行中，具体对应到哪一个 Java 文件的哪一行。越是最后调用的方法，信息越是显示在上边。在例 8.1 中完整的方法调用链为 main()→test1()→test2()→divide()。在以上信息中第 2 行表示该异常发生时正执行 TestException 类的 divide() 方法，具体位置是 TestException.java 中的第 3 行。由于 test2() 方法调用了 divide() 方法，divide() 没有执行完，test2() 方法当然也处于执行中，所以在第 3 行显示正执行到 TestException 类的 test2() 方法（执行到 TestException.java 中第 5 行）。其他类似。

8.1.2　异常的处理

发生异常时可以进行相应的处理，Java 中使用如下的结构进行异常处理：

```
try{
    会发生异常的代码
}catch(异常类型 1 变量名){
    处理该类型的异常
}catch(异常类型 2 变量名){
    处理该类型的异常
}finally{
    资源清理（如关闭文件）
}
```

在 try 语句体中是可能会发生异常的代码，在 catch 中声明捕捉的异常类型，并进行处理，如显示一个错误信息给用户，或是提示用户重新输入。try 语句体中的代码可能发生多种异常，可以对这些不同类型的异常分别进行处理，所以以上有多个 catch 语句。

不管是否发生异常，finally 中的代码总是会得到执行，一般进行资源清理，如关闭打开的数据库连接、文件等。

try、catch、finally 并不需要同时出现。有 try 时，catch 或 finally 二者只要出现一个就行。

在异常处理中，可以根据不同的情况，采取相应的办法。如对于以上输入学生 id 的代码，可用例 8.2 中的方法提示用户重新输入。

例 8.2　进行异常处理，提示用户重新输入（ch08\ProcessInputEx.java）。

```
1    import java.util.*;
2    import static java.lang.System.out;
```

```
3    public class ProcessInputEx {
4      private static Scanner scanner=new Scanner(System.in);
5      public static void main(String[] args){
6      long id;
7      while(true){
8        try{
9          out.println("input id:");
10         id=scanner.nextLong();
11         break;
12       }catch(InputMismatchException ex){
13         scanner.nextLine();
14         out.println("input error,retry");
15       }
16     }
17   }
18 }
```

在第 10 行,由于可能输入字母,这样转换为 long 时会发生 InputMismatchException 异常,为此把该语句放在 try 中,当发生异常时,catch 能够处理该异常,并提示输入错误。第13 行是必需的,具体原因可等学完输入输出后分析 Scanner 的源代码。整个 try…catch 放在 while 无限循环中,这样如发生异常,在 catch 中提示再次输入,然后用户可以继续输入。当输入正确时,第 10 行无异常发生,程序正常执行第 11 行,break 该循环。

对例 8.1 加上异常处理后代码如例 8.3 所示。

例 8.3 异常的处理 (ch08\TestExceptionAfterCatch. java)。

```
1    public class TestExceptionAfterCatch {
2      public static void divide(int a,int b){
3        try{
4          System.out.println(a/b);
5        }catch(ArithmeticException ex){
6          System.out.println("发生异常");
7          ex.printStackTrace();
8        }
9      }
10     public static void test2(){divide(2,0);}
11     public static void test1(){test2();}
12     public static void main(String[] args){
13       test1();
14     }
15   }
```

以上代码在第 3~8 行进行异常处理,因为第 4 行的代码会发生 ArithmeticException,所以在第 5 行 catch 该异常。对于这种异常所作出的反应是显示该异常的信息。

在异常处理中,至少应该显示发生的异常的信息。如调用所有异常类都有的printStackTrace()显示发生异常时正在执行的方法或用"System. out. println(异常类)"在控制台显示异常信息。如没有显示任何信息,只是一个空的 catch 部分,则发生异常时也不会察觉到有问题出现,只会认为是程序正常运行,而实际上程序已经处于不正常状态。这会为程序调试带来极大困扰。如果确实不需要进行任何异常处理,应明确注明,如在 catch 部分加上"//不进行补救",表明已意识到会发生异常,而不是没有意识到,这和空的 catch 部分是完全不一样的。

8.1.3 异常的类型

根据情况的不同,Java 中有多种异常,Java 程序根据实际情况抛出不同的异常,异常类层次关系如图 8.1 所示。处于异常类层次最上层的为 Throwable 类,该类有两个子类:Error 表示 Java 虚拟机或其他硬件故障,例如内存不够;Exception 表示发生了问题,但不是严重的系统问题。Exception 类有 RuntimeException(运行时异常)子类,一般是由编程逻辑错误引起的,如 NullPointerException(空指针异常)是在一个变量还没有初始化的时候就用"."调用了其方法或访问了其属性。ArrayIndexOutOfBoundsException(数组索引越界异常)发生的原因则很明显。每种异常发生的原因在其 API 文档中都有说明。

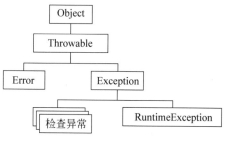

图 8.1 异常的类型

Exception 还有一种子类,名为检查异常(checked exception),是 Exception 的子类,但不是 RuntimeException 的子类。

Java 中不是所有的异常都必须进行处理,Error 和 RuntimeException 两种类型的异常可以不进行处理,但检查异常必须进行处理,否则程序编译无法通过。常见的检查异常有访问数据库时发生的 SQLException、读写文件时发生的 IOException。

8.2 finally

有时,即使会发生异常,也希望进行一些资源清理的工作,如关闭打开的文件、释放数据库连接。这些工作无论是否发生异常都应该得到执行。在 Java 中,用 finally 语句块来实现此功能:无论前边是否发生或发生什么异常,finally 中的语句总是会得到执行。

(1) try…catch…finally 结构:try 中发生异常时,程序进入异常状态:如果有该类型异常的处理,则进行异常处理,程序变为正常状态;如果无,则仍为异常状态。catch 执行后到finally 部分,执行 finally 中的语句。finally 后的语句是否执行则取决于此时程序的状态:正常状态,执行;异常状态,则不执行,程序异常返回。

(2) try…finally 结构:try 中发生异常时,程序进入异常状态,接着执行 finally 中的语句。执行完后,由于程序是异常状态,finally 后的语句不会执行。

在例 8.4 中演示 finally 的使用。

例 8.4 使用 finally (ch08\FinallyDemo.java)。

```
1    public class FinallyDemo{
2        public static void main(String[] args){
```

```
3              try{
4                  int a=2/0;
5                  System.out.println("1 in try after 2/0");
6              }catch(Exception e){
7                  System.out.println("2 in catch");
8              }finally{
9                  System.out.println("3 in finally");
10             }
11             System.out.println("4 after finally");
12         }
13     }
```

以上程序运行的结果如下：

```
2 in catch
3 in finally
4 after finally
```

如果去掉第 6 行、第 7 行，结果如何？

8.3　throws

当方法中的代码会发生异常，而又不打算在该处处理异常时，可在方法声明后加上 throws，用来声明该方法会抛出的异常。语法形式如下：

```
throws 异常 1,异常 2
```

在例 8.5 中演示了 throws 的使用。

例 8.5　使用 throws（ch08\ThrowsDemo.java）。

```
1    import java.io.*;
2    public class ThrowsDemo{
3      public static void main(String[] args)throws IOException{
4         FileReader fr=new FileReader("io.txt");
5      }
6    }
```

以上代码中，在第 4 行读入文件 io.txt 时，该文件不一定存在，会发生 IOException 异常。如无 throws 声明，由于 IOException 是检查异常，编译提示错误。

8.4　自定义异常*

除了 Java 中已定义的异常外，还可以自定义异常。自定义异常时，首先要确定是继承 Exception 还是继承 RuntimeException。如要定义的异常不要求用户进行处理，则该异常是运行时异常，继承 RuntimeException;如要定义的异常要求用户必须进行处理，则该异常是检查异常，继承 Exception。自定义异常的类名习惯用 Exception 结尾。虽然可以自定义异常,非有必要,尽量使用 Java 已定义的异常。

在例 8.6 中自定义异常,用来判断除数是否为 0。定义该异常并非必要,完全可以使用 Java 中已有的 IllegalArgumentException,这里只是为了演示。

例 8.6　自定义异常（ch08\DivisorIsZeroException. java）。

```
1    public class DivisorIsZeroException extends Exception{
2      public DivisorIsZeroException(){
3        super("除数为 0");
4      }
5    }
```

在第 1 行,定义该异常继承 Exception,并提供了一简单的构造方法,用来显示和该异常相关的一些信息。该异常的使用如例 8.7 所示。

例 8.7　使用自定义异常（ch08\TestSelfException. java）。

```
1    public class TestSelfException {
2      public static void divide(int a, int b) throws DivisorIsZeroException {
3        if (b==0)
4          throw new DivisorIsZeroException();
5        System.out.println(a/b);
6      }
7      public static void main(String[] args) {
8        try {
9          divide(2, 0);
10       } catch (DivisorIsZeroException e) {
11         e.printStackTrace();
12       }
13     }
14   }
```

以上代码在第 3 行首先判断除数是否为 0,如果为 0,在第 4 行使用 throw 主动抛出该异常。注意在第 2 行 throws 的使用,因为该方法会抛出异常。在 main()方法中用 try…catch 语句捕捉该异常,并显示和该异常相关的信息。

可用 throw 显式抛出一个异常,使用的语法如下:

throw 异常;

throw 常用在判断变量是否满足某一条件,如不满足则抛出一个用户认为合适的异常,通知调用该方法的用户:条件不满足,无法继续进行,由用户在异常处理中决定该如何做。如在该例中可首先判断除数是否为 0,如为 0,则无法计算除法,抛出异常,提示用户出现问题。

8.5　异常进一步的处理

8.5.1　在何处处理异常

处理异常不限于发生错误的代码所在的方法,可以在方法调用链的任何一个方法中用

catch 进行异常处理。以例 8.1 发生的异常为例,由于在 divide()方法中发生了异常,Java 虚拟机会沿和方法调用链相反的方向来查找是否对 ArithmeticException 进行处理。同样,从 divide 方法到 test2()、test1()、main()一直查找有无对该类型异常的处理。到 main()方法之后,方法调用链结束。因一直没有对该异常的处理,异常交由虚拟机,显示该异常的信息,程序异常退出。可在 divide()方法中进行异常处理,其他可以处理异常的位置还有: test2()方法中调用 divide()方法的位置、test1()中调用 test2()方法的位置、main()中调用 test1()的位置。进行异常处理后程序就会变为正常状态。结合自定义异常,在 test1()中进行异常处理的代码如例 8.8 所示。

例 8.8 在其他位置处理异常 (ch08\TestSelfException2.java)。

```
1    public class TestSelfException2 {
2      public static void divide(int a, int b) throws DivisorIsZeroException {
3        if (b==0)
4          throw new DivisorIsZeroException();
5        System.out.println(a/b);
6      }
7      public static void test2() throws DivisorIsZeroException{
8        divide(2,0);
9      }
10     public static void test1(){
11       try {
12         test2();
13       } catch (DivisorIsZeroException e) {
14         e.printStackTrace();
15       }
16     }
17     public static void main(String[] args) {
18       test1();
19     }
20   }
```

注意在 divide()方法中抛出异常。test2()在第 8 行调用该方法,要么进行处理,要么 throws(扔掉)该异常。这里选的是在第 7 行 throws。由于已在 test1()中处理了该异常,程序变为正常状态,所以在第 18 行,test1()不再抛出异常,main()方法也就无需再处理异常。

8.5.2 同时处理父、子类异常

当 try 中发生异常时,会寻找对该类型异常的处理,只要找到一个能处理该异常的地方,就在该处进行异常的处理,不再继续寻找异常处理。简单来说,查找在哪里处理异常是按最先匹配(First Fit),而不是最优匹配(Best Fit)。举例来说,对于如下的代码片段:

```
1    try{
2        int a=2/0;
3    }catch(Exception e){
4        e.printStackTrace();
5    }catch(ArithmeticException ex){
```

```
6        ex.printStackTrace();
7    }
```

在第 3 行对 Exception 进行处理,在第 5 行对 ArithmeticException 进行处理。当第 2 行被零除时,抛出 ArithmeticException,开始查找对该类型异常的处理。首先找到的是对 Exception 的处理,由于 Exception 是 ArithmeticException 父类,也可对 ArithmeticException 处理,所以在第 3、4 行进行异常处理。第 5、6 行的异常处理就没有机会执行。从中可以看出,虽然第 5、6 行是对 ArithmeticException 的最优匹配,但是有了第 3、4 行的最先匹配,该段异常代码也就不会得到匹配。实际上,对以上代码编译时,会发生编译错误,编译器会提示"已捕捉到异常 ArithmeticException"。

如果确实想捕捉 ArithmeticException,可以对以上代码做出如下修改:

```
1    try{
2        int a=2/0;
3    }catch(ArithmeticException ex){
4        ex.printStackTrace();
5    }catch(Exception e){
6        e.printStackTrace();
7    }
```

当第 2 行发生 ArithmeticException 时,从上往下开始找对异常的处理,首先找到 3 行的异常处理,可以对该异常进行处理。当发生其他类型的异常时,第 3、4 行无法进行处理,向下找到第 5、6 行,在这里进行异常处理。

当需要对父、子类异常同时进行处理时,要注意异常的处理顺序。

8.5.3　同时处理多个异常

可以一次 catch 多个异常,例如在以下的演示代码中

```
if(true) throw new SQLException("sql 异常");
if(true) throw new IOException("io 异常");
```

同时会发生 SQLException 和 IOException,可以在 catch 中用|形式同时处理多个异常,具体如下:

```
try{
    if(true) throw new SQLException("sql 异常");
    if(true) throw new IOException("io 异常");
}catch(IOException |SQLException ex){
    ex.printStackTrace();
}
```

在数据库操作中,需要如下代码建立到数据库的连接:

```
Class.forName(driver);
DriverManager.getConnection(url,user,pass);
```

第 1 行代码会抛出 ClassNotFoundException,第 2 行代码会发生 SQLException,可以使用如上的方法同时处理这两个异常。

本 章 小 结

程序中出错时如何处理？本章介绍了 Java 的异常处理机制，可以使用 try…catch…finally 进行异常处理，也可使用 throws、throw 抛出异常。异常中包含了丰富的信息，可以为解决问题提供有益的帮助。Java 中有各种不同的异常，还可以根据自己的需要自定义异常。不过在自定义异常前，可以先考虑自带的异常是否够用。

习 题 8

1. 注释 8.2 中例子第 6、第 7 行后，结果如何？
2. 编写一个程序，出现 ArrayIndexOutOfBoundsException。

第 9 章　输 入 输 出

　　本章介绍 Java 中如何进行输入和输出,主要是关于如何使用 java.io 包中的类,例如列目录、在程序中显示磁盘上文件的内容、把程序处理的结果保存到文件中、对文件进行压缩/解压缩等。

　　所谓的输入和输出是一个相对的概念,参照物是程序本身:把内容从程序外读入到程序中为输入,把程序处理的结果保存到程序外为输出,具体如图 9.1 所示。这里的内容可能来源于硬盘上的文件、网络连接或内存中。

　　Java 把这些内容看成由连续的 byte 或 char 组成的流,根据处理对象的不同,可以分为字节流和字符流。字符流适于处理由多个字节表示一个字符的内容,例如中文、泰文文件等。

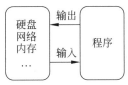

图 9.1　输入和输出

　　java.io 包中有很多处理流的类,这些类继承了 InputStream(字节输入流)、Reader(字符输入流)、OutputStream(字节输出流)、Writer(字符输出流)4 个抽象类中的一个。如何输入、输出定义在抽象类中,只要明白了这 4 个抽象类进行输入、输出的方法,也就会使用它们的具体子类进行输入输出。

9.1　File

　　该类属于 java.io 包,指向一个文件或目录,在磁盘上并不一定实际存在,可能还没有创建。如果存在的话,可以访问其属性。

　　Windows 下和 Linux 下路径分隔符不同,这里用 Linux 下的“/”作为分隔符,Windows 同样可以识别该路径分隔符。

9.1.1　创建一个 File 对象

　　有 3 种创建 File 对象的方法(具体见 JDK 的 API 文档)。

　　(1) File(File parent,String child):parent 表示父目录,child 表示该目录下一个文件或目录的名字。

　　(2) File(String pathname):pathname 表示文件或目录的名字,相对路径或绝对路径都可以。

　　(3) File(String parent, String child):同 File(File,String)。

　　创建一个指向“c:/windows/system32”的 File 对象可以用如下方式声明:

```
File file1=new File("c:/windows", "system32");
File file2=new File("c:/windows/system32");
```

　　创建的 File 对象带有路径信息,在磁盘上的位置确定,要么已经在创建时指定了绝对路径,如果没有指定,那么是相对路径,也就是运行 Java 程序时的当前路径。

9.1.2　访问 File 对象的方法

创建 File 对象后就可以调用其方法,常见的有以下几种(更多的请参考 JDK 文档)。

(1) 判断是否有相应权限。

boolean canExecute():是否能够执行该文件或目录。

boolean canRead():是否可以读该文件或目录。

boolean canWrite():是否可以向该文件或目录中写入内容。

(2) 显示文件属性。

boolean exists():该 File 指向的文件或目录是否已经存在。

boolean isDirectory():该对象指向的是不是一个目录。

boolean isFile():该对象指向的是不是单个文件。

long length():该对象指向的文件或目录的长度,单位为字节。

String getName():该对象所指向的文件或目录的名字,不包括路径。

(3) 路径属性。

String getAbsolutePath():得到该对象所指向的文件或目录的绝对路径。

File getAbsoluteFile():同上,返回值为 File 类型。

String getParent():该对象所指向的文件或目录所在的父目录。

File getParentFile():同上,返回值为 File 类型。

(4) 创建文件或目录。

boolean createNewFile():创建一个新的文件,如果创建成功,返回 true,如果创建失败或是文件已经存在,返回 false。

boolean mkdir():创建一个新的目录,创建成功返回 true,失败返回 false。

boolean mkdirs():创建一个新的目录。和 mkdir()的区别是该方法可以根据目录是否存在同时创建多级目录,mkdir()只能创建一级目录。举例来说,有一个"f:/tmp"目录,其下没有目录,对于以下代码:

new File("f:/tmp/w/t").mkdirs():因为"f:/tmp/w"目录不存在,会先创建"f:/tmp/w"目录,然后创建"f:/tmp/w/t"目录。

new File("f:/tmp/w/t").mkdir():无法创建目录,因为这里要创建多级目录,而mkdir()只能创建一级目录。

如例 9.1 所示为一个利用上述方法显示文件信息的例子。

例 9.1　显示文件信息(ch09\FileInfo.java)。

```
1    import java.io.*;                          //必须导入此包才能使用 File 类
2    public class FileInfo{
3      public static void main(String[] args) throws IOException{
4        File aFile=new File("c:/windows/system32");
5        System.out.println("canRead: "+aFile.canRead());
6        System.out.println("canExecute: "+aFile.canExecute());
7        System.out.println("canWrite: "+aFile.canWrite());
```

```
8        System.out.println("exists: "+aFile.exists());
9         System.out.println("name: "+aFile.getName());
10        System.out.println("parent: "+aFile.getParent());
11      }
12    }
```

该例子的运行结果如下：

```
canRead: true
canExecute: true
canWrite: true
exists: true
name: system32
parent: c:\windows
```

9.1.3　列出目录下的文件

在 DOS 命令中，可用 DIR 列出当前目录下的子目录和子文件。在 Java 中，如果一个 File 对象指向的是一个目录的话，那么可以列出其下的子目录和子文件。File 类中提供有以下几个列目录方法（如何使用如例 9.2）：

- String[] list()：列出当前目录下所有子目录和子文件，只有名字，不含路径信息。
- File[] listFiles()：同上，返回类型为 File[]，含有路径信息。
- static File[] listRoots()：列出当前操作系统的根目录，例如在 Windows 下返回是有几个分区。

例 9.2　列出用户给定目录下文件（ch09\FileList.java）。

```
1     import java.io.File;
2     public class FileList {
3       public static void main(String[] args){
4           list(new File("c:/program files/java"));
5       }
6       public static void list(File aFile){
7           if(!aFile.isDirectory())                    //如果不是目录退出
8             return;
9           for(String name:aFile.list()){
10            System.out.println(name);
11          }
12        }
13    }
```

以上代码的 list() 方法中，首先判断 File 对象指向的是否是一个目录：如果不是，则返回；如果是，则调用列目录的方法并显示。

9.1.4　列出目录下满足条件的文件

在 9.1.3 节中的方法可以返回所有文件，而有时只是需要满足条件的那部分文件，例如

显示目录下所有以 .jpg 结尾的图片文件。在 DOS 命令中，可以用"dir * .jpg"命令来列出这些满足条件的文件。Java 中只返回满足条件的子目录或子文件的方法如下：

String[] list(FilenameFilter filter)：是否满足条件由参数 filter 进行判断，返回的只是文件或目录名，不带路径信息。

File[] listFiles(FileFilter filter)：同上，返回类型为 File[]，含有路径信息。

File[] listFiles(FilenameFilter filter) ：同上。

为使用以上方法，需要一个 FilenameFilter 或 FileFilter 类型的对象。FilenameFilter 接口中有：

boolean accept(File dir，String name)：如返回 true，表示 dir 目录下名字为 name 的 File 满足条件。

要进行过滤首先需要声明如例 9.3 所示的一个 FilenameFilter。

例 9.3 判断文件后缀名是否满足条件的过滤器(ch09\FileExtFilter.java)。

```
1    import java.io.*;
2    public class FileExtFilter implements FilenameFilter{
3      private String ext;
4      public FileExtFilter(String ext){this.ext=ext;}
5        @Override public boolean accept(File dir,String name){
6          if(new File(dir,name).isDirectory()) return false;
7          if(name.endsWith(ext)) return true;
8           return false;
9        }
10   }
```

定义文件后缀名过滤器后，就可以使用该过滤器列出满足条件的文件，使用如例 9.4 所示。

例 9.4 列出目录下满足条件的文件(ch09\FileListExtFiles.java)。

```
1    import java.io.*;
2    public class FileListExtFiles {
3      public static void main(String[] args){
4        list(new File("c:/windows"),"bmp");
5      }
6      public static void list(File aFile,String ext){
7       if(!aFile.isDirectory()){  return;  }
8       String[] files=aFile.list(new FileExtFilter(ext));
9       if(files==null) return;
10      for(String name:files){
11       System.out.println(name);
12      }
13    }
14   }
```

关于 accept 如何被调用的，可查看源代码，打开 JDK 安装目录下的 src.zip，在 java\io 目录的 File.java 中有一个 list(FilenameFilter)方法，该方法代码如下：

```
1    public String[] list(FilenameFilter filter) {
2      String names[]=list();
3      if ((names==null)||(filter==null)) {
4          return names;
5      }
6      ArrayList v=new ArrayList();                           //动态数组
7      for (int i=0; i<names.length; i++) {
8          if (filter.accept(this, names[i])) {
9              v.add(names[i]);
10          }
11      }
12      return (String[])(v.toArray(new String[v.size()]));
13  }
```

可以看出在第 2 行首先调用 list()得到所有文件名,然后在第 7～11 行的循环中对这些文件名进行过滤(FilenameFilter 的 accept 方法)。第 6 行的 ArrayList 是一个用数组实现的链表,具体内容在第 13 章进行讲解,可以简单看作长度可变的动态数组。

例 9.4 使用匿名内部类的写法,如例 9.5 所示。

例 9.5 列出目录下满足条件的文件(ch09\FileListExtFiles2.java)。

```
1    import java.io.*;
2    public class FileListExtFiles2 {
3      public static void main(String[] args){
4        list(new File("c:/windows"),"bmp");
5      }
6      public static void list(File aFile,final String ext){
7        if(!aFile.isDirectory()){  return;  }
8        String[] files=aFile.list(new FilenameFilter(){
9          @Override public boolean accept(File dir,String name){
10            if(new File(dir,name).isDirectory()) return false;
11            return name.endsWith(ext);
12          }
13        });
14        if(files==null) return;
15        for(String name:files){
16          System.out.println(name);
17        }
18      }
19    }
```

在第 6 行,因为匿名内部类要访问 ext 这一局部变量,所以为其加上了 final 修饰。

FilenameFilter 中只有一个 accept 方法,是一个函数接口,所以第 8～13 行的代码可以用 Lambda 表达式的形式来写,可以写为

```
String[] files=aFile.list((File dir, String name)-> {
    if (new File(dir, name).isDirectory()    return false;
    return name.endsWith(ext);
});
```

方法中的 ext 参数前不再需要加 final 修饰符。

如果用 listFiles(FileFilter)进行过滤,代码如下:

```
1       public static void list2(File aFile, String ext) {
2           if (!aFile.isDirectory()) { return; }
3           File[] files=aFile.listFiles((File file) -> {
4               if (!file.isFile()) return false;
5               return file.getName().endsWith(ext);
6           });
7           if (files==null) return;
8           for (File temp: files) {
9               System.out.println(temp);
10          }
11      }
```

9.1.5   Path

除了用 File 指向一个文件或目录外,也可以用 java.nio.file.Path 来指向一个文件或目录。

由于 Path 是一个接口,也就不能 new 来创建一个新的 Path,需要通过其他方法来得到一个 Path,File 类中有一个 toPath()方法,该方法可以返回一个 Path 对象。除此之外,可以使用 java.nio.file.Paths 中的静态工厂方法来得到 Path 对象:

```
static Path get(String first,String...more)
```

其中,first 是路径第一部分,more 是剩余部分。"..."表示可变参数,0 或多个 String 参数。不需要提供路径分隔符。使用方法如下:

```
Path path=Paths.get("c:","windows");
```

Path 中特别有用的方法是 relativize 和 resolve,可以用在文件复制时得到源文件对应的目的路径。this.relativize(Path other)用来得到 other 相对于 this 的相对路径,this.resolve(Path other)方法中,当 other 是一个相对路径时,该方法把 this 代表的路径和 other 代表的路径连起来。例如把文件从 d:\java 复制到 e:\tmp 目录,得到目的文件路径的代码如下:

```
Path srcDir=Paths.get("d:","java");
Path destDir=Paths.get("e:","tmp");
Path file=Paths.get("d:","java","ch09","ZipAFile.java");
Path relativePath=srcDir.relativize(file);
```

以上代码中,file 相对于 srcDir 的路径为 ch09\ZipAFile.java。

```
Path destFile=destDir.resolve(relativePath);
```

relativePath 是一个相对路径,所以 destFile 代表的路径为 e:\tmp\ch09\ZipAFile.java,也就是目的文件的路径。

9.2 输 入 流

如图 9.2 所示,要想进行输入,需要这样的几个步骤:

(1) 指明从哪里输入(创建对象);

(2) 从输入流中得到一些内容并判断流有没有结束;

(3) 对得到的内容进行处理;

(4) 处理完毕,关闭流。

Java 中是根据从输入流中得到的值来判断流是否结束,所以要先得到值,然后才能判断。按照(2)中得到内容的不同类型,可以分为字节输入流(InputStream)和字符输入流(Reader)。顾名思义,从字节输入流中得到的是 byte,从字符输入流中得到的是 char。InputStream 和 Reader 都是抽象类,其他输入流继承其中的一个。进行输入的方法在这两个抽象类中进行定义。

9.2.1 字节输入流

InputStream 类是一个抽象类,代表字节输入流,从流中得到的为字节。常用的子类有文件字节输入流(FileInputStream)、缓冲字节输入流(BufferedInputStream)。它们之间的关系如图 9.3 所示。图中用斜体表示的是抽象类或抽象方法。

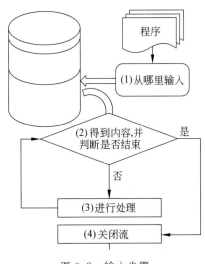

图 9.2　输入步骤

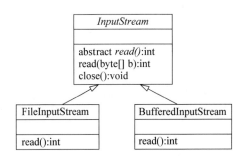

图 9.3　InputStream 类及其子类

InputStream 中有如下的几个方法。

(1) abstract int read() throws IOException:从流中得到一个 byte,转换成 int 表示,范围是 0~255。如果返回的为−1,表示已经到流末尾。这里返回的−1 是文件末尾的标志,不是从文件中得到的−1。因为如果文件中有某一个 byte 为−1,已经被转换成范围是 0~255 的 int,就不会再以−1 返回。

(2) int read(byte[] b) throws IOException:一次得到多个字节,并把这些字节放入数组 b 中,返回实际得到几个字节,−1 表示已到流的末尾。如返回值是不为−1 的 n,则得到的有效字节存放在 b 中从 0 到 $n-1$ 的位置,位置 n 及以后的位置存放的是无效内容。

(3) void close() throws IOException:关闭流。

这样,要从一个流进行输入时,大致的步骤如例 9.6 和例 9.7 所示。

例 9.6 一次得到一个字节的方式进行输入的大致步骤。

```
//创建字节流对象 in              //1 从哪里输入
int b=0;
while(true){
    b=in.read();                //2 得到内容并判断流是否结束
    if(b==-1) break;
    处理 b                       //3 对得到内容进行处理
}
in.close();                     //4 关闭流
```

进行输入就是这样一个过程,只要解决第一个步骤,其余照葫芦画瓢就行。

该步骤和平时生活中倒开水过程非常相似:当你面前有几个开水瓶,首先要决定从哪一个倒,然后会从手感上判断开水瓶里面是否有水,如有,则倒入杯中,杯满后盖上开水瓶塞。

以上 while 循环常简化为

```
while((b=in.read())!=-1){        //2 得到内容并判断流是否结束
    处理 b                        //3 对得到内容进行处理
}
```

例 9.7 一次同时得到多个字节的方式进行输入的大致步骤。

```
//创建字节流对象 in              //1 从哪里输入
byte[] b=new byte[1024];
int len=0;
while (true) {
    len=in.read(b);             //2 得到内容并判断是否到流的末尾
    if(len==-1) break;
    处理 b 中从 0 开始的 len 个字节  //3 对得到内容进行处理
}
in.close();                     //4 关闭流
```

以上循环常简化为

```
while((len=in.read(b))!=-1){
    处理 b 中从 0 开始的 len 个字节  //3 对得到内容进行处理
}
```

可以通过 java.io.file.Files.newInputStream(Path)来得到一个 InputStream。

1. FileInputStream

从文件中进行输入的字节流,该类有如下构造方法。

FileInputStream(File file):创建指向 file 的文件字节输入流。

FileInputStream(String name):同上。

在例 9.6 中,并没有指明从哪里进行输入,如果从文件中进行输入的话,完整代码如例 9.8 所示。

例 9.8 从文件进行输入(ch09\FileInputStreamDemo. java)。

```
1      import java.io. * ;
2      public class FileInputStreamDemo {
3        public static void main(String[] args) throws IOException{
4          String file="FileInputStreamDemo.java";
5          FileInputStreamDemo demo=new FileInputStreamDemo();
6          demo.readFile(file);
7        }
8        public void readFile(String fileName) throws IOException {
9          InputStream in=null;
10         try {                                          //1 从哪里输入
11           in=new FileInputStream(fileName);
12           int b=0;
13           while (true) {
14             //2 得到内容并判断是否到流的末尾
15             b=in.read();
16             if(b==-1) break;
17             //3 对得到内容进行处理
18             System.out.print((char)b);
19           }
20         } finally {
21           if (in !=null) {
22             in.close();                                //4 关闭流
23           }
24         }
25       }
26     }
```

上述代码中,readFile()方法是其中的关键。进行输入或输出时可能会发生 IOException 异常,这是检查异常,必须进行捕捉或抛出。输入输出部分的其他异常大部分是该类的子类,如在第 11 行指明从哪里输入时,fileName 指向的文件不一定能找到,会发生 FileNotFoundException,该类就是 IOException 的子类。在第 15 行 in. read()和第 22 行 in. close()都可能会发生 IOException。该方法对可能会发生的异常没有捕捉,而是声明方法时同时声明会抛出的异常。该方法中采用 try…finally 结构来保证即使在创建对象或 read 时发生异常,也能够执行 finally 中的语句,从而关闭流,释放资源。这是进行输入或输出的基本结构:在 try 中包含会发生异常的代码,在 finally 中关闭流,释放资源。

这里对得到的内容进行处理的办法是把 byte 类型的 b 强制转换为一个 char,然后输出到命令行窗口。如果不进行强制类型转换,显示的都是数字。

在使用该程序时,可以在第 4 行,给出不同的文件名,以显示不同文件的内容。另一个值得注意的是 FileInputStream 只能处理字节流,对于文件中的中文显示为乱码。这个问题可通过使用字符流来解决。

例 9.8 中使用每次读入一个 byte 的方式,也可以使用读入多个 byte 的方法来进行输入,如例 9.9 所示。

例 9.9　用字节数组从文件进行输入(ch09\FileInputByBytes.java)。

```
1    import java.io.*;
2    public class FileInputByBytes {
3      public static void main(String[] args) throws IOException{
4        String file="FileInputStreamDemo.java";
5        FileInputByBytes demo=new FileInputByBytes();
6        demo.readFile(file);
7      }
8      public void readFile(String fileName) throws IOException {
9        InputStream in=null;
10       try {                                        //1 从哪里输入
11         in=new FileInputStream(fileName);
12         byte[] b=new byte[1024];
13          int len=0;
14         while (true) {
15           //2 得到内容并判断是否到流的末尾
16           len=in.read(b);
17           if(len==-1) break;
18           //3 对得到内容进行处理
19           for(int i=0;i<len;i++) System.out.print((char)b[i]);
20         }
21       } finally {
22         if (in !=null) {
23           in.close();                              //4 关闭流
24         }
25       }
26     }
27   }
```

例 9.9 和例 9.8 非常相近,不同之处在于这里从流中同时读入多个字节,把这些字节存放在字节数组 b 中。从流中得到的字节个数可能小于 b 的长度。实际得到的字节个数由 read()方法返回,这里赋值给 len。值得注意的是第 19 行的代码,b 中只有索引从 0~len-1 范围内的内容才是本次得到的字节。

2. BufferedInputStream

流就像水管一样,可以进行套接。不同水管的套接是为了增加长度,在 Java 中,也可以把不同的流进行套接以增加功能。这些不同功能的流可以由程序员按照目的的不同进行不同方式的套接,非常灵活。在具体实现上,套接是通过在构造方法中接受另一个流,从而在原来流的基础上提供其他功能。

BufferedInputStream 直接继承 FilterInputStream,间接继承 InputStream 类,是一个缓冲流。内部有一个缓冲区,把该流套接在其他流上可以减少读盘的次数,从而提高性能。当调用该类的 read 方法时,从缓冲区中读入。如果缓冲区为空,则从被套接的流中读入多个字节,直到缓冲区满为止,这时再返回得到的字节;如果缓冲区不为空,则直接从缓冲区中返回被缓冲的字节。从以上过程就可发现使用该流可以减少读磁盘的次数。

该类有两个构造方法:

BufferedInputStream(InputStream in):使用默认的缓冲区大小套接流。

BufferedInputStream(InputStream in,int size):同上,可用 size 指定缓冲区的大小。

创建该对象的方法如下:

```
FileInputStream fileIn=new FileInputStream("BufferedInputStreamDemo.java");
BufferedInputStream in=new BufferedInputStream(fileIn);
```

上述创建 BufferedInputStream 的方法可以写为

```
BufferedInputStream in=new BufferedInputStream(new FileInputStream("Buffered_
InputStreamDemo.java"));
```

使用该类进行输入的话,在进行输入的 4 个步骤中,只有第一个步骤不同,其他都是一样。使用该类进行输入的例子如例 9.10 所示。

例 9.10 用缓冲流进行输入(ch09\BufferedInputStreamDemo.java)。

```
1     import java.io.*;
2     public class BufferedInputStreamDemo {
3       public static void main(String[] args) throws IOException{
4         BufferedInputStreamDemo demo=new BufferedInputStreamDemo();
5         demo.readFile("BufferedInputStreamDemo.java");
6       }
7       public void readFile(String fileName) throws IOException {
8         InputStream in=null;
9         try {                                              //1 从哪里输入
10        in=new BufferedInputStream(new FileInputStream(fileName),8 * 1024);
11        byte[] b=new byte[1024];
12        int num=0;
13        //2 得到内容并判断是否到流的末尾
14        while ((num=in.read(b)) !=-1) {
15          //3 对得到内容进行处理
16          System.out.print(new String(b,0,num));
17        }
18      } finally {
19        if (in!=null) {
20          in.close();                                      //4 关闭流
21        }
22      }
23    }
24  }
```

该例和例 9.9 中用字节数组进行读入相比,除从哪里输入不同外,并没有太多不同。这里在第 16 行采用的处理是用 String 类的构造方法来把一个字节数组中的一部分变为一个 String。关于该方法的具体说明,请见 JDK API 文档中对 String 类的说明。

9.2.2　try…with…resources 语句

在 JDK 1.7 中引入了一个新的结构,这就是 try…with…resources 语句,适用于资源使用完后必须关闭的场合。是 try…finally 异常处理结构的一种简便写法,使用方法如下:

```
try(声明资源){
    使用资源
}
```

在这种结构中,try…with…resources 语句会确保在资源使用完进行关闭,即使使用资源时发生异常也会关闭资源。对使用这种语句的程序进行反编译,就可发现反编译的代码中仍是 try…finally 异常处理结构。try()的"()"中是普通的 Java 语句,用来声明、打开资源,可打开一个或多个资源,关闭时按打开的相反顺序关闭资源。这里指的资源必须实现 java.lang.AutoCloseable。本章讲述的输入流、输出流基本都实现了该接口。

使用这个语句对例 9.10 进行改造,代码如下所示:

```
try(InputStream in=new BufferedInputStream(
    new FileInputStream(fileName),8 * 1024);){              //1 从哪里输入
  byte[] b=new byte[1024];
  int num=0;
  //2 得到内容并判断是否到流的末尾
  while ((num=in.read(b)) !=-1) {
    //3 对得到内容进行处理
    System.out.print(new String(b,0,num));
  }
}
```

从代码上看,以上程序少了"4 关闭流"这一步。在使用完 InputStream 后,这一步会由 try…with…resources 语句自动执行。

try…with…resources 和普通的 try 语句一样,可以有 catch、finally 部分。try 中出现的异常可以在 catch 中进行处理或是抛出。在以上 try 代码块中,可能发生 FileNotFoundException 和 IOException 异常,为此可以使用如下形式进行异常处理:

```
try(InputStream in=...){
    ...
}catch(IOException ex){
    ...
}
```

9.2.3　字符输入流

Reader 类是一个抽象类,代表字符输入流,从流中得到的为 char,适用于一个 char 需要多个字节表示的输入流,例如中文、泰文等。常用的子类有文件字符输入流(FileReader)和缓冲字符输入流(BufferedReader),它们之间的关系如图 9.4 所示。

Reader 中有如下的几个方法。

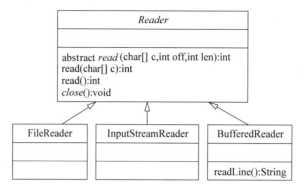

图 9.4　Reader 类及其子类

int read()：返回一个用 int 表示的 char，−1 表示到流末尾。

int read(char[] c)：把从流中得到的多个字符放入 char[] 中，返回实际得到的字符数，−1 表示到流的末尾。如为不为−1 的 n，则得到多个字符，存放在 c 中 0～$n−1$ 的位置。

abstract int read(char[] c,int off,int len)：和 read(char[]) 方法的唯一不同的地方在于得到的多个字符存放在数组中的位置，该方法把内容保存在数组中从 off 开始，到 off+len−1 的 len 个位置。

void close()：关闭字符流。

这样，要从一个流进行输入时，大致的步骤如例 9.11 所示。

例 9.11　一次得到一个字符的方式进行输入的大致步骤。

```
//创建字符流对象 reader, 1 从哪里输入
int c=0;
while(true){
    c=reader.read();                    //2 得到内容并判断流是否结束
    if(c==-1) break;
    处理 c                               //3 对得到内容进行处理
}
reader.close();                         //4 关闭流
```

以上 while 循环常简化为

```
while((c=in.read())!=-1){
    处理 c
}
```

用从流中得到多个字符的方式进行输入的大致步骤如例 9.12 所示。

例 9.12　一次得到多个字符的方式进行输入的大致步骤。

```
//创建字符流对象 reader, 1 从哪里输入
char[] c=new char[1024];
int len=0;
while (true) {
    len=reader.read(c);                 //2 得到内容并判断是否到流的末尾
```

```
        if(len==-1) break;
        处理 c 中从 0 开始的 len 个字节                    //3 对得到内容进行处理
}
reader.close();                                          //4 关闭流
```

以上循环常简化为:

```
while((len=reader.read(c))!=-1){
    处理 c 中从 0 开始的 len 个字节
}
```

为了演示从字符文件中进行输入,这部分使用 miss.txt 文件,其内容如下:

江城子
苏轼
十年生死两茫茫。
不思量,自难忘。
千里孤坟,无处话凄凉。
纵使相逢应不识,尘满面,鬓如霜。
夜来幽梦忽还乡。
小轩窗,正梳妆。
相顾无言,唯有泪千行。
料得年年肠断处,明月夜,短松冈。

1. FileReader

从文件中进行输入的字符流,该类有如下构造方法。

FileReader(File file): 创建一个指向 file 的文件字符输入流。

FileReader(String file): 同上。

从文件中输入的例子如例 9.13 所示。

例 9.13 用文件字符流进行输入(ch09\FileReaderDemo.java)。

```
1       import java.io.*;
2       public class FileReaderDemo {
3         public static void main(String[] args) throws IOException{
4           FileReaderDemo demo=new FileReaderDemo();
5           demo.readFile("miss.txt");
6         }
7         public void readFile(String fileName) throws IOException {
8           try ({                                //1 从哪里输入
9             Reader reader=new FileReader(fileName);) {
10            char[] c=new char[8 * 1024];
11            int len=0;
12            //2 得到内容并判断是否到流的末尾
13            while ((len=reader.read(c)) !=-1) {
14              //3 对得到的内容进行处理
15              System.out.print(new String(c,0,len));
16            }
```

```
17          }
18        }
19    }
```

上例和例9.9用字节数组进行字节流输入的程序相差不大。

2. BufferedReader

缓冲字符流和BufferedInputStream工作机制类似,都有一个缓冲区,读内容时首先从缓冲区读,如果没有则一次从被套接的流读入多个字符放入缓冲区中。该类有两个构造方法。

BufferedReader(Reader reader):用默认的缓冲区大小套接流。

BufferedReader(Reader reader,int size):同上,可用size指定缓冲区大小。

也可通过如下方法得到一个BufferedReader:

```
static BufferedReader Files.newBufferedReader(Path path)
```

该类有一个非常方便的String readLine()方法,一次可以得到文件中的一行,不过得到的是去掉换行符之后的内容。当该方法返回值为null时,表示已经到文件流的末尾。使用该方法进行输入的例子如9.14所示。

例9.14 用缓冲字符流进行输入(ch09\BufferedReaderByLineDemo.java)。

```
1     import java.io.*;
2     public class BufferedReaderByLineDemo {
3       public static void main(String[] args) throws IOException{
4         BufferedReaderByLineDemo demo=new BufferedReaderByLineDemo();
5         demo.readFile("miss.txt");
6       }
7       public void readFile(String fileName) throws IOException {
8         try (                                 //1 从哪里输入
9           BufferedReader aBufferedReader = new BufferedReader (new FileReader
            (fileName),8*1024);){
10          String line=null;
11          //2 得到内容并判断是否到流的末尾
12          while ((line=aBufferedReader.readLine())!=null) {
13            //3 对得到的内容进行处理
14            System.out.println(line);
15          }
16        }
17      }
18    }
```

在代码第9行声明类型为BufferedReader而不是Reader,这是因为这里要使用readLine()方法,该方法不是从Reader类继承来的,只属于BufferedReader这个子类,所以要声明类型为BufferedReader。在第12行根据readLine()返回值是否为null判断是否到流的末尾。在第14行,使用println()来输出内容,这是因为readLine()会把换行符去掉,返回的字符串line中没有换行符,如果不在输出line后加上换行符,文件中所有行会接在一起,可读性差。在以前输出文件内容的代码中,使用的是 print(),那是因为得到的文件中的换行符并没有被去掉,所以可以输出换行。

3. InputStreamReader

该类同样继承 Reader 类,用该类可以把一个 InputStream 转换成一个 Reader。

这里需要了解字符集的概念,所谓的字符集就是对实际生活中用到的文字进行编号,这些数字编号在计算机中以字节为单位来表示。把字符转换成以字节为单位表示的编号为编码,反之为解码。常用的汉字字符集有 GB 2312、GBK、GB 18030、BIG5。BIG5 也常称为大五码,繁体字编码。GBK 和 GB 18030 中也包含有繁体字编码。英文字母编码有 ANSI、ISO 8859-1,国际通用的有 UTF-8、UTF-16 编码等。不同的编码之间有些有兼容关系。在保存文件的时候,会把字符按照指定的字符集编码转换成一个或多个字节保存在硬盘上。例如在 Windows 的记事本中,保存一个新的文件或另存为的时候,可以指定用什么字符集保存该文件。

当从硬盘上读入文件的时候,同样需要指明字符集,通过解码来把一个或多个字节的内容转换成一个字符。在以前的例子中,用 InputStream 或 Reader 进行输入时,并没有指定字符集,这时使用的是 Java 虚拟机默认的字符集。得到默认字符集的方法是调用 System.getProperty("file. encoding")方法,该方法返回值为 String。在不同的平台上,该值可能不同,一般和操作系统的地区设置有关。

InputStreamReader 有如下构造方法。

InputStreamReader(InputStream in):使用当前 Java 虚拟机默认的字符集把从 InputStream 中得到的一个或多个 byte 转换成一个 char。

InputStreamReader(InputStream in,String charset):可以通过 charset 指定输入流使用的字符集。

用文件举例,当所要读入文件的字符集和当前默认字符集不一致时使用第二个构造方法,指定文件所用的字符集。显示的文件内容为乱码是应该指定文件字符集的信号。例如在默认字符集为 GBK 的虚拟机中要显示 BIG5 字符集的文件,需要如下指定字符集:

```
Reader reader=new InputStreamReader(new FileInputStream("miss_big5.txt"),"big5");
```

9.2.4 Scanner

该类常用来从一个流中进行扫描,得到用分隔符分开的数字、字符串或其他值。默认的分隔符是空格。该类首先把字节转换成字符,然后判断是否有符合条件的值出现。该类有以下几个常用的构造方法。

(1) Scanner(File)、Scanner(InputStream):用当前默认的字符集对一个 File 或一个流进行扫描。

(2) Scanner(File,String charsetName)、Scanner(InputStream,String charsetName):当文件或流的字符集不被当前默认字符集兼容时,用 charsetName 指定所用的字符集。

(3) Scanner(Readable):用来从一个实现 Readable 接口的类中扫描,Reader 类实现了该接口,可以对 Reader 的子类 FileReader、BufferedReader 等进行扫描。

如下代码用于创建一个 Scanner:

```
Scanner scanner=new Scanner("data.txt");
```

该类有 hasNextXxx()方法,这里的 Xxx 代表 byte、short、int、long、float、double、boolean 等,在方法名中,把上述类型的第一个字母大写,如判断接下来是否有一个 int 的方法是 hasNextInt()。要实际得到该 Xxx,需要调用相应的 nextXxx()方法,例如:

```
if(scanner.hasNextInt()) int num=scanner.nextInt():
if(scanner.hasNextDouble()) double price=scanner.nextDouble():
```

在文件或流中用 true 或 false 字符串表示 boolean。如下为 num.txt 文件中的内容:

```
32 34324 true
```

对该文件进行扫描得到 int 和 boolean 值的代码如例 9.15 所示。

例 9.15 用默认的分隔符进行扫描(ch09\ScannerDemo.java)。

```
1      import java.util.*;
2      import java.io.*;
3      public class ScannerDemo{
4        public static void main(String[] args) throws IOException{
5          try(Scanner scanner=new Scanner(new File("num.txt"));){
6            while(scanner.hasNextInt()){
7              System.out.println(scanner.nextInt());
8            }
9            if(scanner.hasNextBoolean())
10             System.out.println(scanner.nextBoolean());
11         }
12       }
13     }
```

当前使用的分隔符可以通过 delimiter()得到。如果文件中使用的是其他分隔符,需要通过该类的 useDelimiter(String)方法进行指定,例如 num2.txt 文件中使用","作为分隔符,内容如下:

```
32,34324,true,32.3,12.3
```

对该文件进行扫描的代码如例 9.16 所示。

例 9.16 用自定义的分隔符进行扫描(ch09\ScannerDemo2.java)。

```
1      import java.util.*;
2      import java.io.*;
3      public class ScannerDemo2{
4        public static void main(String[] args) throws IOException{
5          try(Scanner scanner=new Scanner(new File("num2.txt"));){
6            scanner.useDelimiter(",");
7            while(scanner.hasNextInt()){
8              System.out.println(scanner.nextInt());
9            }
10           if(scanner.hasNextBoolean())
```

```
11              System.out.println(scanner.nextBoolean());
12          while(scanner.hasNextDouble()){
13            System.out.println(scanner.nextDouble());
14          }
15        }
16      }
17    }
```

在第 6 行,指定使用","作为分隔符。

一个稍微难点的问题:从一个有数字和非数字的文件 num3.txt 中扫描得到所有数字,该文件内容为"32everything 34324 is 32 possible2"。

为了得到其中的数字,需要把非数字作为分隔符,在 useDelimiter(String)方法中,String 类型的参数实际上是一个正则表达式,在 Java 中用"\D"来匹配非数字。关于正则表达式更多的内容请见 java.util.regex 包中 Pattern 类的说明。创建该扫描器的代码如下:

```
Scanner scan=new Scanner(new File("num3.txt"));
scan.useDelimiter("\\D++");                        //非数字作为分隔符
```

9.2.5 从控制台输入

有多种方法可以从控制台输入。

1. System. in

in 是 System 类中的一个静态变量,InputStream 类型,接受从控制台输入。既然是 InputStream 类,除不需要再指定从哪里输入外,使用方法和 FileInputStream 或 BufferedInputStream 一样。从控制台输入有一个特殊之处,控制台可以一直输入,没有流的末尾这个概念,所以不能用常用的-1 判断。即使在控制台回车,好像没有输入内容,而实际上回车也是内容,输入流依然得到的不是-1。具体代码如例 9.17 所示。

例 9.17 用 System. in 从控制台输入(ch09\SystemInDemo. java)。

```
1    import java.io.*;
2    public class SystemInDemo {
3      public static void main(String[] args) throws IOException{
4        int b=0;
5        while ((b=System.in.read()) !=-1) {
6          System.out.print((char)b);
7          if((char)b=='x'){
8            System.out.println("退出");
9            break;
10          }
11        }
12      }
13    }
```

在代码的第 06 行,通过强制类型转换来显示用户输入的内容,在第 7 行,通过比较用户输入的是否为 x 来判断用户是否打算退出程序。这里只比较了是小写的情况。

2. BufferedReader、InputStreamReader、System. in

利用流的套接功能来方便输入字符内容。首先通过 InputStreamReader 把字节流转换为字符流,为了使用 BufferedReader 的 readLine 这一方便方法,再套接上 BufferedReader。这里的例子以输入学号为例,学号是 long 类型,可以使用 Long. parseLong 把一个字符串形式的数字转换为一个 long 型。同样可用 Integer. parseInt 把字符串转换成 int 型,用 Double. parseDouble 把字符串转换成一个 double 型。

这里假设学号都是数字,如果输入的不合法,在其中输入了非数字,这就不是一个合法的学号,转换成数字时会发生异常,这时应提示用户再次输入。如果不处理异常,将会导致程序退出,用户没有机会纠正输入错误。在 JDK 的 API 文档中可以查到 parseLong 抛出 NumberFormatException,catch 异常,提示用户进行再次输入。具体代码如例 9.18 所示。

例 9.18 用 BufferedReader 从控制台输入(ch09\InputByBufferedReader . java)。

```
1     import java.io. * ;
2     public class InputByBufferedReader {
3       public static void main(String[] args) throws IOException{
4         try (
5           BufferedReader reader=new BufferedReader(new InputStreamReader
              (System.in));)}
6           String line=null;
7           long id=0L;
8           System.out.println("please input your id(exit 退出)");
9           while ((line=reader.readLine()) !=null) {
10            //不分大小写的比较是否是 exit
11            if(line.equalsIgnoreCase("exit")) {
12              System.out.println("不想输了,走人");
13              break;
14            }
15            try{
16              //输入不合法会有异常,到 catch 语句
17              id=Long.parseLong(line);
18              break;                      //到这里表示无异常,输入合法,中断学号输入
19            }catch(Exception e){
20              System.out.println("input error {"+line+"}");
21            }
22          }
23        }
24      }
25    }
```

以上程序演示了如何在输入错误时通过捕捉异常提示用户重新输入。为了实现在输入错误时重新输入,需要使用循环,直到输入"exit"或在输入合法值(也就是没有异常)后 break 该循环。在第 11 行,首先判断用户是否打算退出程序,在第 15~21 行的异常处理是实现用户输错时提示重新输入的关键。请自行分析一下该循环的流程,如何实现出错重输。

3. Console

该类也是从控制台进行输入,有方便的 readLine()方法,使用起来比上述第二种方法更

为简单。得到当前控制台的方法为 System.console()。由于该类和控制台密切相关,但有时并不存在控制台,例如 jee 程序大部分并不存在控制台,这时 System.console()返回的对象就是 null,这点在 Console 的 API 文档中有清楚的说明。为此需要在使用前判断是否为null。利用 Console 进行输入的完整代码如例 9.19 所示。

例 9.19 用 Console 从控制台输入(ch09\InputByConsole.java)。

```
1    import java.io.*;
2    public class InputByConsole{
3      public static void main(String[] args)    {
4        Console aConsole=System.console();
5        if(aConsole==null){
6          System.out.println("没有控制台");
7          System.exit(-1);
8        }
9        String line=null;
10       while((line=aConsole.readLine())!=null){
11         if(line.equalsIgnoreCase("exit")) break;
12         System.out.printf(">>>%s%n",line);
13       }
14     }
15   }
```

以上程序在第 5 行判断是否有控制台,如果没有控制台,则在第 7 行调用 System.exit(-1),退出虚拟机。

4. Scanner

该类的构造方法可以接受一个 InputStream 类型的变量,System.in 正是 InputStream类型的变量。Scanner 适合用来从控制台输入数字,例如通过 nextInt()、nextDouble()等得到特定类型的数字。例 9.20 和例 9.21 为通过控制台输入相关信息来创建一个Student 类。

例 9.20 Student 类(ch09\Student.java)。

```
1    public class Student{
2      private long id;
3      private String name;
4      private double javaScore;
5      public Student(){}
6      public void setId(long id){
7        this.id=id;
8      }
9      public void setName(String name){
10       this.name=name;
11     }
12     public void setJavaScore(double javaScore){
13       this.javaScore=javaScore;
14     }
15     @Override public String toString(){
16       return id+" "+name+" "+javaScore;
```

```
17        }
18    }
```

例 9.21 InputByScanner 类(ch09\InputByScanner.java)。

```
1     import java.util.*;
2     public class InputByScanner{
3       public static void main(String[] args) {
4         Student stu=new Student();
5         Scanner scanner=new Scanner(System.in);
6         System.out.println("请输入学号:");
7         if(scanner.hasNextLong()){
8           long id=scanner.nextLong();
9           stu.setId(id);
10        }
11        System.out.println("请输入姓名:");
12        if(scanner.hasNext()){
13          String name=scanner.next();
14          stu.setName(name);
15        }
16        System.out.println("请输入 java 成绩:");
17        if(scanner.hasNextDouble()){
18          double javaScore=scanner.nextDouble();
19          stu.setJavaScore(javaScore);
20        }
21        System.out.println("该学生的信息为:"+stu);
22      }
23    }
```

为了简单起见,以上程序没有进行出错控制。

9.3 输 出 流

要想进行输出,需要以下几个步骤:

(1)指明输出到哪里(创建对象);

(2)进行输出;

(3)输出完毕,关闭流。

具体过程如图 9.5 所示。按照(2)中输出内容的不同类型,可以分为字节输出流(OutputStream)和字符输出流(Writer)。顾名思义,字节输出流中输出的是 byte,字符输出流中输出的是 char。当字节输出流的目的是文件时,除一个字节可表示一个字符的文件外(如英文),这种输出的文件内容一般人不可识别,要用专门的程序查看,例如图片,输出的就是字节。与此对照,字符输出

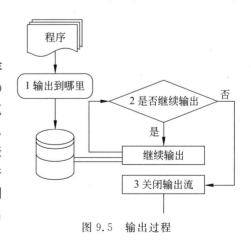

图 9.5 输出过程

流的目的是文件时,其内容是人可识别的字符。这是二者的区别,也决定了二者的应用范围:不可读内容用字节输出流,可读内容用字符输出流。不可读内容常见的有图片、视频、音频等,可读内容常见的是文本文件等。

OutputStream 和 Writer 都是抽象类,进行输出的方法在这两个抽象类中进行定义,其他输出流继承其中的一个。

9.3.1 字节输出流

OutputStream 类是一个抽象类,代表字节输出流,用该流输出字节内容。常用的子类有文件字节输出流(FileOutputStream)、缓冲字节输出流(BufferedOutputStream),以及非常通用的 PrintStream。它们之间的关系如图 9.6 所示。图中用斜体表示的是抽象类或抽象方法。

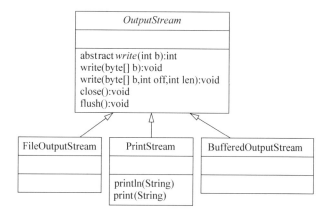

图 9.6 OutputStream 类及其子类

OutputStream 中有以下的几个方法。

(1) abstract void write(int b):输出一个字节,这个数范围是 0～255。如果大于 255,输出的只是最低 8 位表示的值,也就是 b&0xFF 的结果。

(2) void write(byte[] b):输出整个 byte 数组内容。

(3) void write(byte[] b,int off,int len):输出字节数组中的一部分,从索引 off 开始,输出 len 个字节。具体如图 9.7 所示。

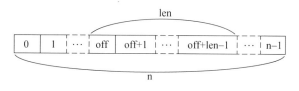

图 9.7 输出数组一部分内容

(4) void flush():如果输出内容被缓存的话,该方法将把缓存的内容输出。

(5) void close():关闭输出流。

这样,要进行输出,大致的步骤如例 9.22 所示。

例 9.22 使用字节流进行输出的大致步骤。

```
//创建字节输出流对象 out, 1 输出到哪里
byte[] b1=…
out.write(b1,0,b.length)                                    //2 输出
byte b2=…
out.write(b2);                                              //2 输出
out.close();                                                //3 关闭流
```

可以通过 Files. newOutputStream(Path)得到一个 OutputStream。如果要实现内容追加,可用 newOutputStream(path,StandardOpenOption. CREATE,StandardOpenOption. APPEND),参数 CREATE 指定文件不存在时创建文件,APPEND 指定新内容追加在原文件后边。

1. FileOutputStream

输出目的地为文件的流,该类有 4 个构造方法,其中两个如下,另两个构造方法是把这两个构造方法中的 String 类型换成 File 类型。

(1) FileOutputStream(String name):name 指明输出文件的名字。

(2) FileOutputStream(String name,boolean append):同上,对于 append 这个参数,在 JDK 的 API 中有解释,意思是是否追加,这点从参数的名字上也可看出。在输出内容到一个文件的时候,如果这个文件是一个新文件,还不存在,那么创建该文件;如果该文件已经存在,原来的内容如何办? 要么覆盖原来的内容,要么追加在原来文件内容末尾。append 参数正是用来表明如目的文件存在时用户打算采取的动作。

在例 9.22 中,并没有指明输出到哪里,如果输出到文件的话,完整代码如例 9.23 所示。

例 9.23 输出到文件(ch09\FileOutputStreamDemo. java)。

```
1      import java.io. * ;
2      public class FileOutputStreamDemo{
3        public static void main(String[] args){
4          //1 指定输出到哪里
5          try(
6            OutputStream aFileOutputStream=new FileOutputStream("data.txt");)}
7            String content="123456";
8            //2 输出
9            aFileOutputStream.write(content.getBytes());
10           content="是否继续写入";
11           aFileOutputStream.write(content.getBytes());
12         }catch(IOException ex){
13           ex.printStackTrace();
14         }
15       }
16     }
```

由于输出时会发生异常,该例采用 try…catch 的结构。

该例在第 6 行指明输出的目的地,由于该类只能输出字节内容,所以在第 9 行,调用 String 类的 getBytes()方法得到对应的字节数组。

进行文件内容的复制时,从一个文件中得到内容(输入),然后输出到另一个文件中

（输出）。

2．BufferedOuputStream

类似于 BufferedInputStream，其他输出流套接在该流上，提供了缓冲功能。使用该类，当缓冲区满的时候才会输出到目的地，这样就可减少写硬盘的次数，提高程序的性能。该类有两个构造方法。

（1）BufferedOutputStream(OutputStream out)：套接在其他流上，提供缓冲功能。

（2）BufferedOutputStream(OutputStream out,int size)：同上，可以通过 size 指定缓冲区的大小。

声明方法如下：

```
OutputStream out=new BufferedOutputStream(new FileOutputStream("datas.txt"));
```

利用该类，使用 byte 进行文件复制的程序如例 9.24 所示。

例 9.24 用 BufferedOutputStream 进行复制(ch09\CopyByBufferedStream.java)。

```
1      import java.io.*;
2      public class CopyByBufferedStream{
3          public static void main(String[] args)throws IOException{
4              InputStream in=new FileInputStream("CopyByBufferedStream.java");
               //任意文件
5              OutputStream out=new BufferedOutputStream(
6                  new FileOutputStream("CopyByBufferedStrcam_cp.txt"));
7              int len=0;
8              byte[] b=new byte[8*1024];
9              while((len=in.read(b))!=-1){
10                 out.write(b,0,len);
11             }
12             in.close();
13             out.close();
14         }
15     }
```

为了进行复制，需要得到文件输入流(第 4 行)，同时得到输出流(第 5～6 行)。在第 7～11 行是复制的主要部分。

由于 OutputStream 也实现了 AutoCloseable，以上程序用 try…with…resources 改造后的代码如下所示：

```
try(InputStream in=new FileInputStream("1.java");
    OutputStream out = new BufferedOutputStream (new FileOutputStream ("2_cp.
    txt"));){
    int len=0;
    byte[] b=new byte[8*1024];
    while((len=in.read(b))!=-1){
        out.write(b,0,len);
    }
}
```

3. PrintStream

这是进行输出最为方便的一个类。常用的 System.out 就是 PrintStream 类型,该类内部套接了 BufferedOutputStream 类。同时该类的构造方法 PrintStream(String, String)中第二个参数可以用来指定输出时所用的字符集。该类还有 PrintStream(String)、PrintStream(File)、PrintStream(OutputStream)构造方法。使用该类创建输出流的方法如下:

```
PrintStream ps=new PrintStream("datas.txt");
PrintStream ps=new PrintStream(new File("datas.txt"));
PrintStream ps=new PrintStream(new FileOutputStream("datas.txt"));
```

该类提供的实用方法有 println(String)、println(int)、print(String)等,在输出指定的内容后输出换行符。使用该类和 BufferedReader 的 readLine 方法可以方便地进行文本文件逐行复制。不过需要注意的是,readLine 方法得到的是去掉换行符后的内容,使用 PrintStream 输出时需要加上换行符。

9.3.2 字符输出流

Writer 类是一个抽象类,代表字符输出流,用来输出字符,常用来输出 String。继承该类的子类有文件字符输出流(FileWriter)、缓冲字符输出流(BufferedWriter)、PrintWriter,类之间的关系如图 9.8 所示。

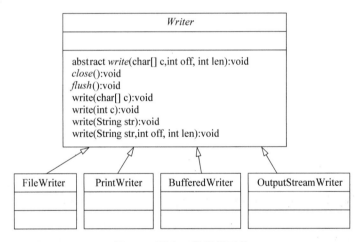

图 9.8　Writer 类及其子类

该类有以下几个常用方法。

(1) abstract void write(char[] c,int off,int len):输出 char[]中部分内容,范围是 off~off+len-1。

(2) write(char[] c):输出 char[]中的全部内容。

(3) write(String str):输出整个字符串。

(4) write(String str,int off,int len):输出索引为 off~off+len-1 的部分字符串。String 是由一个个字符组成的,字符串"Hello World!"中每个字符对应的索引如图 9.9 所示,从 0 开始。

（5）flush()：同 OutputStream 类的 flush 方法。

（6）close()：关闭流。

| String | H | e | l | l | o | | W | o | r | l | d | ! |
| 索引 | 0 | 1 | 2 | 3 | 4 | 5 | 6 | 7 | 8 | 9 | 10 | 11 |

图 9.9 String 中字符和索引的对应关系

使用字符输出流进行输出的大致步骤如例 9.25 所示。

例 9.25 使用字符输出流进行输出的大致步骤。

```
//创建字符输出流对象 out,1 输出到哪里
Strong str1=…
out.write(str1)                    //2 输出
str2=…
out.write(str2);                   //2 输出
out.close();                       //3 关闭流
```

1. FileWriter

输出目的地为文件的字符输出流,有和 FileOutputStream 类似的 4 个构造方法,其中的两个构造方法为 FileWriter(String fileName) 和 FileWriter(String fileName,boolean append)。创建对象时需要指明输出的文件,这个文件可以用 String 或 File 表示,还可以指定文件存在时新输出的内容是覆盖原文件还是追加在原文件的末尾。创建该类的对象即可完成例 9.25 中的第一步,方法如下:

```
FileWriter fw=new FileWriter("datas.txt");
FileWriter fw1=new FileWriter("datas.txt",true);
```

2. BufferedWriter

其他输出流套接在该流上,提供缓冲功能,和 BufferedOutputStream 功能相似。该类有两个构造方法,BufferedWriter(Writer) 和 BufferedWriter(Writer,int)。可以通过第二个构造方法指定缓冲区的大小,第一个构造方法中使用的是默认的缓冲区大小,该缓冲区具体有多大,可以查看 JDK 的安装目录下 src.zip 文件中该类的源代码。创建的方法如下:

```
BufferedWriter bufferedWriter=new BufferedWriter(new FileWriter("datas.
txt"));
BufferedWriter bufferedWriter=new BufferedWriter(new FileWriter("datas.txt"),
16 * 1024);
```

还可通过 Files.newBufferedWriter(Path)得到。类似 newOutputStream 方法,可以指定参数实现追加。还可通过 Charset 指定输出时使用的编码。

该类有一个 newLine()方法,可以用来输出一个换行符。由于不同的操作系统有不同的换行符,使用该方法,会根据当前操作系统输出合适的换行符。

3. PrintWriter

该类类似于 PrintStream,可以套接 OutputStream 或 Writer 进行输出。有方便的 print 和 println 方法可以使用。创建该类的方法如下:

```
PrintWriter pw=new PrintWriter("datas.txt");
PrintWriter pw=new PrintWriter(new FileOutputStream("datas.txt"));
PrintWriter pw=new PrintWriter(new FileWriter("datas.txt"));
```

4. OutputStreamWriter

该类功能和 InputStreamReader 类似,用来把一个字节输出流转换成一个字符输出流,同样,使用该类可以指定保存文件时使用什么样的字符集来保存内容。和 InputStreamReader 中的字符集作用相反,这里的字符集用来编码,把字符转换成一个或多个 byte。比较常用的构造方法如下。

(1) OutputStreamWriter(OutputStream out):把一个字节输出流转换为字符输出流。

(2) OutputStreamWriter(OutputStream out,String csn):同上,csn 为指定使用的字符集。

创建方法如下:

```
Writer out=new OutputStreamWriter(new FileOutputStream("datas.txt"));
```

为提高性能,可套接缓冲流:

```
Writer out=new BufferedWriter(new OutputStreamWriter(new FileOutputStream
("datas.txt")));
```

9.3.3 格式化输出

PrintStream、PrintWriter 类有 printf()方法,可以进行格式化输出。不同的格式在类 java. util. Formatter 的 API 文档中有说明。对于整数常用的有"%d"表示转换为十进制整数输出,"%o"表示转换为八进制整数输出,"%x"表示转换为十六进制整数输出。对于浮点数常用的输出格式有"%f"表示用浮点数格式输出,"%e"或"%E"表示用科学计数法输出。其他的还有"%s"表示用字符串格式,"%n"表示换行。

输出时可同时指定输出的宽度和精度,不足补空格。例如"%5.2f"表示至少输出 5 个字符,其中最多输出两位小数;"%12s"表示输出 12 个字符;"%6.2s"表示输出 6 个字符,最多输出参数中的前两个字符。默认输出是右对齐,在"%"后加"-"表示左对齐输出。

格式化输出用法如下(省略了每行代码前的"System. out. "):

```
printf("%o",12);                    //结果为"14"
printf("{%5.2f}",12.2356f);         //结果为"{12.24}"
printf("{%6.2s}","women");          //结果为"{   wo}"
printf("{%-6d}",12);                //结果为"{12   }",没有这个符号是右对齐
```

以上代码中的大括号用来把格式化后的内容包起来,这样输出后可以容易看到输出内容的边界。

如果要同时对多个值进行格式化,指定的格式和多个值之间一一对应,例如

```
System.out.printf("name is%s, age is%d, salary is%f%n",
stu.getName(),stu.getAge(),stu.getSalary());
```

有时需要对显示信息进行格式化,但不需要输出,这时可用

```
static String format(String format,Object... args)
```

以上方法中的 Object…args 是可变参数,也就是长度不定的参数个数,可以没有一个参数。该方法返回的为 String,用法如下:

```
String stuInfo=String.format("%s%d%f%n",stu.getName(),stu.getAge(),
stu.getSalary());
```

9.4 数字字节输入输出流

数字输入和输出流主要方便于进行数字的输入和输出。数字输入流中的方法定义在DataInput 接口中,数字输出流中的方法定义在 DataOutput 接口中。数字输出流中有输出byte、short、char、int 等的方法:writeByte 用来输出 byte,writeShort 用来输出 short,writeChar 用来输出 char,writeInt 用来输出 int。数字输入流中也有得到 byte、short、char、int 等的相应方法:readByte()、readShort()、readChar()、readInt()。和 InputStream 用一1表示已到文件的末尾不同,因为一1 在 DataInput 中可以表示一个有效的数字,所以该类用EOFException 表示到文件的末尾。

用 DataOutput 的实现类输出的数字内容,要得到原来的内容,最为简单的就是用DataInput 的实现类来进行输入,而且方法调用的顺序应保持一致。具体来说:输出时调用的顺序是 writeInt、writeDouble、writeDouble、writeLong,那么读入时也应首先得到一个 int(调用 readInt),接着是得到 double(readDouble),紧跟着得到另一个 double(readDouble),最后得到 long(readLong)。如果顺序不一致,就无法得到原来的内容。

9.4.1 DataInputStream 和 DataOutputStream

DataInputStream 类实现 DataInput 接口,可套接在其他 InputStream 上读入数字,例如

```
DataInputStream dataIn=new DataInputStream(new FileInputStream("datas.dat"));
dataIn.readInt
```

DataOutputStream 类实现 DataOutput 接口,可套接在其他的输出流上输出数字。

可以利用数字输出流保存一个一维数组到文件中,用数字输入流来从文件中恢复该数组,具体如例 9.26 所示。

例 9.26 使用数字流保存和还原一维数组(ch09\DataStreamDemo.java)。

```
1    import java.io.*;
2    import java.util.*;
3    public class DataStreamDemo{
4      public static void main(String[] args)throws IOException{
5        double[] datas={34.2,32.1,4.4,3.23,6.4,7.5,2.0,1.2,6.1,7.5};
6        saveArray(datas,"data.dat");
7        double[] datas2=readArray("data.dat");
8        System.out.println("原始数组: "+Arrays.toString(datas));
9        System.out.println("还原后数组: "+Arrays.toString(datas2));
```

```
10          }
11          public static void saveArray(double[] datas,String fileName)throws
            IOException{
12              try(DataOutputStream out=new DataOutputStream(new FileOutputStream
                (fileName));){
13                  out.writeInt(datas.length);
14                  for(double data:datas){
15                      out.writeDouble(data);
16                  }
17              }
18          }
19          public static double[] readArray(String fileName)throws IOException{
20              double[] datas;
21              try(DataInputStream in=new DataInputStream(new FileInputStream
                (fileName));){
22                  int len=in.readInt();
23                  datas=new double[len];
24                  for(int i=0;i<len;i++){
25                      datas[i]=in.readDouble();
26                  }
27              }
28              return datas;
29          }
30      }
```

保存数组的 saveArray()方法中,首先在第13行保存该数组的长度,然后逐个保存每个元素。在从文件中得到数组内容的 readArray()方法中,在第22行首先得到数组中的元素个数,然后在第23行初始化数组,该数组用来存放保存在文件中的值。注意,其中 writeXxx()方法和 readXxx()方法调用顺序之间的对应关系。在第8行和第9行,调用Arrays.toString()方法把一个一维数组转换成一个 String,如果是二维以上的数组,可使用Arrays 的 deepToStrnig()方法来转换成一个 String。

9.4.2 RandomAccessFile*

该类同时实现了 DataInput 和 DataOutput 接口。除此之外,该类还是一个随机存取流。随机存取流和顺序存取流的区别如图 9.10 所示。

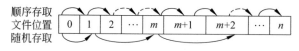

图 9.10 顺序存取和随机存取

顺序输入流按照内容(字节或字符)在文件中的逻辑顺序依次读取,不能跳到任意位置开始输入。顺序输出流按照内容进入文件的顺序依次存放,不能在任意位置输出。与顺序流不同,RandomAccessFile 可以跳到文件中任何一个位置输入或输出。

该类有两个构造方法:

RandomAccessFile(File file，String mode)：创建指向 file 的随机存取流，mode 指打开文件的模式，其中"r"代表只读模式，用该模式打开的随机流文件，只能读，不能写入内容；"rw"模式打开的文件可读可写。还有其他模式，可参考 JDK 的 API 文档。

RandomAccessFile(String name，String mode)：同上。

创建该类对象的方法如下：

```
RandomAccessFile randomAccessFile=new RandomAccessFile("test.txt","r");
```

该类中体现随机流特性的有以下两个方法：

void seek(long pos) throws IOException：可以定位文件指针到参数指定的位置，定位后可调用读取或输出的方法。

long getFilePointer()：返回文件指针的当前位置。

利用该类保存和显示一维数组内容的程序如例 9.27 所示。

例 9.27 利用 RandomAccessFile 读入和保存一维数组（ch09\RandomAccessFileDemo.java）。

```
1    import java.io. * ;
2    import java.util. * ;
3    public class RandomAccessFileDemo{
4      public static void main(String[] args)throws IOException{
5        double[] datas={34.2,32.1,4.4,3.23,6.4,7.5,2.0,1.2,6.1,7.5};
6        saveArray(datas,"data2.dat");
7        double[] datas2=readArray("data2.dat");
8        System.out.println("原始数组： "+Arrays.toString(datas));
9        System.out.println("还原后数组:"+Arrays.toString(datas2));
10     }
11     public static void saveArray(double[] datas,String fileName)throws
       IOException{
12       try(RandomAccessFile randomFile=new RandomAccessFile(fileName,
         "rw");){
13         randomFile.writeInt(datas.length);
14         for(double data:datas){
15             randomFile.writeDouble(data);
16         }
17       }
18     }
19     public static double[] readArray(String fileName)throws IOException{
20       try (RandomAccessFile randomFile = new RandomAccessFile (fileName,"
         r");){
21         double[] datas;
22         int len=randomFile.readInt();
23         datas=new double[len];
24         for(int i=0;i<len;i++){
25           datas[i]=randomFile.readDouble();
```

```
26          }
27        return datas;
28      }
29    }
30  }
```

由于得到和输出数字的方法都在 DataInput 和 DataOutput 中定义,该程序和例 9.26 并无太大差别。唯一的区别就是创建类的方法不同,也就是指明从哪里输入和输出到哪里这两点不同。

9.5　对象输入输出流 *

可以像输出 byte、char 一样来输出对象,这是通过在其他流上套接对象流来输入或输出对象。对象输入流为 ObjectInputStream,对象输出流为 ObjectOutputStream。使用对象输出流可以把一个对象保存到文件或数据库中,这是序列化。等需要时,可使用 ObjectInputStream 恢复保存的对象,这是反序列化。二者创建方法如下:

```
ObjectInputStream objIn=new ObjectInputStream(new FileInputStream("stu.
data"));
ObjectOutputStream objOut=new ObjectOutputStream(new FileOutputStream("stu.
data"));
```

ObjectOutputStream 类输出对象的方法是 writeObject()。要使用该方法保存对象,对象必须实现 Serializable 接口,该接口是一个标记接口,并没有定义任何新的方法。ObjectInputStream 类得到对象的方法是 readObject,返回一个 Object 类型的对象。如例 9.28 为一利用对象流保存和恢复 Student 对象信息的例子。

例 9.28　保存和显示对象数组(ch09\ObjectStreamDemo.java)。

```
1    import java.io.*;
2    class Student implements Serializable{
3      private String name;
4        public Student(String _name){
5          this.name=_name;
6        }
7      @Override public String toString(){
8        return this.name;
9      }
10   }
11   public class ObjectStreamDemo{
12     public void read() throws Exception{
13         try(ObjectInputStream objIn=new ObjectInputStream(new FileInputStream("
           stus.data"));){
14         int num=objIn.readInt();
15         Student[] stus=new Student[num];
```

```
16              for(int i=0;i<num;i++){
17                  stus[i]=(Student)objIn.readObject();
18              }
19          disp(stus);
20        }
21      }
22    public void disp(Student[] stus){
23      System.out.println("现有 Student 信息为:");
24      for(Student stu:stus){
25        System.out.println(stu);
26      }
27    }
28    public void save(Student[] stus)throws Exception{
29      try(ObjectOutputStream objOut=new ObjectOutputStream(new
          FileOutputStream("stus.data"));){
30          objOut.writeInt(stus.length);
31          for(Student stu:stus){
32              objOut.writeObject(stu);
33          }
34      }
35    }
36    public static void main(String[] args)throws Exception{
37      ObjectStreamDemo demo=new ObjectStreamDemo();
38      Student[] stus={new Student("zhang"),new Student("wang"),new Student
          ("li")};
39      demo.save(stus);
40      //demo.read();
41    }
42  }
```

运行该程序时,先保存内容,然后把第 40 行的注释去掉,同时注释第 39 行,再次运行,就可看到上次保存的信息。为了能够在第 32 行保存 Student 对象,在第 2 行该 Student 类实现了 Serializable 接口。为了显示保存的内容,在第 14 行用 readInt,得到保存的 Student 对象个数,然后在第 17 行利用 readObject 得到这些对象。该方法返回的是一个 Object 类型的值,为此进行强制类型转换。

也可通过 writeObject(Student[])、(Student[])readObject() 的形式来保存、还原数据。

9.6　压缩、解压缩流*

套接在其他流上就可以实现压缩和解压缩的流。Java 中支持的压缩格式有 ZIP、JAR、GZ。每种压缩格式都有相应的压缩流和解压缩流,如要压缩文件为 ZIP 格式,可以使用 ZipOutputStream 套接在另一个 OutputStream 上。

```
ZipOutputStream zipOut=new ZipOutputStream(new FileOutputStream("src.zip"));
```

要解压缩,使用 ZipInputStream 套接在另一个 InputStream 上。

```
ZipInputStream zipIn=new ZipInputStream(new FileInputStream("src.zip"));
```

需要注意的是,ZipOutputStream 和 ZipInputStream、GzipOutputStream 和 GzipInputStream 在 java.util.zip 包中,JarOutputStream 和 JarInputStream 在 java.util.jar 包中。

9.6.1 压缩

这里先介绍一下压缩文件的结构,压缩文件是由一个个的压缩项(Java 中 ZIP 文件的压缩项由 ZipEntry 类代表)组成的,每个压缩项有名字、大小等信息。如用 winrar 打开 apache-ant-1.8.2-bin.zip,内容如图 9.11 所示,其中可见压缩项信息。

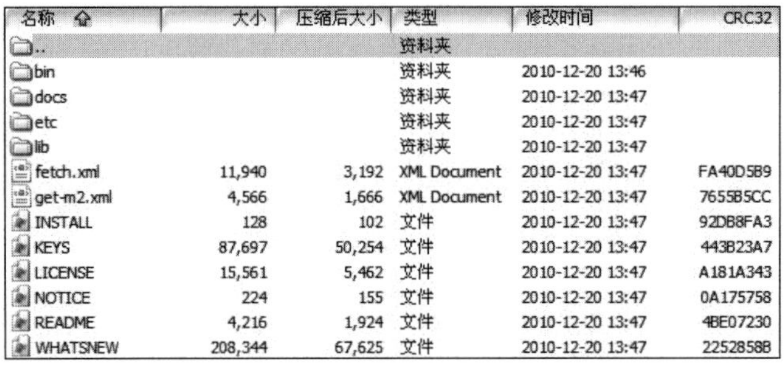

名称 ⭡	大小	压缩后大小	类型	修改时间	CRC32
..			资料夹		
bin			资料夹	2010-12-20 13:46	
docs			资料夹	2010-12-20 13:47	
etc			资料夹	2010-12-20 13:47	
lib			资料夹	2010-12-20 13:47	
fetch.xml	11,940	3,192	XML Document	2010-12-20 13:47	FA40D5B9
get-m2.xml	4,566	1,666	XML Document	2010-12-20 13:47	7655B5CC
INSTALL	128	102	文件	2010-12-20 13:47	92DB8FA3
KEYS	87,687	50,254	文件	2010-12-20 13:47	443B23A7
LICENSE	15,561	5,462	文件	2010-12-20 13:47	A181A343
NOTICE	224	155	文件	2010-12-20 13:47	0A175758
README	4,216	1,924	文件	2010-12-20 13:47	4BE07230
WHATSNEW	208,344	67,625	文件	2010-12-20 13:47	2252858B

图 9.11 zip 文件中的压缩项

如果压缩项名字最后为"/",则这个压缩项代表一个目录。关于这点,可看 JDK 的 API 文档 ZipEntry 类 isDirectory()方法的说明。

在压缩文件时,首先要增加一个新的压缩项,该压缩项代表正在压缩的文件或文件夹。如果代表文件夹的话,名字最后加上"/"。如果是文件,紧跟着应该进行文件内容的压缩,也就是把从文件中得到的内容输出到压缩流中。如例 9.29 为一个压缩单个文件的例子。

例 9.29 压缩单个文件(ch09\ZipAFile.java)。

```
1    import java.io.*;
2    import java.util.zip.*;
3    public class ZipAFile{
4      public static void main(String[] args)throws IOException{
5        try(ZipOutputStream out=new ZipOutputStream(
             new BufferedOutputStream(new FileOutputStream("test.zip")));
6          FileInputStream in=new FileInputStream("ZipAFile.java");){
                                                         //任意文件都可
7          out.putNextEntry(new ZipEntry("ZipAFile.java"));
8          byte[] b=new byte[1024];
9          int num=0;
10         while((num=in.read(b))!=-1){
11           out.write(b,0,num);
12         }
```

```
13          }
14      }
15  }
```

以上代码中,在第 5 行,创建一个压缩流。在第 7 行,向压缩流中增加一个新的 ZipEntry。增加完后进行内容的压缩:第 6 行创建一个指向被压缩文件的输入流,然后在第 8~12 行,读取原文件的内容,并输出到压缩流中,由 ZipOutputStream 进行压缩。具体怎么压缩,使用者并不需要了解。从这段程序来看,除了在第 7 行添加一个新的压缩项外,该程序和一个进行文件复制的程序并无太大区别。通过灵活套接不同功能的流来提供丰富多样的功能,这也正是 Java 中流套接的强大之处。

9.6.2 解压缩

解压缩时,则应先得到所有的压缩项,判断是目录还是文件。如果是目录,则创建目录;如是文件,则应得到文件内容,并输出。对上述压缩文件进行解压,需要使用 ZipFile 类。

例 9.30 用 ZipFile 进行解压(ch09\UnZipDemo.java)。

```
1   import java.util.*;
2   import java.util.zip.*;
3   import java.io.*;
4   public class UnZipDemo{
5     public static void main(String[] args) throws IOException{
6       ZipFile zf=new ZipFile("test.zip");
7       Enumeration entriesEnum=zf.entries();
8       while(entriesEnum.hasMoreElements()){              //是否还有压缩项?
9         ZipEntry entry=(ZipEntry)entriesEnum.nextElement();      //得到一个
10        if(entry.isDirectory()){
11          new File(entry.getName()).mkdirs();
12        }else{
13          try(InputStream in=zf.getInputStream(entry);
14            BufferedOutputStream out=new BufferedOutputStream(
                  new FileOutputStream(entry.getName()));){
15            byte[] b=new byte[8*1024];
16            int len=0;
17            while((len=in.read(b))!=-1){
18              out.write(b,0,len);
19            }
20          }
21        }                                     //完成解压缩文件
22      }                                       //遍历所有压缩项
23    }
24  }
```

以上代码中,在第 6 行创建一个指向 ZIP 文件的 ZipFile 对象。然后用第 7 行中的方法得到该压缩文件中所有压缩项。在第 8~22 行进行遍历,第 9 行得到一个压缩项。Enumeration 的 hasMoreElements()、nextElement()与 Scanner 的 hasNextInt()、nextInt()

用法相同,先判断有无更多元素,有的话得到。有些压缩项是文件夹,有些是文件,二者有不同的处理。在第 10 行判断该压缩项是否是一个文件夹,是的话,调用 mkdirs()创建文件夹;如果是文件的话,则得到指向文件内容的流。第 13～20 行为输入流和输出流复制的程序,从输入流得到的内容输出到文件中,在这个过程中自动进行了解压。

可以使用有多个文件和多级文件夹的 ZIP 文件来测试以上解压缩程序。ch09\test1.zip 为一个示例文件。注意,该程序无法解压 winrar 压缩的 ZIP 文件。

可以改造以上压缩单个文件的程序来压缩目录下的所有文件,然后用以上解压缩的程序进行测试。

9.7   读写 Excel 文件 *

这里使用第三方的类库 Java Excel API 来读、写、修改 Excel 文件,随书文件 lib\jxl_lib 目录下有该 jxl.jar 文件。使用该库可以处理 Microsoft Excel 2003 及以前版本的文件(扩展名为.xls),还可处理 WPS 表格文件(扩展名为.et)。读写 Excel 文件的类库还有 Apache 的 POI 项目,该项目网址为 http://poi.apache.org/,也可处理 Word 内容。

9.7.1   读取已有的工作簿

在 Excel 中,一个 XLS 文件是一个工作簿,用 Workbook 代表。Workbook 中有如下方法可以得到工作簿。

static Workbook getWorkbook(File):从指定的文件中得到一个工作簿。

static Workbook getWorkbook(InputStream):从指定的流中得到一个工作簿。

一个工作簿由多个工作表组成,由 Sheet 代表。得到工作簿后,可以从 Workbook 中得到其中的工作表,具体方法如下。

int getNumberOfSheets():得到工作表的个数。

Sheet getSheet(int index):得到指定索引的工作表,从 0 开始。

Sheet getSheet(String name):得到指定名字的工作表。

String[] getSheetNames():得到所有工作表的名字。

Sheet[] getSheets():得到所有的工作表。

一个 Sheet,由多个行、列确定的单元格组成,单元格由 Cell 代表。得到 Sheet 后,可以用如下方法得到单元格。

Cell getCell(int column, int row):得到指定列和行位置的单元格。

Cell getCell(String loc):同上,这里的行、列用"A2"这种形式。

Cell[] getColumn(int col):得到指定列的所有单元格。

Cell[] getRow(int row):得到指定行的所有单元格。

int getRows():得到 Sheet 中的行数。

int getColumns():得到 Sheet 中的列数。

注意:一行内容为空和一行不存在是不一样的,例如在 Excel 或 WPS 和表格中选定一整行,按 Delete 键只是删除了其中的内容,行数不变。如果在选定的整行上右击,从弹出的快捷菜单中选择"删除"命令,则行数少 1。

得到 Cell 后，可通过以下方法得到其中的内容。

String getContents()：得到其中的内容。

使用以上知识读 Excel 文件内容的程序如例 9.31 所示。

例 9.31　用 jxl 读取 Excel 文件内容(ch09\ReadXls.java)。

```
1    import java.io.File;
2    import java.io.*;
3    import jxl.*;
4    import static java.lang.System.out;
5
6    public class ReadXls {
7      public void read(String xlsFile) throws JXLException, IOException {
8        Workbook wb=Workbook.getWorkbook(new File(xlsFile));
9        for (int i=0; i<wb.getNumberOfSheets(); i++) {
10         Sheet sheet=wb.getSheet(i);                       //得到某一个工作表
11         out.printf("-------------%s------------%n",sheet.getName());
12         Cell[] rowCells=null;
13         for (int j=0; j<sheet.getRows(); j++) {           //得到行数
14           rowCells=sheet.getRow(j);                       //得到某一行
15           for (Cell cell: rowCells) {
16             out.printf("%12s", cell.getContents());       //输出单元格中内容
17           }
18           out.println();
19         }
20         out.println("---------------------");
21       }
22     }
23     public static void main(String[] args) throws Exception {
24       if (args.length<1) {
25         out.println("请输入要读入的 Excel 文件名");
26         System.exit(-1);
27       }
28       new ReadXls().read(args[0]);
29     }
30   }
```

以上程序在第 24~27 行，判断是否通过命令行指定读取的 Excel 文件，如没有指定，则给出提示，终止程序执行。

由于使用了第三方类库(非 java 自带)，所以在编译和运行都要指定使用了该类库，方法如下：

编译 javac -cp .;jxl.jar java 文件名

运行 java -cp .;jxl.jar 类名

其中，cp 用于指定使用的类库，第一个为"."(点，代表当前路径)，后边是";"(分号，英文的分号)，接着是 jar 文件名。

9.7.2 生成新的工作簿

Workbook 中有如下方法可以创建一个新的工作簿。

static WritableWorkbook createWorkbook(File)：创建一个新的可写工作簿。

static WritableWorkbook createWorkbook(OutputStream)：同上。

注意，此时得到的是 WritableWorkbook（可写工作簿）。有工作簿后，可使用以下方法创建一个新工作表：

WritableSheet createSheet(String name,int index)：在指定位置创建一个指定名字的工作表。

可写还体现在以下方法。

void copySheet(int fromIndex, String name,int toIndex)：复制索引为 fromIndex 的 sheet，命名为 name，放在 toIndex 位置。

void copySheet(String fromSheet, String name, int toIndex)：复制名字为 fromSheet 的 sheet，命名为 name，放在 toIndex 位置。

WritableSheet importSheet(String name, int index, Sheet sheetInOther)：把另一个工作簿的 sheetInOther 工作表复制到索引为 index 的位置，并命名为 name。

WritableSheet moveSheet(int fromIndex, int toIndex)：索引为 fromIndex 的工作表移到索引为 toIndex 的位置。

void removeSheet(int index)：删除指定位置的工作表。

这里得到的是 WritableSheet，可写工作表的可写体现如下。

void addCell(WritableCell cell)：在指定位置增加单元格。

void insertColumn(int col)：在指定位置增加列。

void insertRow(int row)：在指定位置增加行。

void removeColumn(int col)：删除指定的列。

void removeRow(int row)：删除指定的行。

WritableCell 是一个接口，具体实现类有 Label，构造方法如下。

Label(int col, int row, String content)：列为 col、行为 row、内容为 content 的单元格。

Label(int col, int row, String content, CellFormat cf)：同上，其中 CellFormat 指定单元格的格式，如边框、水平对齐、垂直对齐等。

写入内容完成后，使用 WritableWorkbook 中的 write()、close() 完成写入。

使用以上知识生成新 Excel 文件内容的程序，如例 9.32 所示。

例 9.32 用 jxl 输出 Excel 文件内容(ch09\WriteXls.java)。

```
1    import java.io.*;
2    import jxl.*;
3    import jxl.write.*;
4    import jxl.format.Alignment;
5    import jxl.format.Border;
6    import jxl.format.BorderLineStyle;
7    import jxl.format.Colour;
```

```
8       import jxl.format.VerticalAlignment;
9       import static java.lang.System.out;

10

11      public class WriteXls {
12        public void write(Stu[] stus) throws JXLException, IOException {
13          WritableWorkbook wb=Workbook.createWorkbook(new File("stus.xls"));
14          WritableSheet sheet=wb.createSheet("stus",1);
15          //单元格格式
16          WritableCellFormat cellFormat=new WritableCellFormat();
17          cellFormat.setBorder(Border.ALL, BorderLineStyle.THIN,Colour.RED);
             //设置边框
18          cellFormat.setAlignment(Alignment.CENTRE);                    //水平居中
19          cellFormat.setVerticalAlignment(VerticalAlignment.CENTRE);    //垂直居中
20          //增加标题行
21          sheet.addCell(new Label(0,0,"id"));
22          sheet.addCell(new Label(1,0,"name"));
23          sheet.addCell(new Label(2,0,"math"));
24          sheet.addCell(new Label(3,0,"os"));
25          sheet.addCell(new Label(4,0,"java"));
26          for (int i=0; i<stus.length; i++) {
27            sheet.addCell(new Label(0,i+1,""+stus[i].id,cellFormat));
28            sheet.addCell(new Label(1,i+1,""+stus[i].name));
29            sheet.addCell(new Label(2,i+1,""+stus[i].math));
30            sheet.addCell(new Label(3,i+1,""+stus[i].os));
31            sheet.addCell(new Label(4,i+1,""+stus[i].java));
32          }
33          wb.write();
34          wb.close();
35        }
36        public static void main(String[] args) throws Exception {
37          Stu[] stus={
38            new Stu("zhang",1L,91.0,91.0,91.0),
39            new Stu("wang",2L,92.0,92.0,92.0),
40            new Stu("chen",3L,93.0,93.0,93.0),
41            new Stu("li",4L,94.0,94.0,94.0),
42            new Stu("liu",5L,95.0,95.0,95.0)
43          };
44          new WriteXls().write(stus);
45        }
46      }
```

以上程序在第 27～31 行，通过 addCell 在工作表中增加单元格。为了显示 CellFormat
的作用，为 id 所在的单元格增加了红色边框，设置了垂直和水平居中。CellFormat 的这些
样式在第 16～19 行设置，第 27 行为 id 列指定了该 CellFormat。

9.7.3　修改已有的工作簿

在 jxl 中,修改已有的工作簿是通过复制,然后修改复制的文件。这样,就以某一文件为模板,生成新的文件。有以下方法创建可写工作簿。

static WritableWorkbook createWorkbook(File,Workbook):复制现有的工作簿到指定的位置。

static WritableWorkbook createWorkbook(OutputStream,Workbook):同上。得到可写工作簿后,其他同"生成新的工作簿"。

9.7.4　应用

这里应用 jxl 来解决实际的问题:按班统计各分数段的人数,应该生成的文件内容在score-analyze-template.xls 中,如图 9.12 所示。各班的成绩已经存入名为 score.xls 的文件中,其中各个工作表名字为班级名,有 u、v、w 这 3 个班级。举例来说,为 v 的工作表中存放的成绩如图 9.13 所示。

	A	B	C	D
1	考试成绩分布	分数段	≥60	59~0
2		人数		

图 9.12　分数段统计

	A	B
1	姓名	总分
2	v01	8
3	v02	48
4	v03	47
5	v04	15
6	v05	15

图 9.13　v 工作表的数据

1. 分析

读取 score.xls 中的成绩,有效数据从第 2 行开始(从 1 开始计数),B 列为成绩。每个班级人数不同,可通过 Sheet 中的行数确定。班级的名字可以从 score.xls 中各个工作表的名字得到。

对于分数段统计表格,从第 2 行、C 列开始输出结果。生成分析结果时,每个班级对应一个工作表存放分析结果,通过以上"修改已有的工作簿"来复制模板文件,然后修改。这些代码如下:

```
Workbook analyzeTemplateWb = Workbook.getWorkbook ("score - analyze - template.
xls");
WritableWorkbook wb = Workbook.createWorkbook (new File ("score - analyze - res.
xls"),analyzeTemplateWb);
```

2. 实现

用 jxl 分析考试成绩的具体代码如例 9.33 所示。

例 9.33　用 jxl 分析考试成绩(ch09\ScoreAnalyze.java)。

```
1      import static java.lang.System.out;
2
3      import java.util.*;
4      import java.io.*;
```

```
5       import java.io.File;
6
7       import jxl.*;
8       import jxl.format.Alignment;
9       import jxl.format.Border;
10      import jxl.format.BorderLineStyle;
11      import jxl.format.VerticalAlignment;
12      import jxl.read.biff.BiffException;
13      import jxl.write.*;
14      import jxl.write.biff.*;
15
16      public class ScoreAnalyze {
17        public static final String ANALYZE_TEMPLATE_PATH="score-analyze-
          template.xls";
18        private final static String SCORE_PATH="score.xls";
19        String[] classNames;
20        int score_startRow=1;
21        int scoreCol='B'-'A';
22
23        int analyze_startRow=1;
24        int analyze_startCol='C'-'A';
25
26        int[][] statRes;                      //存放≥60,<60 的人数
27
28        ScoreAnalyze() {
29        }
30        public void read() throws JXLException, IOException{
31          Workbook wb=Workbook.getWorkbook(new File(SCORE_PATH));
32          int classCount=wb.getNumberOfSheets();
33          classNames=new String[classCount];
34          statRes=new int[classCount][2];
35          for (int i=0; i<wb.getNumberOfSheets(); i++) {
36            statRes[i][0]=0;
37            statRes[i][1]=0;
38            Sheet sheet=wb.getSheet(i);
39            classNames[i]=sheet.getName();
40            Cell[] rowCells=null;
41            for (int j=score_startRow; j<sheet.getRows(); j++) {
42              rowCells=sheet.getRow(j);
43              String strScore=rowCells[scoreCol].getContents();
44              double score=Double.parseDouble(strScore);
45              if(score<60){
46                statRes[i][1]++;
47              }else{
48                statRes[i][0]++;
```

```
49              }
50          }
51      }
52  }
53  private void disp(){
54      out.printf("班级名:%s%n",Arrays.toString(classNames));
55      out.printf("分数段统计结果:%s%n",Arrays.deepToString(statRes));
56  }
57
58  public void out() throws IOException, JXLException {
59      Workbook wb=Workbook.getWorkbook(new File(ANALYZE_TEMPLATE_PATH));
60      WritableWorkbook book=Workbook.createWorkbook(new File(
61          "score-analyze.xls"), wb);
62      //增加额外的几个 sheet
63      for (int i=1; i<classNames.length; i++) {
64          book.copySheet(0, classNames[i], i);
65      }
66      book.getSheet(0).setName(classNames[0]);
67      //单元格格式
68      WritableCellFormat cellFormat=new WritableCellFormat();
69      cellFormat.setBorder(Border.ALL, BorderLineStyle.THIN);      //设置边框
70      cellFormat.setAlignment(Alignment.CENTRE);                   //水平居中
71      cellFormat.setVerticalAlignment(VerticalAlignment.CENTRE);   //垂直居中
72      for (int i=0; i<classNames.length; i++) {
73          WritableSheet sheet=book.getSheet(i);
74          for(int j=0;j<statRes[i].length;j++){
75              sheet.addCell(new Label(analyze_startCol+j,analyze_startRow,
76                  ""+statRes[i][j],cellFormat));
77          }
78      }
79      book.write();
80      book.close();
81      wb.close();
82  }
83
84  public static void main(String[] args) throws IOException, JXLException {
85      ScoreAnalyze demo=new ScoreAnalyze();
86      demo.read();
87      demo.disp();
88      demo.out();
89  }
90  }
```

以上程序在第 30 行的 read 方法中从 score. xls 中读入数据,并在第 43 行得到成绩,然后统计各分数段的人数。在第 58 行的 out 方法中,第 63~65 行中,首先根据模板文件为每个班级增加对应的成绩分析表,并设置工作表的名字为班级的名字。在第 75 行,根据指定的行和列输出数据。

9.8 Files 工具类

在 JDK 1.7 中提供了一个工具类 java. nio. file. Files,其中有一些方便、实用的方法。

(1) static byte[] readAllBytes(Path path):从一个文件中得到所有 byte,其中的 path (java. nio. file. Path)指向的是一个路径,通过 File 类的 toPath 可以得到一个这样的对象。使用方法如下:

```
File javaFile=new File("FilesTest.java");
byte[] content=Files.readAllBytes(javaFile.toPath());
```

(2) static List<String> readAllLines(Path path,java. nio. charset. Charset cs):从一个文件中得到所有的行,注意和 BufferedReader 一样,换行符被去掉后放在 List 中(关于 List 可以看第 13 章的内容)。Charset 用来指定文件使用的编码,如使用的是“gbk18030”,可用 Charset. forName("gbk18030")得到对应的 Charset 对象。使用方法如下:

```
File missFile=new File("src/learn/_jdk7/io/miss.txt");
List<String>lines=Files.readAllLines(missFile.toPath(),Charset.forName
("gb18030"));
for(String line:lines)
    System.out.println(line);
```

(3) static long copy(Path source,OutputStream out):用来进行流的复制。

(4) static long copy(InputStream in,Path target,CopyOption... options):和上一个方法一样,多了 CopyOption 类型的可变参数,用来指明复制时的选项,可提供 0、1 或多个该类型的参数。StandardCopyOption 是一 Enum 类型,实现了该接口,其中有 REPLACE_EXISTING,表示如果目的文件存在则覆盖文件。

(5) static Path copy(Path source,Path target,CopyOption... options):同上。

copy 方法如何使用如下所示:

```
File javaFile=new File("FilesTest.java");
File destFile=new File("FilesTest_cp.java");
FileInputStream in=new FileInputStream(javaFile);
Files.copy(in, destFile.toPath(),StandardCopyOption.REPLACE_EXISTING);
//Files.copy(in, destFile.toPath());
in.close();
```

(6) walkFileTree(Path start,FileVisitor visitor)方法用来遍历目录,遍历目录或文件时做什么定义在 FileVisitor 接口中,该接口的 API 文档中有使用该方法递归删除和递归拷贝的例子。

本 章 小 结

类在使用时应依据以下几点。

(1) 显示内容时用 BufferedReader,其中有方便的 readLine()方法。

(2) 输出字符内容不追加用 PrintWriter,追加用 FileWriter。

(3) 输出字节不追加用 PrintStream,追加用 FileOutputStream。

(4) 文件复制,输入用 FileInputStream,输出用 FileOutputStream,还可在 FileInputStream 上套接 BufferedInputStream、FileOutputStream 上套接 BufferedOutputStream 来提高性能。

习　题　9

1. 递归列出目录下的所有文件。

2. 递归列出目录下所有扩展名为.txt 和.java 的文件。

3. 利用 byte、FileInputStream 和 FileOuputStream 完成单个文件的复制。可复制图片、文本文件,复制后打开文件,对比两个文件是否内容一致,从而判断程序的正确性。

4. 利用 byte[]、BufferedInputStream、BufferedOutputStream 完成单个文件的复制。

5. 用 InputStream 和 OutputStream 完成目录的复制。

提示:a 递归复制:目录复制时要复制目录下的所有文件,这些文件中可能有子目录。是文件可以直接复制,如果是子目录的话要首先在目的地创建该子目录 mkdirs(),然后复制子目录下的所有文件。同样这些文件中也可能有文件夹,也就是说子目录下有子目录,这就需要递归复制;b 文件在目的地的路径:如果是从"f:\java"复制到"f:\bak",那么"f:\java\src"在目的地中的路径为"f:\bak\src","f:\java\Person. java"为"f:\bak\Person. java","f:\java\src\Stu. java"为"f:\bak\src\Stu. java"。如何得到文件在目的地的路径?对于该问题,可用以下代码进行处理:

```
static String src="f:/java";          //源文件夹,注意大小写都和实际文件夹名字一致
static String dest="f:/bak";          //目的地,注意大小写
static String getNewPath(File temp){  //得到文件在目的地的路径,temp 是要复制的源文件
    String oldPath=temp.getAbsolutePath().replace('\\','/');
    String newPath=oldPath.replaceFirst(src,dest);
    return newPath;
}
```

其中,replace("\\","/")是为了简化转义字符的处理,Windows 中返回的路径中有"\"。"/"在 Windows 一样可以识别为路径分隔符。具体编程时可以先不用这句,试试如何。

6. 用 char[]、Reader、Writer 进行字符文件的复制。

7. 有一个 Student 类,有学号(id)、姓名(name)、各科(math、os、java)成绩。结合9.2.5节,从控制台输入信息创建学生类,输入错误时提示重新输入。

提示:输入名字时要得到的为 String,即使输入了多个空格,仍然是合法值。不能用输

入学号时处理 InputMismatchException 的方法来实现输错时提示重新输入。需要自己判断什么是合法值、什么是非法值,如可用 name. trim(). length() == 0 进行判断:先用 trim() 去掉首尾空格,然后判断长度是否为 0。

使用 Scanner 的 next()方法时,无法输入多个空格。这是因为默认情况下 Scanner 使用空格作为多个值之间的分隔。Scanner 希望接收到的是"值分隔符值分隔符……"这样形式的字符串,当输入多个空格时,得到的都是分隔符,没有值,所以会一直等待输入有效值,也就无法为 name 中输入空格。

这时可使用 Scanner 的 nextLine()方法来为 name 中输入空格。

8. 用 DataInputStream 和 DataOutputStream 保存和读入二维数组。

9. 用 RandomAccessFile 保存和读入二维数组。

10. 压缩一个目录下的所有文件。

提示:这里和递归复制目录类似,同样需要考虑文件的路径问题,如压缩"f:\temp\java",那么"f:\temp\java\src"对应的名字为"java/src/","f:\temp\java\conf. xml"对应的为"java/conf. xml"。

11. 用 JarInputStream 和 JarOutputStream 压缩和解压缩单个文件、目录。

第 10 章　图形用户界面

图形用户界面(Graphical User Interface,GUI)是用户和应用程序之间的接口。良好的图形用户界面可以方便用户对程序的操作。Java 在 JDK 中提供了丰富的工具来帮助程序员构建 GUI。本章将介绍构建 GUI 的一些基础的类,这些类定义在 java.awt 和 javax.swing 包中。

10.1　AWT 包与 Swing 包

在 java.awt 包中定义的是 Java 在早期版本中提供的抽象窗口工具集(Abstract Window Toolkit,AWT)所包含的一些类,如按钮、标签、菜单、对话框等。由于 AWT 工具集中包含本地代码,组件的外观或界面显示风格(Look and Feel,L&F)和本地平台有关,所以在 AWT 中定义的组件称为重量级组件(Heavyweight)。

javax.swing 包中定义的是 Swing 组件。大部分 Swing 组件不含本地代码,其组件的外观不再和本地平台有关,可以自行设定组件要显示的外观特征。将不包含本地代码的 Swing 组件称为轻量级组件(Lightweight)。Swing 组件中的 JFrame 和 JDialog 属于重量级组件。

java.awt 包和 javax.swing 包中的类在 Java 类中的继承关系如图 10.1 所示。

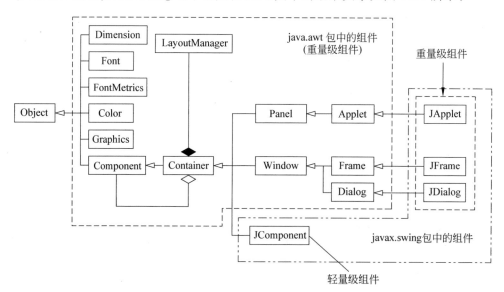

图 10.1　java.awt 包和 javax.swing 包中的类在 Java 类中的继承关系

从图 10.1 可以看出,java.awt 包主要包含 Font、Color、Component 等类及其子类;javax.swing 包主要包含 JFrame、JDialog、JComponent 等类及其子类。由于篇幅所限,这里没有将 java.awt 包和 javax.swing 包中的类在一幅图中逐个显示出来,图 10.2 和图 10.3 分别给出了这两个包中包含的主要类及其继承关系。

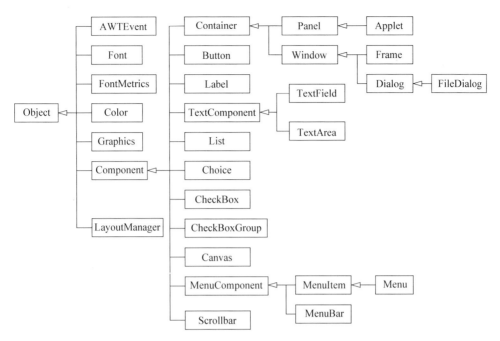

图 10.2 java.awt 包中主要的类及继承关系

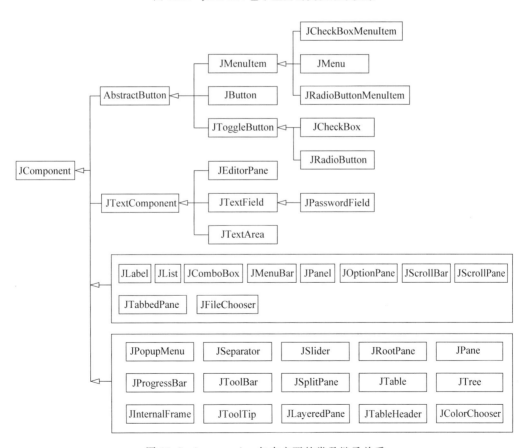

图 10.3 javax.swing 包中主要的类及继承关系

从图 10.2 和图 10.3 中可以看到,Swing 组件中的许多类名和 AWT 组件中的类名相似(名字只相差一个字母 J),例如 JButton 和 Button、JLabel 和 Label,等等,其实它们对应组件的功能是相似的,例如都是按钮和标签。只是 Swing 中的组件(例如 JButton 和 JLabel)比 AWT 组件(例如 Button 和 Label)的功能更强大(例如这些按钮和标签除了可以显示字符串外,还可以添加图标等)且外观不依赖于平台,而 AWT 中的组件,例如 Button 和 Label 却不能添加图标,只能显示普通的字符串,并且它们的外观是由本地平台决定的。

既然 Swing 中的组件功能强于 AWT 中的组件,那么是否就意味着可以舍弃 AWT 呢?答案是否定的。因为从图 10.2 中可以看到 AWT 中除了定义有组件外,还有 Color、Graphics 等类,另外其所定义的某些机制也仍然在使用。所以本书在讲解 GUI 组件时,主要以 Swing 组件为主,也可使用 AWT 中的组件,但建议不要混合使用它们。

GUI 类可以分成 3 种:辅助类、组件类、容器类。

10.1.1　辅助类

辅助类是用来设置 GUI 组件属性的类,例如 java.awt 包中,将组件的高度和宽度封装在对象中的 Dimension 类、设置字体的 Font 类、获取字体属性的 FontMetrics 类、设置颜色的 Color 类、提供图形环境,用于绘制图形的 Graphics 类、设置组件摆放方式的 LayoutManager 接口,等。由于篇幅所限,本书会对实现了 LayoutManager 接口的类进行较为详细地讲解,对其他的辅助类,只在示例中附带讲解。

10.1.2　组件类

JComponent 是所有轻量级 Swing 组件类的父类,常用的有按钮(JButton)、标签(JLabel)、文本框(JTextField)、文本区(JTextArea)、列表框(JList)等。可以通过创建这些类的实例来产生这些组件,如:

```
JButton jb=new JButton("OK");
JLabel jl=new JLabel("欢迎进入 Java 世界!");
```

这些组件不能独立存在,必须放在容器内。

10.1.3　容器类

容器类,顾名思义,就是可以容纳或安放其他组件的类。Swing 中的 JFrame、JDialog、JPanel 都是容器类。

(1) JFrame:作为 GUI 的顶级窗口使用,不能包含在其他窗口内。它是 Window 类的子类,具有标题栏,窗口的大小可以改变。

(2) JDialog:是一个对话框窗口,也是 Window 类的子类,具有标题栏,但窗口的大小不能改变。

(3) JPanel(面板):JPanel 是不可见的容器,不能单独显示,面板可以嵌套。JPanel 还可以作为画布来画图。

以上这些类都是 Container 类的间接子类,都能使用 Container 类的 add()方法向容器中添加组件。本节主要介绍 JFrame 和 JPanel。

1. JFrame

（1）构造方法。创建 JFrame 窗口的过程，就是通过其构造方法创建 JFrame 对象的过程。JFrame 常用的构造方法如下。

① public JFrame( )：创建没有标题的 JFrame 对象。

② public JFrame(String title)：创建一个标题为 title 的 JFrame 对象。

（2）常用方法。JFrame 类本身定义的方法，常用的有以下几种。

① public Container getContentPane( )。JFrame 窗口暗含有一个内容嵌板（ContentPane），当向 JFrame 窗口添加组件（除了 JMenuBar 菜单栏，因为菜单栏应直接添加到 JFrame 上，不能添加到内容嵌板上）时，其实是在该内容嵌板上添加的，所以在编写代码向 JFrame 窗口添加组件时，应明白写出是向内容嵌板上添加。如何获取这个内容嵌板，就使用 getContentpane()方法。例如：

```
JFrame jf=new JFrame();
JButton jb=new JButton("OK");        //创建一个按钮,按钮上显示"OK"
jf.getContentPane().add(jb);          //将上面的按钮添加到 JFrame 的内容嵌板上
```

Java 为了方便用户，也允许用户这样来写：

```
jf.add(jb);
```

但即使这样写，也是将按钮添加到了内容嵌板上。

② public void setContentPane(Container contentPane)。除了用 getContentPane()方法得到内容嵌板外，也可以将现有的容器，如 JPanel，设为内容嵌板。

③ public void setDefaultCloseOperation(int operation)。设置 JFrame 窗口右上角的关闭按钮 的默认动作。这里的参数如下（定义在 WindowConstants 中）。

* DO_NOTHING_ON_CLOSE。单击关闭按钮时，系统什么也不做。
* HIDE_ON_CLOSE。单击关闭按钮时，隐藏窗口，但不释放或退出程序。
* DISPOSE_ON_CLOSE。单击关闭按钮时，隐藏并释放窗口。
* EXIT_ON_CLOSE。单击关闭按钮时，关闭窗口，并退出应用程序。

如果不使用本方法设置关闭按钮的动作，默认是 HIDE_ON_CLOSE。

④ public void setLayout(LayoutManager manager)。设置版面的布局方式，即窗口中的组件如何排列。参数是版面布局管理器对象。关于版面布局管理器将在 10.2 节介绍。

⑤ public void setJMenuBar(JMenuBar menubar)。在 JFrame 窗口中添加菜单栏，参数为菜单栏 JMenuBar 对象，后面有介绍。

JFrame 类继承的方法很多，常用的有下面 5 种。

① public Component add(Component comp)。在 JFrame 窗口中添加组件。Container 类定义有很多 add()方法，这里限于篇幅，只列出其中一个。

② public void setBackground(Color c)。设置 JFrame 窗口的背景色，但由于 JFrame 暗含内容嵌板（ContentPane），所以，要设置窗口的背景色时，直接设置内容嵌板的背景色即可。该方法的参数为 Color 类的对象（有关 Color 类，可查看 Java 帮助文档），通常直接使用 Color 类定义的常量即可指定颜色，如 setBackgroud(Color. RED) 即是设置背景为红色。

③ public void setLocation(int x,int y)。设置 JFrame 窗口显示的位置。Java 中每个

组件都有自己的坐标系统,以像素为单位,原点(0,0)在该组件所在的上一层组件的左上角,x 坐标向右增加,y 坐标向下增加。

④ public void setSize(int width, int height)。设置 JFrame 窗口的大小。

⑤ public void setVisible(boolean b)。设定 JFrame 窗口是否显示出来。当参数为 true 时,显示该窗口;当参数为 false 时,不显示该窗口。

例 10.1 创建一个 JFrame(ch10\MyFrame.java)。

```java
import javax.swing.*;
import java.awt.*;
public class MyFrame{
    private JFrame f;
    //JButton jb=new JButton("OK");
    public MyFrame()    {
    f=new JFrame("Hello,this is the first GUI");
    }
    public void launchFrame(){
        f.setSize(170,170);
        f.setLocation(50,50);
        Container c=f.getContentPane();
        c.setBackground(Color.BLUE);
        //c.add(jb);
        f.setVisible(true);
        f.setDefaultCloseOperation(JFrame.EXIT_ON_CLOSE);
    }
    public static void main(String args[]){
        MyFrame mf=new MyFrame();
        mf.launchFrame();
    }
}
```

说明:由于本例使用到 javax.swing 包中的组件,所以要在程序开头引入这个包。同样道理,在本例中用到了 java.awt 包中的 Color 类,所以也要引入这个包。

本例中的窗口是通过在自定义类中直接创建 JFrame 对象而产生的。还可以通过定义一个类并让该类继承 JFrame 的方式来创建 JFrame 窗口。例如下面的程序代码是对上面程序的改写。

```java
public class MyFrame extends JFrame{
    public static void main(String args[]){
        MyFrame mf=new MyFrame();
        //JButton jb=new JButton("OK");
        mf.setTitle("Hello,this is the first GUI");
        mf.setLocation(50,50);
        mf.setSize(170,170);
        Container c=mf.getContentPane();
        c.setBackground(Color.BLUE);
```

```
        //c.add(jb);
        mf.setVisible(true);
        mf.setDefaultCloseOperation(JFrame.EXIT_ON_CLOSE);
    }
}
```

不管使用哪种方式,产生的运行结果相同,如图 10.4 所示。

如果在例 10.1 中取消掉如下代码的注释,其运行效果如图 10.5 所示。

```
JButton jb=new JButton("OK");
c.add(jb);
```

图 10.4　MyFrame 运行效果图　　　　　图 10.5　加入按钮后的 MyFrame 运行效果图

通常会发现窗口被按钮所覆盖,蓝色的背景色也不见了。原因是 JFrame 窗口有它自己默认的版面布局方式(BorderLayout),这种布局方式限定了添加在其上的组件的排列方式,可以通过 setLayout(LayoutManager manager)重新设定。可在程序中加入如下代码,来观察运行结果:

```
f.setLayout(new FlowLayout());
```

2. JPanel(面板)

不仅可以在 JPanel 上绘制图形,而且可以利用 JPanel 构建复杂的 GUI。这里先介绍如何在面板上画图。

首先要创建一个由 JPanel 扩展的类,然后覆盖 paitComponent(Graphics g)方法告诉面板如何画图。该方法定义在 JComponent 类中,由于 JPanel 是 JComponent 的子类,所以继承了该方法,该方法的头部是如下:

```
protected void paintComponent(Graphics g)
```

当组件第一次显示或需要重新显示时,该方法会被自动调用。参数 g 是抽象类 Graphics 在特定平台上具体子类的一个对象,由 Java 虚拟机为每个 GUI 组件自动创建。该对象可以使用定义在 Graphics 类中的字符串绘制方法和几何图形绘制方法来绘制字符串和图形。这里简单介绍几个,可在 Java 的帮助文档中了解到更多的方法。

(1) drawString(String str,int x,int y)。在坐标为(x,y)的地方绘制字符串 str。

(2) drawLine(int x_1,int y_1,int x_2,int y_2)。在起点(x_1,y_1)和终点(x_2,y_2)之间画一条直线。

(3) drawRect(int x,int y,int w,int h)。画矩形,该矩形的左上角在(x,y)坐标,宽和高分别是 w 和 h。

(4) drawOval(int x,int y,int w,int h)。画椭圆,在 Java 中椭圆是根据它的外接矩形绘制的,参数的含义和画矩形方法的参数一样。

例 10.2 在 JPanel 上绘制图形(ch10\DrawOnJPanel.java)。

```java
import javax.swing.*;
import java.awt.*;
public class DrawOnJPanel extends JFrame{
    public static void main(String[] args){
        DrawPanel p=new DrawPanel();
        DrawOnJPanel f=new DrawOnJPanel();
        f.setTitle("绘制图形");
        f.getContentPane().add(p);
        f.setDefaultCloseOperation(JFrame.EXIT_ON_CLOSE);
        f.setSize(300,200);
        f.setVisible(true);
    }
}
class DrawPanel extends JPanel{
    protected void paintComponent(Graphics g){
        /**为了保证在一副新图显示之前视图区域是干净的,
        要调用超类的 paintComponent(g)方法*/
        super.paintComponent(g);
        g.setColor(Color.red);
        g.drawString("字符串",20,50);
        g.drawLine(120,10,200,50);
        g.drawRect (60, 80, getWidth ( )/2 - 30,
        getHeight()/2-30);
        g.drawOval (60, 80, getWidth ( )/2 - 30,
        getHeight()/2-30);
    }
}
```

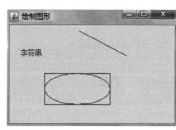

图 10.6 DrawOnJPanel 运行效果图

运行结果如图 10.6 所示。

10.2 版面布局管理器

在 Java 中,当把组件添加到容器中时,组件的摆放位置是由容器的布局管理器来安排的。在例 10.1 中,当向 JFrame 中加入按钮时,会充满整个 JFrame 窗口,这是 JFrame 默认的布局管理器(BorderLayout)所导致的。

布局管理器是使用布局管理器类创建的,每一个布局管理器类都实现了 LayoutManager 接口。如果要改变容器的布局管理器,就要使用 setLayout(LayoutManager)方法,进行重新设定。本节将介绍目前常用的 java.awt 包中的 FlowLayout、BorderLayout、GridLayout、CardLayout 布局管理器。

10.2.1 FlowLayout

FlowLayout 布局管理器会按照添加组件的顺序，从左往右把组件排列在容器中，排满一行时，再在下面开始新的一行。组件的大小为默认的最佳大小（Preferred size，即恰好能容纳下组件上所显示的文本），当改变容器大小时，其上的组件位置也会相应改变，但大小不变。这是 Panel、JPanel、Applet 等容器默认的布局管理器。

FlowLayout 的构造方法如下。

（1）public FlowLayout()。创建一个对齐方式为居中，水平间距和垂直间距都是 5 个单位的 FlowLayout 对象。

（2）public FlowLayout(int align)。创建一个指定对齐方式（align）、水平间距和垂直间距都是 5 个像素的 FlowLayout 对象。常用的对齐方式为居左、居右、居中，对应的常量为FlowLayout.LEFT、FlowLayout.RIGHT、FlowLayout.CENTER。

（3）public FlowLayout(int align,int hgap,int vgap)。创建一个指定对齐方式（align）、指定水平间距（hgap）和垂直间距（vgap）的 FlowLayout 对象。

创建好 FlowLayout 对象之后，还可以通过 FlowLayout 中定义的 setAlignment(int align)、setHgap(int hgap)、setVgap(int vgap)方法重新设置对齐方式、水平间距和垂直间距。

例 10.3 FlowLayout 的使用(ch10\ShowFlowLayout.java)。

```
import javax.swing.*;
import java.awt.*;
public class ShowFlowLayout extends JFrame{
    private JButton[] b;
    private JButton jb;
    public ShowFlowLayout(){
        b=new JButton[5];
        for(int i=1;i<=5;i++){
            b[i-1]=new JButton("JButton"+i);
        }
        jb=new JButton("Welcome to Java");
    }
    public void launchFrame(){
        Container c=getContentPane();
        c.setLayout(new FlowLayout(FlowLayout.RIGHT,10,15));
        for(int i=0;i<5;i++){
            c.add(b[i]);
        }
        c.add(jb);
        setTitle("FlowLayout 示例");
        setDefaultCloseOperation(JFrame.EXIT_ON_CLOSE);
        pack();
        setVisible(true);
    }
```

```
public static void main(String args[]){
    ShowFlowLayout sf=new ShowFlowLayout();
    sf.launchFrame();
}
}
```

运行结果如图 10.7 所示。

图 10.7 ShowFlowLayout 运行效果图

用鼠标拖动的方式改变结果窗口的大小,得到的窗体如图 10.8 所示。

10.2.2 BorderLayout

BorderLayout 布局管理器将容器分成东、西、南、北、中 5 个区域,如图 10.9 所示。当向由 BorderLayout 管理的容器中添加组件时,应指明将组件放入哪个区域,可使用组件的 add(Component comp,Object constraints)方法,constraints 的取值可以是 BorderLayout. EAST、BorderLayout. WEST、BorderLayout. SOUTH、BorderLayout. NORTH、BordeLayout. CENTER,为了简便,constraints 的取值也可使用"East" "West" "South " "North" "Center", 注意以上两种方式的大小写不同。如果不指明组件的摆放区域,默认放在中间区域。添加到某个区域的组件将完全占据该区域。每个区域只能放置一个组件,如果要向某个区域放置多个组件,就要使用容器(如 JPanel)嵌套,否则该区域只显示最后一个添加进来的组件。添加到各区域的组件的大小由区域的大小决定。

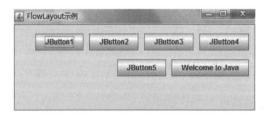

图 10.8 改变窗口大小后 ShowFlowLayout 运行效果图

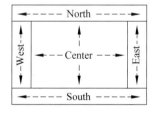

图 10.9 BorderLayout 布局

BorderLayout 是 JFrame 等容器的默认布局管理器。

BorderLayout 的构造方法如下。

(1) public BorderLayout()。创建一个组件间无间距的 BorderLayout 的对象。

(2) public BorderLayout(int hgap,int vgap)。创建一个组件间水平、垂直间距分别为 hgap 和 vgap 的 BorderLayout 的对象。

例 10.4 BorderLayout 的使用(ch10\ShowBorderLayout. java)。

```
import javax.swing.*;
import java.awt.*;
public class ShowBorderLayout extends JFrame{
```

```
        private JButton jb1,jb2,jb3,jb4,jb5;
        private JLabel jl;
        private JPanel jp;
        public ShowBorderLayout(){
            jb1=new JButton("东");
            jb2=new JButton("西");
            jb3=new JButton("南");
            jb4=new JButton("北");
            jb5=new JButton("中");
            jl=new JLabel("欢迎来到:");
            jp=new JPanel();
        }
        public void launchFrame(){
            Container c=getContentPane();
            c.add(jb1,BorderLayout.EAST);        //或写为 c.add(jb1,"East");
            c.add(jb2,BorderLayout.WEST);        //或写为 c.add(jb2,"West");
            c.add(jb3,BorderLayout.SOUTH);       //或写为 c.add(jb3,"South");
            c.add(jb4,BorderLayout.NORTH);       //或写为 c.add(jb4,"North");
            jp.add(jl);
            jp.add(jb5);
            c.add(jp,BorderLayout.CENTER);       //或写为 c.add(jp,"Center");
            setTitle("BorderLayout 示例");
            setDefaultCloseOperation(JFrame.EXIT_ON_CLOSE);
            setSize(300,200);
            setVisible(true);
        }
        public static void main(String args[]){
            ShowBorderLayout sbo=new ShowBorderLayout();
            sbo.launchFrame();
        }
    }
```

运行结果如图 10.10 所示。

由于 JFrame 的默认布局管理器就是 BorderLayout，所以在 JFrame 上添加组件时要指明添加在哪个区域。在上例中，如果要在中间区域添加并显示多个组件（本例为添加标签和按钮两个组件），使用的是 JPanel 组件，该组件可以帮助构建比较复杂的 GUI。JPanel 的默认布局管理

图 10.10　ShowBorderLayout
运行效果图

器是 FlowLayout，所以添加的标签和组件将按照添加的顺序，从左往右依次摆放。

当将图 10.10 左右拉伸时，会发现南、北、中区域的宽度变化，而东、西宽度不变；当垂直拉伸时，东、西、中区域的高度变化，而南、北高度不变。这是采用 BorderLayout 的容器的水平和垂直扩展的特点。

10.2.3　GridLayout

GridLayout 布局管理器是把容器平均分割成若干个(行数乘列数)网格,当向该容器中添加组件时,组件按照添加的顺序从左到右依次放入每个网格中,当第一行的网格添加完后,继续往第二行添加,如此下去。添加到网格中的组件的大小受网格大小的约束。

GridLayout 的构造方法:

(1) public GridLayout()。创建一个将容器划分成一行一列的 GridLayout 对象。

(2) public GridLayout(int rows, int cols)。创建一个将容器划分成 rows 行 cols 列的 GridLayout 对象,即将容器等分成 rows * cols 个网格。

(3) public GridLayout(int rows, int cols, int hgap, int vgap)。创建一个将容器划分成 rows 行 cols 列的 GridLayout 对象,网格之间的水平间距为 hgap,垂直间距为 vgap。

例 10.5　GridLayout 的使用(ch10\ShowGridLayout.java)。

```java
import javax.swing.*;
import java.awt.*;
public class ShowGridLayout extends JFrame{
    private JLabel jl;
    private JButton ok,cancel;
    private JTextField jt;
    private JPanel jp1,jp2;
    private JButton[] jb;
    public ShowGridLayout(){
        jl=new JLabel("请输入手机号码");
        ok=new JButton("确认");
        cancel=new JButton("取消");
        jt=new JTextField(15);
        jp1=new JPanel();
        jp2=new JPanel();
        jb=new JButton[10];
        for(int i=0;i<10;i++){
            jb[i]=new JButton(new Integer(i).toString());
        }
    }
    public void launchFrame(){
        Container c=getContentPane();
        GridLayout gl=new GridLayout(4,3,5,5);
        jp1.add(jl);
        jp1.add(jt);
        jp2.setLayout(gl);
        for(int i=1;i<10;i++){
            jp2.add(jb[i]);
        }
        jp2.add(jb[0]);
        jp2.add(ok);
```

```
        jp2.add(cancel);
        c.add(jp1,"North");
        c.add(jp2,"Center");
        setTitle("GridLayout 示例");
        setDefaultCloseOperation(JFrame.EXIT_ON_CLOSE);
        setSize(300,200);
        setVisible(true);
    }
    public static void main(String args[]){
        ShowGridLayout sg=new ShowGridLayout();
        sg.launchFrame();
    }
}
```

运行结果如图 10.11 所示。

图 10.11　ShowGridLayout 运行效果图

10.2.4　CardLayout*

CardLayout 布局管理器是一种使容器可以收纳一系列卡片的布局管理器。卡片是一张张地被添加到容器中,但在某一时刻只能显示一张卡片上的内容。程序中如果不特别指定,首次运行时显示的是第一个被添加的卡片。

CardLayout 的构造方法如下。

(1) public CardLayout()。创建一个水平和垂直间距均为 0 的 CardLayout 对象。水平间距指卡片距离容器左、右边界的距离;垂直间距指卡片距离容器上、下边界的距离。

(2) public CardLayout(int hgap, int vgap)。创建一个水平和垂直间距分别为 hgap 和 vgap 的 CardLayout 对象。

例 10.6　CardLayout 的使用(ch10\ShowCardLayout.java)。

```
import java.awt.*;
import java.awt.event.*;
import javax.swing.*;
public class ShowCardLayout extends JFrame{
    private JPanel p1,p2,p3;
    private JLabel lb1,lb2,lb3;
    private CardLayout myCard;
    private Container c;
    public ShowCardLayout(){
        myCard=new CardLayout(5,10);
        p1=new JPanel();
        p2=new JPanel();
        p3=new JPanel();
        lb1=new JLabel(new ImageIcon("img1.jpg"));
        lb2=new JLabel(new ImageIcon("img2.jpg"));
        lb3=new JLabel(new ImageIcon("img3.jpg"));
    }
```

```java
    public void launchFrame(){
            c=getContentPane();
            c.setLayout(myCard);
            p1.add(lb1);
            p2.add(lb2);
            p3.add(lb3);
            p1.addMouseListener(new MA());
            p2.addMouseListener(new MA());
            p3.addMouseListener(new MA());
            c.add(p1,"First");
            c.add(p2,"Second");
            c.add(p3,"Third");
            myCard.show(c,"Third");              //首次运行时显示第三张卡片
            pack();
            setTitle("CardLayout 示例");
            setVisible(true);
            setDefaultCloseOperation(JFrame.EXIT_ON_CLOSE);
    }
    class MA extends MouseAdapter{
        public void mousePressed(MouseEvent e){
            myCard.next(c);                      //显示下一张图片
        }
    }
    public static void main(String args[]){
        ShowCardLayout sc=new ShowCardLayout();
        sc.launchFrame();
    }
}
```

程序说明：

由于采用 CardLayout 布局的容器每次只能显示一个卡片上的内容,所以为了将卡片一一展示出来,此处提前给出了鼠标事件的处理代码,有关事件处理会在第 10.3 节中详细介绍,这里只介绍本例鼠标事件的作用是当用户在 JPanel 上单击鼠标时,容器就会显示下一张卡片,这项操作是通过使用 CardLayout 的 next(Container parent)方法实现的。除此之外,还可以调用 CardLayout 的 first(Container parent)、last(Container parent)、previous(Container parent)来显示第一张、最后一张和上一张卡片的内容。CardLayout 的 show(Container parent, String name)方法指出程序运行时最初显示哪张卡片。

运行结果如图 10.12 所示。当程序运行后,首先显示第三张卡片的内容,如图 10.12(a)所示。当用户在界面上单击鼠标后将显示如图 10.12(b)中的画面;再次单击鼠标后,显示下一张图片的内容,如图 10.12(c)所示。如果用户继续单击鼠标,将再次分别展示图 10.12 中的画面。

10.2.5　无布局管理器

有时,不需要系统提供的布局管理器,这时可以使用 setLayout(null)方法。但要使用

| (a) | (b) | (c) |

图 10.12 ShowCardLayout 运行效果图

setLocation()、setSize()、setBounds()等方法来手工设置组件的位置和大小。

10.3 事 件 处 理

在例 10.5 中,想通过单击界面上的数字按钮来输入手机号,但运行的结果是单击这些按钮不会产生任何反应;而在例 10.6 中,当单击界面中的面板时界面就会展示出不同的画面。这是为什么呢? 通过查看它们的程序代码,可以发现在例 10.6 中加入的有事件处理代码,而在例 10.5 中却没有。通常情况下设计的 GUI 是要和用户进行交互的,这些交互操作是通过事件处理来完成的,本节将会介绍 Java 的事件处理。

10.3.1 事件处理机制

1. 事件模型
Java AWT 采用的是委托事件处理机制,即当用户对组件(事件源)进行操作时,组件本身并不对用户的操作做出反应,而是委托给监听该操作(事件)的监听器进行处理,当然,委托的前提是该组件事先已经注册了相关的监听器。图 10.13 给出了 AWT 的委托事件处理模型。

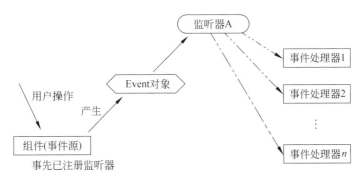

图 10.13 AWT 的委托事件处理模型

在该事件模型中,有 3 个主要成分。

(1)事件(Event)。在界面上的操作,如单击或拖动鼠标、按下键盘等,这时系统将产生一个和该操作对应的事件对象。在 Java AWT 中定义有不同类型的事件类,它们定义在

java. awt. event 包中，如图 10.14 所示。

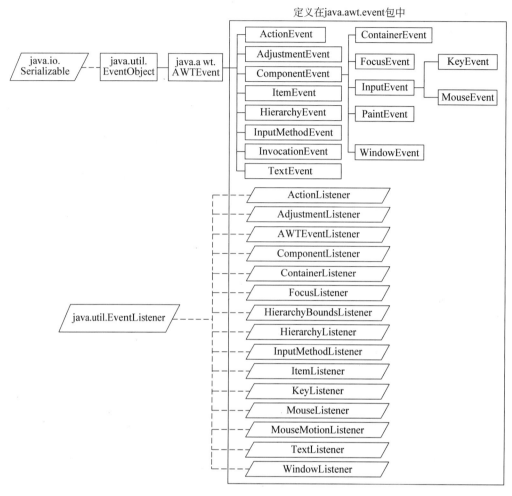

图 10.14 java. awt. event 包中定义的事件类及监听器

(2) 事件源(Event source)。产生事件的组件称为事件源。

(3) 事件处理器(Event handler)。事件处理器就是一个接收事件对象并做出反应的方法。事件处理器定义在监听器(Listener)中。Java AWT 中的监听器也定义在 java. awt. event 包中，如图 10.14 所示。

Swing 也使用 AWT 的基于监听器的事件处理机制，因而也要使用到 java. awt. event 包中的类，当然在 java. swing. event 包中也增加了一些新的事件类和监听器。

2. 监听器

监听器是事件处理机制的重要组成部分，在 Java 中针对每一种事件都定义有相应的监听器，如图 10.14 所示。监听器其实就是接口，其中定义了接收事件的方法。使用监听器的过程如下：

(1) 实现监听器接口。实现监听器接口和实现普通的接口的方法一样，即定义一个类，使用 implements 关键字指出要实现哪些接口，并在该类中给出接口中抽象方法的实现即可。例如：

```
class SomeListener implements ActionListener{
    public void actionPerformed (ActionEvent e){
    ...                                    //给出响应代码
    }
}
```

（2）注册监听器。调用组件的 addXxxListener()方法，为该组件注册监听 XxxEvent 事件的监听器。该方法的参数为实现了 XxxListener 接口的类的实例。例如：

```
someComponent.addActionListener(new SomeListener());
```

也可采用匿名内部类的方式来将上述两步合为一步，即

```
someComponent.addActionListener(new ActionListener(){
    public void actionPerformed (ActionEvent e){
    ...                                    //给出响应代码
    }
});
```

3. 组件及其对应的事件类和监听器

上面概要讲述了 Java AWT 的事件处理机制，表 10.1 以常用 Swing 组件为例总结了组件及其支持的事件、监听器类型以及监听器中的抽象方法。

表 10.1　组件及其支持的事件、监听器及监听器中的方法

事件、监听器接口、注册和移除监听器方法	监听器中的方法	支持事件的组件
ActionEvent ActionListener addActionListener() removeActionListener()	actionPerformed(ActionEvent)	JButton、JList、JTextField、JMenuItem 和它的子类、JMenu、JPopupMenu
AdjustmentEvent AdjustmentListener addAdjustmentListener() removeAdjustmentListener()	adjustmentValueChanged（AdjustmentEvent）	JScrollBar 和实现了 Adjustable 接口的组件
ComponentEvent ComponentListener addComponentListener() removeComponentListener()	componentHidden(ComponentEvent) componentShown(ComponentEvent) componentMoved(ComponentEvent) componentResized(ComponentEvent)	Component 组件及其子类
ContainerEvent ContainerListener addContainerListener() removeContainerListener()	componentAdded(ContainerEvent) componentRemoved(ContainerEvent)	Container 组件及其子类
FocusEvent FocusListener addFocusListener() removeFocusListener()	focusGained(FocusEvent) focusLost(FocusEvent)	Component 组件和衍生类

事件、监听器接口、注册 和移除监听器方法	监听器中的方法	支持事件的组件
KeyEvent KeyListener addKeyListener( ) removeKeyListener( )	keyPressed(KeyEvent) keyReleased(KeyEvent) keyTyped(KeyEvent)	Component 组件和衍生类
MouseEvent MouseListener addMouseListener( ) removeMouseListener( )	mouseClicked(MouseEvent) mouseEntered(MouseEvent) mouseExited(MouseEvent) mousePressed(MouseEvent) mouseReleased(MouseEvent)	Component 组件和衍生类
MouseEvent MouseMotionListener addMouseMotionListener( ) removeMouseMotionListener( )	mouseDragged(MouseEvent) mouseMoved(MouseEvent)	Component 组件和衍生类
WindowEvent WindowListener addWindowListener( ) removeWindowListener( )	windowOpened(WindowEvent) windowClosing(WindowEvent) windowClosed(WindowEvent) windowActivated(WindowEvent) windowDeactivated(WindowEvent) windowIconified(WindowEvent) windowDeiconified(WindowEvent)	Window 组件及其子类，如 JFrame 等
ItemEvent ItemListener addItemListener( ) removeItemListener( )	itemStateChanged(ItemEvent)	JCheckBox、JCheckBoxMenuItem、JComboBox、JList，以及实现了 ItemSelectable 接口的组件

10.3.2 事件处理示例

1. 按钮事件

下面通过为例 10.5 中的按钮添加事件处理代码来达到和用户交互的目的：当单击数字键(0～9)进行手机号的输入时，会在文本框中显示用户所输入的号码，如图 10.15 所示，如果输入的手机号是 11 位，单击"确定"按钮，将显示如图 10.16 所示的对话框；当用户输入的手机号码不是 11 位时，单击"确定"按钮，将显示错误提示对话框，如图 10.17 所示；当单击"取消"按钮时，将清空文本框中的内容，如图 10.18 所示。

图 10.15　文本框显示输入的内容

图 10.16　提示手机号对话框

图 10.17 "错误提示"对话框

图 10.18 清除文本框内容

根据题目要求，对例 10.5 的程序进行修改，程序中有底纹的是在例 10.5 的程序中新添加的代码。具体程序如下：

```java
import javax.swing.*;
import java.awt.*;
import java.awt.event.*;                    //引入事件包
public class ShowGridLayout extends JFrame{
    private JLabel jl;
    private JButton ok,cancel;
    private JTextField jt;
    private JPanel jp1,jp2;
    private JButton[] jb;
    private static String str="";           //声明一个静态变量用来存储用户输入的数字
    public ShowGridLayout(){
        jl=new JLabel("请输入手机号码");
        ok=new JButton("确认");
        cancel=new JButton("取消");
        jt=new JTextField(15);
        jp1=new JPanel();
        jp2=new JPanel();
        jb=new JButton[10];
        for(int i=0;i<10;i++){
            jb[i]=new JButton(new Integer(i).toString());
            jb[i].addActionListener(new Lis());      //为 0~9 这 10 个按钮注册监听器
        }
        ok.addActionListener(new Lis());             //为 OK 按钮注册监听器
        cancel.addActionListener(new Lis());         //为 cancel 按钮注册监听器
    }
    public void launchFrame(){
        Container c=getContentPane();
        GridLayout gl=new GridLayout(4,3,5,5);
        jp1.add(jl);
        jp1.add(jt);
```

```
        jp2.setLayout(gl);
        for(int i=1;i<10;i++){
            jp2.add(jb[i]);
        }
        jp2.add(jb[0]);
        jp2.add(ok);
        jp2.add(cancel);
        c.add(jp1,"North");
        c.add(jp2,"Center");
        setTitle("GridLayout 示例");
        setDefaultCloseOperation(JFrame.EXIT_ON_CLOSE);
        setSize(300,200);
        setVisible(true);
    }
    //声明一个内部类 Lis
    class Lis implements ActionListener{
        public void actionPerformed (ActionEvent e){
            Object source=e.getSource();
            if(source==ok){
                if(str.length()!=11)
                    JOptionPane.showMessageDialog(null,
                                "您输入的号码不正确", "错误提示!",
                                JOptionPane.ERROR_MESSAGE);
                else
                    JOptionPane.showMessageDialog(null,
                                "您输入的号码是:"+str, "提示!",
                                JOptionPane.INFORMATION_MESSAGE );
            }
            else
                if(source==cancel){
                    str="";
                    jt.setText(str);
                }
                else{
                    str+=e.getActionCommand();
                    jt.setText(str);
                }
        }
    }
    public static void main(String args[]){
        ShowGridLayout sg=new ShowGridLayout();
        sg.launchFrame();
    }
}
```

程序说明：

在本例中，当单击某一个按钮时，就会有 ActionEvent 事件发生，该事件会传递给在该按钮上已注册（使用 addActionListener()方法注册）的事件监听器 ActionListener，系统就会执行该 ActionListener 中 actionPerformed()方法所定义的操作。

2. 鼠标事件

当组件中有鼠标动作发生时就会产生 MouseEvent 事件，该事件就会传递给在该组件上已经注册的事件监听器 MouseListener 或 MouseMotionListener，系统就会执行这些监听器中的所定义的操作。

MouseListener 主要监听鼠标在组件上的单击（click）、按下（press）、释放（release）、进入（enter）和离开（exit）动作。因而此接口中定义了以下抽象方法：

（1）void mouseClicked(MouseEvent e)。

（2）void mousePressed(MouseEvent e)。

（3）void mouseReleased(MouseEvent e)。

（4）void mouseEntered(MouseEvent e)。

（5）void mouseExited(MouseEvent e)。

MouseMotionListener 主要监听鼠标在组件上的拖动（dragged）和移动（moved）操作。该接口中定义的抽象方法如下：

（1）void mouseDragged(MouseEvent e)。

（2）void mouseMoved(MouseEvent e)。

例 10.7 设计一个窗体，当鼠标进入该窗体时，会显示"鼠标闯入！"；当鼠标在窗体中被拖动时，显示鼠标拖动时的位置；当鼠标离开窗体时，显示"鼠标离开，警报解除！"(ch10\MouseTest.java)。

```java
import java.awt.*;
import java.awt.event.*;
import javax.swing.*;
public class MouseTest extends JFrame{
    private JLabel label1,label2;
    public MouseTest(){
        super("Mouse Testing ");
        Container c=getContentPane();
        c.setLayout(new BorderLayout(5,5));
        //创建标签对象,显示"严禁入内!",设定居中对齐
        label1=new JLabel("严禁入内!",SwingConstants.CENTER);
        label2=new JLabel();                    //创建标签对象,但此处不设定显示的文本
        //设定 label2 的水平对齐方式为居中
        label2.setHorizontalAlignment(SwingConstants.CENTER);
        Font g=new Font("宋体", Font.BOLD, 22);       //创建 Font 对象
        label1.setFont(g);                       //设置 label1 的字体
        label1.setForeground(Color.RED);         //设置 label1 的文本颜色
        c.add(label1,BorderLayout.NORTH);
        c.add(label2,BorderLayout.CENTER);
```

```
//为窗体注册 MouseMotionListener 监听器
c.addMouseMotionListener(new MouseMotionHandler());
c.addMouseListener(new MouseEventHandler());        //为窗体注册监听器
setSize(360,300);
setVisible(true);
setDefaultCloseOperation(JFrame.EXIT_ON_CLOSE);
}
```

```
//创建内部类 MouseMotionHandler 用来实现 MouseMotionListener 接口
public class MouseMotionHandler implements MouseMotionListener {
    public void mouseDragged(MouseEvent e){
        label2.setText("鼠标正在拖动,其位置为:X="+e.getX()+"Y="+e.getY());
    }
    public void mouseMoved(MouseEvent e){}
}
//创建内部类 MouseEventHandler 用来实现 MouseListener 接口
public class MouseEventHandler implements MouseListener {
    public void mouseEntered(MouseEvent e){
        label2.setText("鼠标闯入!");
    }
    public void mouseExited(MouseEvent e){
        label2.setText("鼠标离开,警报解除!");
    }
    public void mouseReleased(MouseEvent e){
        label2.setText("鼠标进入,但此时未被拖动!");
    }
    public void mouseClicked(MouseEvent e){}
    public void mousePressed(MouseEvent e){}
}
```

```
    public static void main(String args[]) {
        MouseTest mt=new MouseTest();
    }
}
```

程序说明：

程序中有底纹的代码部分为自定义的实现了监听器接口的类。

3. 键盘事件

在组件上如果有按键的动作(如按下、释放一个键或打字)发生时就会产生 KeyEvent 事件,该事件由 KeyListener 监听器监听。该监听器中定义了以下抽象方法：

(1) void keyPressed(KeyEvent e)。

(2) void keyReleased(KeyEvent e)。

(3) void keyTyped(KeyEvent e)。

例 10.8 设计一个打字游戏：在窗口中随机产生一个 A～Z 的英文字母,当输入正确的字母时,游戏自动产生下一个随机字母;当输入错误的字母时,窗口中的字母不变化,直到

输入正确的字母;当按下 Enter 键时,停止游戏,并在窗口中显示用户打字的正确率;当按下
空格键时,游戏重新开始(ch10\KeyTest.java)。

```java
import java.awt.*;
import java.awt.event.*;
import javax.swing.*;
import java.util.*;
public class KeyTest extends JFrame{
    private KeyPanel kp=new KeyPanel();
    public KeyTest(){
        getContentPane().add(kp);
        kp.setFocusable(true);
    }
    public static void main(String args[]){
        KeyTest kt=new KeyTest();
        kt.setTitle("键盘事件示例");
        kt.setDefaultCloseOperation(JFrame.EXIT_ON_CLOSE);
        kt.setSize(300,300);
        kt.setVisible(true);
    }
}
```

```java
class KeyPanel extends JPanel implements KeyListener{
    private int keyNumber=0;                        //输入次数
    private float rightKeyNumber=0.0f;              //正确击键次数
    private float accurate=0.0f;                    //正确率
    private boolean stop=false;                     //标志用户是否要终止游戏
    private Random r=new Random();
    //随机产生一个 A~Z 的字符
    private char keyChar=(char)(r.nextInt(26)+65);
    public KeyPanel(){
        addKeyListener(this);
    }
    public void keyReleased(KeyEvent e){}
    public void keyTyped(KeyEvent e){}
    public void keyPressed(KeyEvent e){
        //无论用户是否输入正确的字符,变量 KeyNumber 将加 1
        keyNumber++;
        /**当用户正确输入窗口中显示的字符时,将变量 rightKeyNumber 加 1,并产生下一个随
            机字符 */
        if(Character.toUpperCase(e.getKeyChar())==keyChar){
            keyChar=(char)(r.nextInt(26)+65);
            rightKeyNumber++;
            repaint();
        }
```

```
                    //当按下 Enter 键时,表示要停止游戏,将 stop 变量设为 true
                    if(e.getKeyCode()==KeyEvent.VK_ENTER){
                        keyNumber--;
                        if(keyNumber!=0){
                            accurate=rightKeyNumber/keyNumber;
                        }
                        stop=true;
                        repaint();
                    }
                    //当按下空格键时,游戏重新开始
                    if(e.getKeyCode()==KeyEvent.VK_SPACE){
                        keyNumber=0;
                        rightKeyNumber=0.0f;
                        accurate=0.0f;
                        stop=false;
                        keyChar=(char)(r.nextInt(26)+65);
                        repaint();
                    }
                }
            protected void paintComponent(Graphics g){
                super.paintComponent(g);
                g.setFont(new Font("TimesRoman",Font.PLAIN,24));
                if(stop==true)
                    g.drawString("正确率为"+Math.round(accurate * 100)+"%",100,100);
                else
                    g.drawString(String.valueOf(keyChar),100,100);
                }
            }
```

程序说明:

程序中有底纹的代码部分为自定义的实现了监听器接口的类。

程序中 e. getKeyChar()和 e. getKeyCode()是 KeyEvent 类中定义的方法,分别用来获取输入键所对应的字符和 int 值。

10.3.3 事件适配器

有些监听器中定义了许多抽象方法,而这些方法并不是每个程序都会用到,但由于实现接口时必须实现该接口中定义的所有抽象方法,因而即使某些方法不会被用到,也必须把它们写出来,如例 10.7 和例 10.8 所示。这样就给编程带来了麻烦,而且也容易出错。鉴于此,Java 提供了事件适配器来解决这个问题。

所谓事件适配器就是已经实现了监听器接口中所定义的抽象方法的类。当要监听事件时,只需编写一个类使其继承某一个事件适配器,并只覆盖掉程序所用到的方法即可,其他方法可以不必写出来。并不是每一个监听器接口都有对应的适配器,表 10.2 列出常用的监听器接口及其对应的适配器。

表 10.2　常用监听器接口及其对应的适配器

监听器接口	对应的适配器	监听器接口	对应的适配器
ActionListener	无	KeyListener	KeyAdapter
AdjustmentListener	无	MouseListener	MouseAdapter
ComponentListener	ComponentAdapter	MouseMotionListener	MouseMotionAdapter
ContainerListener	ContainerAdapter	WindowListener	WindowAdapter
FocusListener	FocusAdapter	ItemListener	无

由于 MouseMotionListener 和 MouseListener 都有对应的适配器,所以可以修改例 10.7 中的底纹部分如下:

```
//创建内部类 MouseMotionHandler 用来继承 MouseMotionAdapter 类
  public class MouseMotionHandler extends MouseMotionAdapter {
    public void mouseDragged(MouseEvent e){
     label2.setText("鼠标正在拖动,其位置为:X="+e.getX()+"Y="+e.getY());
    }
  }
  //创建内部类 MouseEventHandler 用来继承 MouseAdapter 类
  public class MouseEventHandler extends MouseAdapter {
      public void mouseEntered(MouseEvent e){
          label2.setText("鼠标闯入!");
  }
  public void mouseExited(MouseEvent e){
          label2.setText("鼠标离开,警报解除!");
  }
  public void mouseReleased(MouseEvent e){
          label2.setText("鼠标进入,但此时未被拖动!");
      }
  }
```

KeyListener 也有对应的适配器,所以可以修改例 10.8 中的底纹部分如下:

```
//使用事件适配器替换接口的实现
class KeyPanel extends JPanel {
    private int keyNumber=0;                        //输入次数
    private float rightKeyNumber=0.0f;              //正确击键次数
    private float accurate=0.0f;                    //正确率
    private boolean stop=false;                     //标志用户是否要终止游戏
    private Random r=new Random();
    private char keyChar=(char)(r.nextInt(26)+65);
    public KeyPanel(){
        addKeyListener(new KA());
    }
    //定义内部类 KA 用来继承 KeyAdapter 适配器
```

```
class KA extends KeyAdapter{
    public void keyPressed(KeyEvent e){
        keyNumber++;
        if(Character.toUpperCase(e.getKeyChar())==keyChar){
            keyChar=(char)(r.nextInt(26)+65);
            rightKeyNumber++;
            repaint();
        }
        if(e.getKeyCode()==KeyEvent.VK_ENTER){
            keyNumber--;
            if(keyNumber!=0){
                accurate=rightKeyNumber/keyNumber;
            }
            stop=true;
            repaint();
        }
        if(e.getKeyCode()==KeyEvent.VK_SPACE){
            keyNumber=0;
            rightKeyNumber=0.0f;
            accurate=0.0f;
            stop=false;
            keyChar=(char)(r.nextInt(26)+65);
            repaint();
        }
    }
}
protected void paintComponent(Graphics g){
    super.paintComponent(g);
    g.setFont(new Font("TimesRoman",Font.PLAIN,24));
    if(stop==true)
        g.drawString("正确率为"+Math.round(accurate*100)+"%",100,100);
    else
        g.drawString(String.valueOf(keyChar),100,100);
    }
}
```

在该修改后的代码中,不能简单地在 KeyPanel 类声明中直接加入 extends KeyAdapter,因为 Java 采用单继承,KeyPanel 已经继承了 JPanel,所以采取在 KeyPanel 类的内部声明一个内部类的方法来解决这个问题。

10.4 Swing 常用组件

10.4.1 标签

标签(JLabel)通常用来显示提示性的文本或图标。其构造方法如下。

（1）public JLabel()。创建一个没有文本的标签。

（2）public JLabel(Icon image)。创建一个显示 image 图像的标签。

（3）public JLabel(Icon image,int horizontalAlignment)。创建一个显示 image 图像的标签,并设定水平对齐方式。

（4）public JLabel(String text)。创建一个显示 text 文本的标签。

（5）public JLabel(String text,Icon icon,int horizontalAlignment)。创建一个显示 text 文本和 icon 图像的标签,并设定水平对齐方式。

（6）public JLabel(String text,int horizontalAlignment)。创建一个显示 text 文本的标签,并设定水平对齐方式。

常用的方法如下。

（1）public String getText()。返回标签上显示的文本。

（2）public void setHorizontalAlignment(int alignment)。设置水平对齐方式。

（3）public void setHorizontalTextPosition(int textPosition)。设置标签文本的水平对齐方式。

（4）public void setIcon(Icon icon)。设置标签显示的图标。

（5）public void setText(String text)。设置标签的文本。

（6）public void setVerticalAlignment(int alignment)。设置垂直对齐方式。

（7）public void setVerticalTextPosition(int textPosition)。设置标签文本的垂直对齐方式。示例参见例 10.7。

10.4.2 按钮

有 4 种常用的按钮:普通按钮(JButton)、复选框按钮(JCheckBox)、单选按钮(JRadioButton)和菜单项(JMenuItem)。JCheckBox 和 JRadioButton 直接继承自 JToggleButton,JToggleButton 是一种具有两种状态的按钮,即选中和未选中两种状态,每次单击后将使按钮从一种状态变为另一种状态,可通过 isSelected()方法来获悉当前按钮的状态。JToggleButton、JButton 和 JMenuItem 直接继承了 AbstractButton 类,因而它们拥有 AbstractButton 类中定义的方法。

（1）public void addActionListener(ActionListener l)。为按钮注册 ActionListener 监听器。

（2）public void addItemListener(ItemListener l)。为按钮注册 ItemListener 监听器。该监听器监听组件由选中状态变成非选中状态或从非选中状态变成选中状态所发生的 ItemEvent 事件。

（3）public String getActionCommand()。返回按钮的动作命令。

（4）public String getText()。返回按钮上的文本。

（5）public void setEnabled(boolean b)。设置按钮是否可用。

（6）public void setHorizontalAlignment(int alignment)。

（7）public void setVerticalAlignment(int alignment)。

方法(6)、(7)分别设置按钮的水平和垂直对齐方式,参数可以为下列的一种:

• SwingConstants. RIGHT。

- SwingConstants. LEFT。
- SwingConstants. CENTER。
- SwingConstants. LEADING。
- SwingConstants. TRAILING。

(8) public void setHorizontalTextPosition(int textPosition)。

(9) public void setVerticalTextPosition(int textPosition)。

上面两个方法分别设置按钮上文本的水平和垂直对齐方式,参数同上。

(10) public void setIcon(Icon defaultIcon)。设置按钮的图标。

(11) public void setMnemonic(int mnemonic)。设置按钮所对应的快捷键,同时单击 mnemonic 所指定的键和 Alt 键(通常是 Alt 键)时,效果和使用鼠标单击该按钮是一样的。

(12) public void setText(String text)。设置按钮上的文本。

AbstractButton 类中定义的方法很多,而且继承了父类的很多方法,可查看 Java 的 API 文档。

下面先介绍 JButton、JCheckBox 和 JRadioButton,JMenuItem 放在菜单组件中介绍。

1. JButton

创建普通的按钮就是创建 JButton 类的对象,因而要使用其构造方法,常用的构造方法有:

(1) public JButton()。创建一个没有文本和图标的按钮。

(2) public JButton(Icon icon)。创建一个按钮,该按钮上显示参数所指定的图标。

Icon 是一个接口,所以不能实例化,可以使用实现了该接口的 ImageIcon 类来创建一个图标对象。常用的 ImageIcon 类的构造方法是 ImageIcon(String filename),参数 filename 是图标所对应的文件的名字。

例如:

```
JButton jb=new JButton(new ImageIcon("img1.jpg "));
```

按钮 jb 上将显示当前路径下 img1.jpg 的图像。如果当前路径下没有 img1.jpg,则按钮上什么也不显示。

(3) public JButton(String text)。创建一个按钮,该按钮上显示参数 text 所指定的文本。

(4) public JButton(String text,Icon icon)。创建一个按钮,该按钮上既显示 text 文本,又显示 icon 图标。

2. JCheckBox

JCheckBox 是复选按钮,即允许用户同时选中多个选项,如让用户选择自己的兴趣,那么各种兴趣选项就可以设为复选按钮,因为每个人可以有多种兴趣。常用的构造方法如下。

(1) public JCheckBox()。创建一个没有文本和图标的复选按钮,初始状态为未选中。

(2) public JCheckBox(Icon icon)。创建一个带有图标的复选按钮,初始状态为未选中。

(3) public JCheckBox(Icon icon,boolean selected)。创建一个带有图标的复选按钮,初始状态可设定,即当参数 selected 为 true 时,为选中状态,当参数 selected 为 false 时,状

态为未被选中。

（4）public JCheckBox(String text)。创建一个带有文本的复选按钮,初始状态为未选中。

（5）public JCheckBox(String text,boolean selected)。创建一个带有文本的复选按钮,初始状态可设定。

（6）public JCheckBox(String text,Icon icon)。创建一个带有文本和图标的复选按钮,初始状态为未选中。

（7）public JCheckBox(String text,Icon icon,boolean selected)。创建一个带有文本和图标的复选按钮,初始状态是否为选中状态根据 selected 的值确定。

3. JRadioButton

JRadioButton 是单选按钮,顾名思义在一组选项中只能选一个,比如人的性别选项,就应设为单选按钮。JRadioButton 的构造方法和 JCheckBox 类似,只是方法名不同,此处不再一一列举。

但请注意,需要将 JRadioButton 放入按钮组（ButtonGroup）,才能实现单选,即一组中只能有一个为选中状态。ButtonGroup 的构造方法如下：

```
public ButtonGroup()
```

使用 ButtonGroup 的方法如下。

```
public void add(AbstractButton b)
```

可以将按钮加入按钮组中。

例 10.9 设计一个窗口模拟字体对话框中关于字形和颜色的设置,初始状态如图 10.19 所示,在其上实现对标签文本（"请看设置效果"）字形和颜色的更改。当选择"粗体"时,标签文本字形改为粗体,当取消选中"粗体"时,标签文本不再显示为粗体；当同时选择"粗体"和"斜体"时,标签文本的字形变为"粗斜体"；当选择颜色为"红色"时,标签文本的颜色改为红色（ch10\ButtonTest.java）。

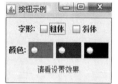

图 10.19 字形和颜色
设置示例

```java
import javax.swing.*;
import java.awt.event.*;
import java.awt.*;
public class ButtonTest extends JFrame implements ItemListener{
    private Color c;
    private int style;
    private Font f,f1;
    private JLabel jlExample, jlFontstyle, jlColor;
    private JRadioButton  rbRed, rbBlue, rbBlack;
    private ButtonGroup g;
    private JCheckBox jcbBold,jcbItalic;
    private JPanel jpFontstyle,jpColor,jpLabel;
    public ButtonTest(){
        style=Font.PLAIN;
```

```
        jlExample=new JLabel("请看设置效果");
        jlFontstyle=new JLabel("字形:");
        jlColor=new JLabel("颜色:");
        rbRed=new JRadioButton("    ");
        rbBlue=new JRadioButton("    ");
        rbBlack=new JRadioButton("    ");
        g=new ButtonGroup();                            //创建按钮组
        jcbBold=new JCheckBox("粗体");
        jcbItalic=new JCheckBox("斜体");
        jpFontstyle=new JPanel();
        jpColor=new JPanel();
        jpLabel=new JPanel();
    }
public void launchButtonTest() {
        f=jlExample.getFont();
        f1=f.deriveFont(Font.PLAIN);                    //创建一个字形为"常规"的 Font 对象
        jlExample.setFont(f1);
        rbRed.setBackground(Color.red);
        rbBlue.setBackground(Color.blue);
        rbBlack.setBackground(Color.black);
        rbRed.addItemListener(this);
        rbBlue.addItemListener(this);
        rbBlack.addItemListener(this);
        jcbBold.addItemListener(this);
        jcbItalic.addItemListener(this);
        //将 JRadioButton 类型的按钮添加到按钮组上
        g.add(rbRed);
        g.add(rbBlue);
        g.add(rbBlack);
        jpFontstyle.add(jlFontstyle);
        jpFontstyle.add(jcbBold);
        jpFontstyle.add(jcbItalic);
        jpColor.add(jlColor);
        jpColor.add(rbRed);
        jpColor.add(rbBlue);
        jpColor.add(rbBlack);
        jpLabel.add(jlExample);
        Container cp=getContentPane();
        cp.setLayout(new GridLayout(3,1));
        cp.add(jpFontstyle);
        cp.add(jpColor);
        cp.add(jpLabel);
        setDefaultCloseOperation(JFrame.EXIT_ON_CLOSE);
        pack();
```

```
        setVisible(true);
    }
    public void itemStateChanged(ItemEvent e){
        //判断是选择了哪个颜色(按钮)
        if(rbRed.isSelected())
            c=Color.red;
        if(rbBlue.isSelected())
            c=Color.blue;
        if(rbBlack.isSelected())
            c=Color.black;
        //重新设置 jlExample 标签文本的颜色
        jlExample.setForeground(c);
        //获取事件源,将其赋给 source
        Object source=e.getSource();
        if(source==jcbBold)
            style=style^Font.BOLD;              //将当前的字形和"Bold"作异或操作
        if(source==jcbItalic)
            style=style^Font.ITALIC;
        //重新设置 jlExample 标签文本的字形
        jlExample.setFont(f1.deriveFont(style));
    }
    public static void main(String[] args) {
        ButtonTest bt=new ButtonTest();
        bt.setTitle("按钮示例");
        bt.launchButtonTest();
    }
}
```

10.4.3　文本框

文本框(JTextField)只能编辑单行文本。常用的构造方法如下。

(1) public JTextField()。创建一个空的文本框。

(2) public JTextField(int columns)。创建一个空的文本框,列数为 columns。

(3) public JTextField(String text)。创建一个带有文本 text 的文本框。

JTextField 常用的方法如下。

(1) public String getText()。返回文本框中的文本。

(2) public void setText(String t)。设置文本框中的文本。

(3) public boolean isEditable()。返回文本框是否可编辑。

(4) public void setEditable(boolean b)。设置文本框是否能编辑。

(5) public void requestFocus()。使文本框获得焦点。

例 10.10　计算由用户指定半径的圆面积(ch10\TextFieldTest.java)。

```
import javax.swing.*;
```

```java
import java.awt.*;
import java.awt.event.*;
public class TextFieldTest extends JFrame implements ActionListener{
    private JLabel jlr,jlarea;
    private JTextField jtr,jtarea;
    private JButton jbOK,jbCancel;
    public TextFieldTest(){
        jlr=new JLabel("请输入圆半径：");
        jlarea=new JLabel("圆面积为：");
        jtr=new JTextField();
        jtarea=new JTextField();
        jbOK=new JButton("计算");
        jbCancel=new JButton("取消");
    }
    public void launchTextFieldTest(){
        jtarea.setEditable(false);              //设置文本框不可编辑
        jtr.requestFocus();                     //使文本框获得焦点
        jbOK.addActionListener(this);
        jbCancel.addActionListener(this);
        Container c=getContentPane();
        c.setLayout(new GridLayout(3,2));
        c.add(jlr);
        c.add(jtr);
        c.add(jlarea);
        c.add(jtarea);
        c.add(jbOK);
        c.add(jbCancel);
        setDefaultCloseOperation(JFrame.EXIT_ON_CLOSE);
        pack();
        setVisible(true);
    }
    public void actionPerformed(ActionEvent e){
        Object source=e.getSource();
        double r=0.0,area=0.0;
        if(source==jbOK){
            try{
                r=Double.parseDouble(jtr.getText());
                area=3.14*r*r;
                jtarea.setText(Double.toString(area));
            }
            catch(NumberFormatException ne){
                JOptionPane.showMessageDialog(null,"请输入正确的数字格式",
                "错误提示!",JOptionPane.ERROR_MESSAGE);
                jtr.selectAll();
            }
```

```
            }
            if(source==jbCancel){
                jtr.setText("");
                jtarea.setText("");
            }
            jtr.requestFocus();
        }
    public static void main(String args[]){
        TextFieldTest tf=new TextFieldTest();
        tf.setTitle("文本框示例");
        tf.launchTextFieldTest();
    }
}
```

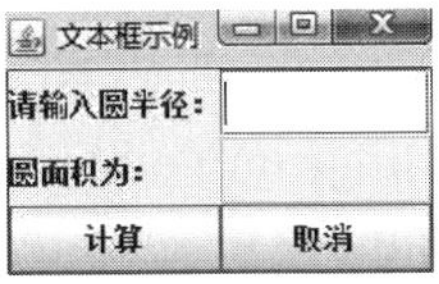

运行结果如图 10.20 所示。

图 10.20　圆面积计算运行效果图

10.4.4　文本区

与 JTextField 不同,文本区(JTextArea)可以编辑多行文本。常用的构造方法如下。

(1) public JTextArea()。创建一个空的文本区。

(2) public JTextArea(int rows, int columns)。创建一个 rows 行 columns 列的文本区。

(3) public JTextArea(String text)。创建一个带有 text 文本的文本区。

(4) public JTextArea(String text, int rows, int columns)。创建一个带有 text 文本、rows 行 columns 列的文本区。

常用的方法有:

(1) public void append(String str)。将文本 str 添加到文本区内容的末尾。

(2) public void insert(String str, int pos)。将文本 str 添加到文本区 pos 所指定的位置。

(3) public void setLineWrap(boolean wrap)。设置文本区中的文本是否能自动换行。

(4) public void setEditable(boolean b)。设置文本区是否能被编辑。

10.4.5　列表[*]

列表(JList)向用户展示多个选项,可以在其中选择一个或多个项目,如图 10.21 所示。
JList 的构造方法如下。

(1) public JList(Object[] listData)。创建一个展示特定数组 listData 中各个元素的列表。

(2) public JList(Vector<?> listData)。创建一个展示特定向量(Vector)listData 中各个元素的列表。

(3) public JList()。创建一个空列表。

(4) public JList(ListModel dataModel)。创建一个展示元素来自特定非空数据模型 dataModel 的列表。如果希望在列表中可以动

图 10.21　列表框

态添加或删除元素,选用这个构造方法。而采用第一个和第二个构造方法创建的列表,将不能在其中添加或删除元素。

ListModel 是一个接口,通常使用其实现类 DefaultListModel 来创建一个 ListModel 类型的对象。DefaultListModel 的构造方法是 public DefaultListModel()。

DefaultListModel 的常用方法如下。

(1) public void addElement(Object obj)。向列表中添加元素 obj。

(2) public boolean removeElement(Object obj)。从列表中移除元素 obj。

(3) public void clear()。从列表中移除所有元素。

(4) public boolean isEmpty()。判断列表是否为空。

(5) public int getSize()。返回列表中元素的个数。

(6) public Object getElementAt(int index)。返回索引号 index 所对应的元素。

JList 常用的方法有:

(1) public int getSelectedIndex()。返回选中元素的最小索引号。

(2) public int[] getSelectedIndices()。返回一个 int 类型的数组,其元素是列表中被选中的各个元素的索引号。

(3) public Object getSelectedValue()。返回选中元素的最小索引号所对应的元素的值。

(4) public Object[] getSelectedValues()。返回一个 Object 类型的数组,其元素是列表中被选中的各个元素。

(5) public void setSelectionMode(int selectionMode)。设置选择模式:单选还是多选,默认为多选。

10.4.6 组合框*

组合框(JComboBox)是组合了按钮、可编辑区域(Field)和下拉列表的一个组件。可以在下拉列表中进行选择,也可以输入新内容。能输入新内容的组合框,称其状态为可编辑状态,否则为不可编辑状态,如图 10.22 所示,左边的组合框状态为可编辑,右边为不可编辑的组合框。

图 10.22 组合框

JComboBox 的构造方法如下。

(1) public JComboBox()。

(2) public JComboBox(ComboBoxModel aModel)。

(3) public JComboBox(Object[] items)。

(4) public JComboBox(Vector<?>items)。

和 JList 不同,使用上述任一构造方法创建的组合框,都可以向其中动态添加或删除选项。

常用的方法如下。

(1) public void addItem(Object anObject)。向组合框添加选项。

(2) public void addActionListener(ActionListener l)。注册 ActionListener 监听器。

(3) public void addItemListener(ItemListener aListener)。注册 ItemListener 监听器。

(4) public int getItemCount()。返回组合框列表中选项的个数。

(5) public int getSelectedIndex()。返回选中项目的索引号。

(6) public Object getSelectedItem()。返回当前选中的项目。

(7) public Object getItemAt(int index)。返回索引号 index 所对应的项目。

(8) public void removeAllItems()。从组合框中移除所有的项目。

(9) public void removeItem(Object anObject)。从组合框中移除项目 anObject。

(10) public void removeItemAt(int anIndex)。从组合框中移除索引号为 anIndex 的项目。

(11) public void setEditable(boolean aFlag)。设置组合框的编辑区是否可编辑,默认情况下,组合框为不可编辑。

例 10.11   文本区、列表框、组合框综合示例。设计一个如图 10.23 所示的窗体,在其上实现为不同学期设置选修课的功能。具体为,在"可供开设的课程"列表框中列出了目前可以开设的选修科目;在左侧的组合框中选择开课学期,然后在"可供开设的课程"列表框中选择要开设的选修课,单击"添加"按钮,就可将选择的课程移到"选择的课程为"列表框,即可为该学期设置相应的课程,如果要撤销选择,只需选中"选择的课程为"列表框中的课程,单击"移除"按钮,就可将选中的课程移回"可供开设的课程"列表框;当选好课程后,单击"确定"按钮,将会在右侧的文本区中追加上该学期所设置的选修课的信息(ch10 \ListComboAreaTest. java)。

图 10.23   课程设置窗体

```
import javax.swing. * ;
import java.awt. * ;
import java.awt.event. * ;
public class ListComboAreaTest extends JFrame implements ActionListener{
    private JLabel jl1,jl2,jl3,jl4;
    private JButton jbAdd,jbRemove,jbok;
    private JList jlist1,jlist2;
    private DefaultListModel dlm1,dlm2;
    private JComboBox jcb;
    private JTextArea jta;
```

```java
    private JScrollPane jsplist1,jsplist2,jspjta;
    private String semester[]={"2010-2011-1","2010-2011-2",
                               "2011-2012-1","2011-2012-2"};
    private String course[]={"网页制作","信息安全概论","Java 程序设计",
                             "组网技术","专业英语","MATALAB 及应用"};
ListComboAreaTest(){
    jl1=new JLabel("请选择开课学期:");
    jl2=new JLabel("可供开设的课程:");
    jl3=new JLabel("选择的课程为:");
    jl4=new JLabel("课程设置的结果为:");
    jbAdd=new JButton("添加");
    jbRemove=new JButton("移除");
    jbok=new JButton("确定");
    dlm1=new DefaultListModel();
    dlm2=new DefaultListModel();
    jlist1=new JList(dlm1);
    jlist2=new JList(dlm2);
    jcb=new JComboBox(semester);
    jta=new JTextArea(6,20);
    jsplist1=new JScrollPane(jlist1);
    jsplist2=new JScrollPane(jlist2);
    jspjta=new JScrollPane(jta);
    jsplist1.setPreferredSize(new Dimension(150,150));
    jsplist2.setPreferredSize(new Dimension(150,150));
}
public void launchListComboAreaTest(){
    jta.setEditable(false);
    for(int i=0;i<course.length;i++){
        dlm1.addElement(course[i]);
    }
    jbAdd.addActionListener(this);
    jbRemove.addActionListener(this);
    jbok.addActionListener(this);
    Container c=getContentPane();
    c.setLayout(new FlowLayout());
    JPanel p[]=new JPanel[6];
    for(int i=0;i<6;i++){
        p[i]=new JPanel();
        p[i].setLayout(new BoxLayout(p[i],BoxLayout.Y_AXIS));
    }
    p[0].add(jl1);
    p[0].add(jcb);
    p[1].add(jl2);
    p[1].add(jsplist1);
    p[2].add(jbAdd);
```

```java
            p[2].add(jbRemove);
            p[3].add(jl3);
            p[3].add(jsplist2);
            p[4].add(jbok);
            p[5].add(jl4);
            p[5].add(jspjta);
            c.add(p[0]);
            c.add(p[1]);
            c.add(p[2]);
            c.add(p[3]);
            c.add(p[4]);
            c.add(p[5]);
            setDefaultCloseOperation(JFrame.EXIT_ON_CLOSE);
            pack();
            setVisible(true);
    }
    public void actionPerformed(ActionEvent e){
        Object source=e.getSource();
        if(source==jbAdd){
            Object selectedValues[]=jlist1.getSelectedValues();
            for(int i=0;i<selectedValues.length;i++){
                dlm2.addElement(selectedValues[i]);
                dlm1.removeElement(selectedValues[i]);
            }
        }
        if(source==jbRemove){
            Object selectedValues[]=jlist2.getSelectedValues();
            for(int i=0;i<selectedValues.length;i++){
                dlm1.addElement(selectedValues[i]);
                dlm2.removeElement(selectedValues[i]);
            }
        }
        if(source==jbok){
            if(!dlm2.isEmpty()){
                jta.append(jcb.getSelectedItem()+"学期开设如下选修课:\n\t");
                for(int i=0;i<dlm2.getSize()-1;i++){
                    jta.append(dlm2.getElementAt(i)+"、");
                }
                jta.append(dlm2.getElementAt(dlm2.getSize()-1)+"。\n");
                jcb.removeItem(jcb.getSelectedItem());
                dlm2.clear();
            }
            else{
                JOptionPane.showMessageDialog(null,
                        "您还没有设置课程!", "错误提示!",
                        JOptionPane.ERROR_MESSAGE);
            }
```

```
    if(dlm1.isEmpty()){
        if(jcb.getItemCount()!=0){
            for(int i=0;i<jcb.getItemCount()-1;i++){
                jta.append((String)jcb.getItemAt(i)+"、");
            }
            jta.append((String)jcb.getItemAt(jcb.getItemCount()-1));
            jta.append("学期:\n\t 没有可供开设的选修课程");
        }
        else{
            jta.append("所有课程均已安排到不同学期!");
        }
        jbAdd.setEnabled(false);
        jbRemove.setEnabled(false);
        jbok.setEnabled(false);

    }
    if(!dlm1.isEmpty() && jcb.getItemCount()==0){
        jta.append("本届学生不再选修以下课程:\n\t");
        for(int i=0;i<dlm1.getSize()-1;i++){
            jta.append((String)dlm1.getElementAt(i)+"、");
        }
        jta.append((String)dlm1.getElementAt(dlm1.getSize()-1)+"。");
        jbok.setEnabled(false);
        jbAdd.setEnabled(false);
        jbRemove.setEnabled(false);

    }
 }

public static void main(String[] args) {
ListComboAreaTest lca=new ListComboAreaTest();
lca.setTitle("列表、组合框和文本区组件示例");
lca.launchListComboAreaTest();
 }
}
```

在本例中用到了 JScrollPane,它为组件提供了一个可以滚动的视窗(View)。例如,文本区(JTextArea)通常显示较多的内容,而该控件本身不带滚动条,所以可以将它放入 JScrollPane 中。此外,本例还用到了 BoxLayout 布局管理器,可以将组件沿水平或垂直方向摆放,其构造方法为如下。

```
public BoxLayout(Container target, int axis)
```

其中参数 target 指出要进行布局设置的容器,axis 指出组件沿着什么方向(坐标)摆放,本例使用 BoxLayout.Y_AXIS 指出组件按照垂直方向(从上到下)摆放。

10.4.7 对话框[*]

1. 标准对话框（JOptionPane）

JOptionPane 类用于显示标准对话框。在前面的例子中，使用了 JOptionPane 类的 showMessageDialog()方法向用户展示提示信息。其实，在 JOptionPane 类中定义了多个类似于 showXxxDialog()的 static 方法，Xxx 表示对话框的类型，可以是 Message、Confirm、Input、Option 等。

（1）public static int showConfirmDialog（Component parentComponent，Object message，String title，int optionType）。

（2）public static String showInputDialog(Component parentComponent，Object message)。

（3）public static void showMessageDialog（Component parentComponent，Object message，String title，int messageType）。

（4）public static int showOptionDialog（Component parentComponent，Object message，String title，int optionType，int messageType，Icon icon，Object[] options，Object initialValue）。

其中参数说明如下。

（1）parentComponent：指出对话框所依赖的组件，对话框将出现在该组件的正前方；如果其值为 null，对话框将在桌面的正中显示出来。

（2）message：对话框中显示的信息。

（3）title：对话框的标题。

（4）optionType：设置对话框中的按钮，可以是 DEFAULT_OPTION、YES_NO_OPTION（有 YES 和 NO 两个按钮）、YES_NO_CANCEL_OPTION（有 YES、NO、CANCEL 这 3 个按钮）、OK_CANCEL_OPTION（有 OK、CANCEL 两个按钮）等。

（5）messageType：指出消息的类型，并给出默认的图标。消息类型可以是 ERROR_MESSAGE、INFORMATION_MESSAGE、WARNING_MESSAGE、QUESTION_MESSAGE、PLAIN MESSAGE。

（6）icon：设置显示在对话框中的图标。

（7）options：可以进行选择的项目。

（8）initialValue：设定对话框默认选择的值。

返回值说明如下。

（1）对于 Confirm 类型的对话框。返回值为在对话框中所选择的按钮。例如，选择了 YES 按钮，返回值为 YES_OPTION。在 JOptionPane 中定义了一些常量，如 YES_OPTION、NO_OPTION、CANCEL_OPTION、CLOSED_OPTION 等，分别表示选择了 YES、NO、CANCEL 按钮和未选择按钮而直接关闭对话框。

（2）对于 Input（输入）类型的对话框，返回值为输入的值。

（3）对于 Option 类型的对话框，返回值为选择项目的索引号。

例 10.12 标准对话框示例(ch10\JOptionPaneTest.java)。

```
import javax.swing.*;
import java.awt.event.*;
```

```java
import java.awt.*;
public class JOptionPaneTest extends JFrame {
    JButton[] b={ new JButton("showMessageDialog"),
    new JButton("showConfirmDialog"), new JButton("showOptionDialog"),
    new JButton("showInputDialog")};
    JTextField txt=new JTextField(15);
    ActionListener al= e->{
            Object source=e.getSource();
            if(source==b[0])
                JOptionPane.showMessageDialog(null, "请注意输入格式", "警告",
                        JOptionPane.WARNING_MESSAGE);
            else
                if(source==b[1]){
                        int value=JOptionPane.showConfirmDialog(null, "确定吗",
                            "Confirm 对话框", JOptionPane.YES_NO_OPTION);
                    if(value==JOptionPane.YES_OPTION)
                        txt.setText("您选择了按钮：是");
                    else
                        if(value==JOptionPane.NO_OPTION)
                            txt.setText("您选择了按钮：否");
                        else
                            txt.setText("您未选择按钮");
                }
                else
                    if(source==b[2]) {
                            Object[] options={"初级", "中级" ,"高级"};
                        int sel=JOptionPane.showOptionDialog(null, "请选择级别！",
                                "提示信息", JOptionPane.DEFAULT_OPTION,
                                JOptionPane.INFORMATION_MESSAGE, null,
                                options, options[0]);
                        if(sel !=JOptionPane.CLOSED_OPTION)
                            txt.setText("您所选择的级别是："+options[sel]);
                    }
                    else
                        if(source==b[3]) {
                            String name=JOptionPane.showInputDialog(null,
                                    "请输入您的姓名:");
                            if(name!=null)
                                txt.setText("您的姓名是:"+name);
                            else
                                txt.setText("您未输入姓名！");
                        }
    };
    public void launchJOptionPaneTest() {
        Container cp=getContentPane();
        cp.setLayout(new FlowLayout());
        for(int i=0; i<b.length; i++) {
```

```
        b[i].addActionListener(al);
        cp.add(b[i]);
    }
    cp.add(txt);
    setDefaultCloseOperation(JFrame.EXIT_ON_CLOSE);
    pack();
    setVisible(true);
}
public static void main(String[] args) {
    JOptionPaneTest jpt=new JOptionPaneTest();
    jpt.setTitle("JOptionPane 对话框演示");
    jpt.launchJOptionPaneTest();
}
}
```

当单击 showMessageDiaglog 按钮时,出现如图 10.24(a)所示的 Message 对话框;当单击 showConfirmDialog 按钮时,出现如图 10.24(b)所示的 Confirm 对话框,当按下对话框上的按钮时,会在文本框中显示所按下的按钮信息;当单击 showOptionDialog 按钮时,出现如图 10.24(c)所示的 Option 对话框,所按下的按钮的信息将在文本框中显示出来;当单击 showInputDialog 按钮时,出现如图 10.24(d)所示的 Input 对话框,所输入的姓名将在文本框中显示出来。

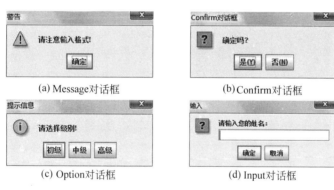

(a) Message对话框　　　　　　　　(b)Confirm对话框

(c) Option对话框　　　　　　　　(d) Input对话框

图 10.24　标准对话框示例

2. 自定义对话框(JDialog)

JDialog 是一个对话框窗口,是 Window 类的子类,可以在其上添加组件,但窗口的大小不能改变。使用 JDialog 可以创建自定义的对话框窗口,其构造方法很多,下面给出其中一个作说明:

```
public JDialog(Dialog owner, String title, boolean modal)
```

参数 owner 指出该对话框的拥有者,title 指定了对话框的标题,modal 指出该对话框是否被指定为模式对话框。所谓"模式"对话框,指的是该对话框在显示时将阻止用户对其他窗口的操作。

和 JFrame 类似,在 JDialog 对话框添加组件时,也是添加到内容嵌板(ContentPane)上;setVisible(boolean b)设定对话框是否可见。

3. 文件选择器（JFileChooser）

文件选择器（JFileChooser），有时也称为文件对话框，为用户提供选择和浏览文件或目录的功能。其常用的构造方法如下：

（1）public JFileChooser()。

（2）public JFileChooser(File currentDirectory)。

（3）public JFileChooser(String currentDirectoryPath)。

第一种构造方法是根据用户的默认目录（默认目录依赖于操作系统，在 Windows 下通常的默认目录是 My Documents）来构建文件选择器。后面的两种构造方法是根据给定的目录来创建文件选择器。

新创建的文件选择器是不可见的，可以调用 JFileChooser 的以下方法将其显示出来。

（1）public int showOpenDialog(Component parent)。显示一个"打开"文件选择器，如图 10.25(a)所示。

（2）public int showSaveDialog(Component parent)。显示一个"保存"文件选择器，如图 10.25(b)所示。

（3）public int showDialog(Component parent，String approveButtonText)。显示一个自定义文件选择器，参数 approveButtonText 指定了对话框的标题和按钮上的文本，如图 10.25(c)所示。

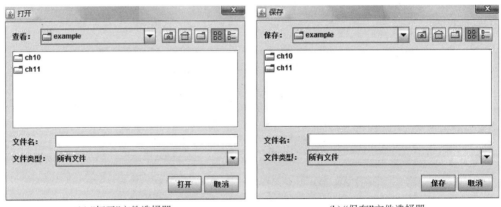

(a)"打开"文件选择器　　　　　　　　　(b)"保存"文件选择器

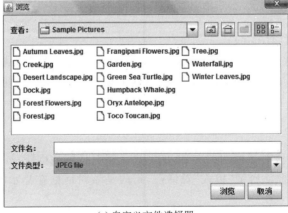

(c)自定义文件选择器

图 10.25　文件选择器的显示

而对于用户在文件选择器中所选择的文件,可以通过以下方法获取。

(1) public String getName(File f)。返回文件的名字。

(2) public File getSelectedFile()。返回所选择的文件。

(3) public File[] getSelectedFiles()。返回用户所选择的一系列文件(当允许多选时)。

10.4.8　计时器 *

计时器(Timer)是每隔一段时间触发一个或多个 ActionEvent 事件的组件。其构造方法如下。

```
public Timer(int delay, ActionListener listener)
```

参数 delay 指定间隔时间,以毫秒(ms)为单位;参数 listener 是为 Timer 注册的监听器,可以为空。

计时器(Timer)常用方法如下。

(1) public void addActionListener(ActionListener listener)。为计时器注册监听器。

(2) public void setDelay(int delay)。设置间隔时间,以毫秒为单位。

(3) public void start()。启动计时器。

(4) public void stop()。停止计时器。

10.4.9　菜单组件 *

Swing 提供了多种菜单组件,主要有菜单栏(JMenuBar)、菜单(JMenu)、菜单项(JMenuItem、JCheckBoxMenuItem、JRadioButtonMenuItem)、弹出式菜单(JPopupMenu)。

1. 菜单栏(JMenuBar)

菜单栏用来放置一组菜单(JMenu),窗口类(JFrame、JApplet 等)中定义有 setJMenuBar(JMenuBar menubar)方法可以将菜单栏放入窗口的上方。其构造方法如下:

```
public JMenuBar()
```

例如:

```
JFrame f=new JFrame("菜单演示");
JMenuBar mb=new JMenuBar();
f.setJMenuBar(mb);
```

2. 菜单(JMenu)

菜单即基本的下拉菜单,包含一组菜单项(JMenuItem 等)或子菜单(JMenu)。JMenu 常用的构造方法如下:

```
public JMenu(String s)
```

例如:

```
JMenu mFile=new JMenu("文件");
JMenu mFormat=new JMenu("格式");
```

使用 JMenuBar 的 add(JMenu c)方法可以将菜单加入菜单栏中。例如：

```
mb.add(mFile);
mb.add(mFormat);
```

3. 菜单项

菜单项可以被加入菜单(JMenu)和弹出式菜单(JPopMenu)中。下面以 JMenuItem 为例介绍菜单项的使用方法。JMenuItem 的常用构造方法如下。

（1）public JMenuItem()。创建一个没有设置文本和图标的菜单项。

（2）public JMenuItem(Icon icon)。创建一个带有 icon 图标的菜单项。

（3）public JMenuItem(String text)。创建一个带有 text 文本的菜单项。

（4）public JMenuItem(String text,Icon icon)。创建一个带有 text 文本和 icon 图标的菜单项。

（5）public JMenuItem(String text，int mnemonic)。创建一个带有 text 文本和快捷键的菜单项。

使用 JMenu 的 add(JMenuItem menuItem)方法可以将菜单项放入菜单中；使用 addSeparator()方法可以在菜单中加入分隔线。例如：

```
JMenuItem miOpen=new JMenuItem("打开…");
JMenuItem miExit=new JMenuItem("退出",KeyEvent.VK_E);        //设置快捷键
mFile.add(miOpen);
mFile.addSeparator();
mFile.add(miExit);
```

4. 弹出式菜单

弹出式菜单(JPopupMenu)是可以在指定位置显示的一种独立菜单。使用其构造方法可以创建一个弹出式菜单：

```
public JPopupMenu()
```

使用 JPopupMenu 的 add 方法可以将菜单项或子菜单加入弹出式菜单中。例如：

```
JPopupMenu pm=new JPopupMenu();
JMenuItem copy=new JMenuItem("复制");
JmenuItem paste=new JMenuItem("粘贴");
pm.add(copy);
pm.add(paste);
```

弹出式菜单的显示需要调用 JPopMenu 的 show 方法：

```
public void show(Component invoker,int x,int y)
```

参数 invoker 指出弹出式菜单在哪个组件空间出现,该组件的坐标(x,y)作为弹出式菜单显示的参考原点。

10.5 Swing 组件应用

10.5.1 图片浏览器

本节设计一个简易的图片浏览器,如图 10.26 所示。该浏览器可以自动播放用户所选择的目录下的图片,在播放过程中可以暂停播放,暂停之后还能继续播放。

图 10.26 图片浏览器

根据上面描述的功能,给出解题思路如下。

1. 创建 JFrame、放置必要的组件

(1) 创建一个窗口(JFrame)。

(2) 在 JLabel 上实现图片的显示。

(3) 设置两个按钮,用来启动和停止播放。

(4) 设计菜单栏和文件菜单(File),在 File 菜单中添加两个菜单项——打开(Open)和退出(Exit)。

(5) 需要一个 JFileChooser 来实现一个文件对话框,以使用户可以选择要浏览的图片所在的目录。

(6) 为了实现自动播放,本例要用到 Timer 组件,设定每隔 0.2 秒显示目录中的下一张图片。

(7) 布局方式:将 JLabel 放在 JFrame 的中间(Center)区域,启动和停止按钮放在一个面板(JPanel)上,然后将该面板放在 JFrme 的南边(South)区域。

2. 事件处理

(1) 为"启动"和"停止"按钮分别注册 ActionListener 监听器,它们的监听器分别完成启动、停止计时器组件(Timer)的功能。

（2）为"打开"菜单项注册 ActionListner 监听器，该监听器用以打开文件对话框，获取用户所选择的目录，并开始播放该目录下的图片。

（3）为"退出"菜单项注册 ActionListener，该监听器的事件处理代码为退出程序。

例 10.13　图片浏览器(ch10\PicBrowser.java)。

```java
import javax.swing.*;
import java.awt.event.*;
import java.awt.*;
import java.io.*;
public class PicBrowser extends JFrame{
    JLabel imageLabel;
    JLabel statusLabel;
    int index=0;
    JButton startBtn;
    JButton stopBtn;
    Timer timer;
    private JFileChooser chooser;
    private final String PICTURE_DIR=".";
    public PicBrowser(){
      //建立菜单栏
      JMenuBar menuBar=new JMenuBar();
      setJMenuBar(menuBar);
      //建立菜单"File",并放入菜单栏
      JMenu menu=new JMenu("File");
      menuBar.add(menu);
      //建立菜单项"Open",放入菜单"File",并为其注册监听器
      JMenuItem openItem=new JMenuItem("Open");
      menu.add(openItem);
      openItem.addActionListener(new FileOpenListener());
      //建立菜单项"Exit",放入菜单"File",并为其注册监听器
      JMenuItem exitItem=new JMenuItem("Exit");
      menu.add(exitItem);
      exitItem.addActionListener(event ->{
          if(timer!=null)
            timer.stop();
          System.exit(0);
      });
      //建立用于显示图片的 JLabel 控件,设置其居中对齐
      imageLabel=new JLabel();
      imageLabel.setHorizontalAlignment(SwingConstants.CENTER);
      add(new JScrollPane(imageLabel));
      add(initCtrlPanel(),"South");
      chooser=new JFileChooser();
      //设置文件对话框的文件选取模式为"只选择目录"
```

```
    chooser.setFileSelectionMode(JFileChooser.DIRECTORIES_ONLY);
    setSize(600,600);
    setLocation(200,200);
    setDefaultCloseOperation(JFrame.EXIT_ON_CLOSE);
    setVisible(true);
}
/** 显示开始计时器和停止计时器按钮 * /
private JPanel initCtrlPanel(){
    startBtn=new JButton("start timer");
    startBtn.addActionListener(
        e->{
            if(timer!=null)
                timer.start();
    });
    stopBtn=new JButton("stop timer");
    stopBtn.addActionListener(
        e->{
            if(timer!=null)
                timer.stop();
    });
    JPanel ctrlPanel=new JPanel();
    ctrlPanel.add(startBtn);
    ctrlPanel.add(stopBtn);
    return ctrlPanel;
}
/**
 * 打开文件对话框,由用户选择目录,然后得到其中的所有文件
 * 计时器重新开始,从 0 开始显示图片,对于太大的图片
 * 要对图片按比例缩小
 * /
private class FileOpenListener implements ActionListener{
    /** 打开对话框由用户选择图片目录 * /
    public void actionPerformed(ActionEvent evt){
        chooser.setCurrentDirectory(new File(PICTURE_DIR));
        int result=chooser.showOpenDialog(PicBrowser.this);
        if(result==JFileChooser.APPROVE_OPTION){
            File pictureDir=chooser.getSelectedFile();
            startBrowser(pictureDir);
        }
    }
    /** 得到目录下符合条件的图片文件,设置并启动计时器显示图片 * /
    private void startBrowser(File pictureDir){
        final File[] imageSets=initImageSets(pictureDir);
        final int length=imageSets.length;
        if(length==0)
```

```
      return;
    if(timer!=null)
      timer.stop();
    timer=null;
    timer=new Timer(200,new ActionListener(){
      int index=0;
      public void actionPerformed(ActionEvent e){
        PicBrowser.this.setTitle(imageSets[index].toString());
        imageLabel.setIcon(new ImageIcon(imageSets[index].toString()));
        resizeIcon(new ImageIcon(imageSets[index].toString()));
        index++;
        index%=length;
      }
    });
    timer.setCoalesce(true);
    timer.setDelay(3*1000);
    timer.start();
  }
  /** 得到该目录下符合条件的图片文件 */
  private File[] initImageSets(File pictureDir){
    return pictureDir.listFiles(
      (File dir,String name)->{
        if(!new File(dir,name).isFile())
          return false;
        String lowserName=name.toLowerCase();
        if(lowserName.endsWith("jpg")||lowserName.endsWith("jpeg")
            ||lowserName.endsWith("gif")||lowserName.endsWith("png")){
          return true;
        }
        return false;
    });
  }
  /** 对图片按比例缩小 */
  private void resizeIcon(ImageIcon originalIcon){
    ImageIcon icon=originalIcon;
    double widthRatio=originalIcon.getIconWidth()*1.0/imageLabel.getWidth();
    double heightRatio=originalIcon.getIconHeight()*1.0/imageLabel.getHeight();
    if(widthRatio<=1&&heightRatio<=1){
      imageLabel.setIcon(icon);
      return;
    }
    int width=-1,height=-1;
    if(heightRatio>=widthRatio){
      height=imageLabel.getHeight();
    }else{
```

```
                width=imageLabel.getWidth();
            }
        icon=new ImageIcon(originalIcon.getImage().getScaledInstance(width,
            height,Image.SCALE_SMOOTH));
        imageLabel.setIcon(icon);
        }
    }
    public static void main(String[] args){
        new PicBrowser();
    }
}
```

10.5.2 文本编辑器

本节以 Windows 的记事本为参考模型,创建一个简易的文本编辑器。在该文本编辑器
中可以实现打开文件、保存、另存为、退出、剪切、复制、粘贴、自动换行等功能。运行后的初始效果图如图 10.27 所示。

图 10.27   文本编辑器

根据上面的功能描述,给出解题思路。

1. 创建 JFrame、放置必要的组件

(1) 创建 JFrame。

(2) 文本的编辑区域使用 JTextArea 组件,配合使用 JScrollPane 组件,可以为 JTextArea 组件适时地添加滚动条。

(3) 设计菜单栏、菜单和菜单项:文件菜单中包含新建、打开、保存、另存为、退出菜单项,编辑菜单中包含剪切、复制、粘贴菜单项,格式菜单中包含自动换行菜单项。

(4) 创建弹出式菜单,用以实现剪切、复制、粘贴功能。

(5) 创建 JFileChooser 对象,用以显示不同的对话框,如打开文件对话框、保存对话框、另存为对话框。

2. 事件处理

(1) 为"新建"菜单项注册监听器。该监听器首先判断当前打开的文件是否作了修改,如果未作修改,直接关闭当前文件;如果修改了,弹出对话框提示是否需要保存,然后清空文本编辑区。

(2) 为"打开"菜单项注册监听器。该监听器首先显示"打开"文件对话框,供用户选择要打开的文件,选择文件后,获取文件内容,将其显示在文本区。

(3) 为"保存"菜单项注册监听器。该监听器首先判断当前的文件是否为初次保存,如果是,则显示"保存"文件对话框,供用户选择保存目录和输入文件名;如果不是,则不弹出"保存"对话框,直接保存文件内容,将窗口的标题设为文件的名字。

(4) 为"另存为"菜单项注册监听器。该监听器首先显示"另存为"文件对话框,供用户选择保存目录和输入文件名;之后,保存文件内容,将窗口的标题设为文件的名字。

（5）为“退出”菜单项注册监听器。该监听器的处理代码为退出程序。

（6）为“编辑”菜单的各菜单项和弹出式菜单中的各菜单项：剪切、复制、粘贴注册监听器，它们各自的监听器中的事件处理代码分别调用 JTextArea 中定义的 cut()、copy()、paste()方法。

（7）为“格式”菜单的菜单项：自动换行注册监听器，其事件处理代码调用 JTextArea 中定义的 setLineWrap(boolean b)方法。

（8）为文本区注册鼠标监听器，用以显示弹出式菜单。

例 10.14 文本编辑器(ch10\Notepad.java)。

```java
import javax.swing.*;
import javax.swing.filechooser.FileNameExtensionFilter;
import java.awt.*;
import java.awt.event.*;
import java.io.*;
public class Notepad extends JFrame{
    JFileChooser jfc;
    JTextArea textArea;
    static String content;
    File file;
    Notepad(){
        content=new String();
        jfc=new JFileChooser(".");
        //创建文件过滤器
        FileNameExtensionFilter filter=new FileNameExtensionFilter("txt file",
        "txt");
        //在文件选择器中加入过滤器
    jfc.addChoosableFileFilter(filter);
    textArea=new JTextArea(10,20);
    JScrollPane scrollPane=new JScrollPane(textArea);
    add(scrollPane);
    …//此处省去了菜单和弹出式菜单的创建过程
    //创建"格式"菜单的复选菜单项,并放入"格式"菜单中
    final JCheckBoxMenuItem wrapItem=new JCheckBoxMenuItem("自动换行");
    formatMenu.add(wrapItem);
    /**为"新建"菜单项注册监听器。首先判断当前打开的文件是否作了修改,如果未作修改,直接
        关闭当前文件;如果修改了,弹出对话框提示是否需要保存*/
    newFileItem.addActionListener(
        e->{
            if (content.equals(textArea.getText()))
                textArea.setText("");
            else{
                int value=JOptionPane.showConfirmDialog(Notepad.this,"是否保存所
                    做的修改?","提示",JOptionPane.YES_NO_OPTION);
```

```
            if(value==JOptionPane.YES_OPTION){
                String text=textArea.getText();
                try{saveFile(file,text);
                    textArea.setText("");}
                catch(IOException ex){
                    JOptionPane.showMessageDialog(Notepad.this,"保存文件失败,
                    原因\n"+ex);}}
            else
                if(value==JOptionPane.NO_OPTION){
                    textArea.setText("");}}
        Notepad.this.setTitle("新建文档");
        file=null; });
/**为"打开"菜单项注册监听器。首先显示"打开"文件对话框,供用户选择要打开的文件;选择
    文件后,调用 getFileContent()方法获取文件内容;之后将文件内容放入文本区。*/
openFileItem.addActionListener(
    e->{
    jfc.showOpenDialog(Notepad.this);
    file=jfc.getSelectedFile();
    if(file==null){
        textArea.setText("没有选择文件");
        return; }
    textArea.setText("");
    try{
        String content=getFileContent(file);
        textArea.setText(content);
        Notepad.this.setTitle(file.getName());
    }catch (IOException ex){
        textArea.setText("读文件失败,原因\n"+ex); }
    });
/**为"保存"菜单项注册监听器。首先显示"保存"文件对话框,供用户选择保存目录和输入文
    件名;之后,调用 saveFile()方法保存文件内容;将窗口的标题设为文件的名字。*/
saveFileItem.addActionListener(
    e->{

        if(file==null){
            jfc.showSaveDialog(Notepad.this);
            file=jfc.getSelectedFile();}
        String text=textArea.getText();
        try{
            saveFile(file,text);
            }
        catch(IOException ex){
            JOptionPane.showMessageDialog(Notepad.this,"保存文件失败,原因
                            \n"+ex);}
```

```
          Notepad.this.setTitle(file.getName()); }
    );
/**为"另存为"菜单项注册监听器。首先显示"另存为"文件对话框,供用户选择保存目录和输
    入文件名;之后,调用saveFile()方法保存文件内容;将窗口的标题设为文件的名字。 * /
saveAsFileItem.addActionListener(
    e->{
        jfc.showDialog(Notepad.this,"另存为");
      file=jfc.getSelectedFile();
      String text=textArea.getText();
      try{
          saveFile(file,text);
          }
      catch(IOException ex){
          JOptionPane.showMessageDialog(Notepad.this,"保存文件失败,原因
                  \n"+ex);}
        Notepad.this.setTitle(file.getName()); }
    );
/**为"退出"菜单项注册监听器 * /
exitItem.addActionListener(
    e->{

      System.exit(0); }
});
/ ** 为"编辑"菜单的各菜单项(剪切、复制、粘贴)注册监听器 * /
cutItem.addActionListener(new CutListener());
copyItem.addActionListener(new CopyListener());
pasteItem.addActionListener(new PasteListener());

/**为"格式"菜单的菜单项注册监听器 * /
wrapItem.addActionListener(
    e->{
        if(wrapItem.isSelected())
          textArea.setLineWrap(true);
        else
          textArea.setLineWrap(false); }
);
 / ** 为弹出式菜单的各菜单项注册监听器 * /
pcutItem.addActionListener(new CutListener());
pcopyItem.addActionListener(new CopyListener());
ppasteItem.addActionListener(new PasteListener());
/**为文本区注册鼠标监听器 * /
textArea.addMouseListener(new MouseAdapter(){
    public void mouseReleased(MouseEvent e){
        popup(e);}
```

```java
        public void mousePressed(MouseEvent e){
            popup(e);}
        private void popup(MouseEvent e){
            if(e.isPopupTrigger()){
                pm.show(e.getComponent(),e.getX(),e.getY());}
            }
        });
    //在窗口放入菜单栏
    setJMenuBar(menuBar);
    setSize(360,500);
    setLocation(200,300);
    setDefaultCloseOperation(JFrame.EXIT_ON_CLOSE);
}
class CutListener implements ActionListener{
    public void actionPerformed(ActionEvent e){
        textArea.cut(); }
    }
class CopyListener implements ActionListener{
    public void actionPerformed(ActionEvent e){
        textArea.copy();}
    }
class PasteListener implements ActionListener{
    public void actionPerformed(ActionEvent e){
        textArea.paste(); }
    }
/**从指定的文件获取文件内容 */
private static String getFileContent(File file) throws IOException{
    content="";
    FileReader fileReader=new FileReader(file);
    BufferedReader reader=new BufferedReader(fileReader);
    String line="";
    while ((line=reader.readLine())!=null){
        content+=line+"\n"; }
    reader.close();
    return content;
}
/**将文本区中的内容写入指定的文件 */
private static void saveFile(File file,String str) throws IOException{
    content=str;
    FileWriter fileWriter=new FileWriter(file);
    fileWriter.write(content);
    fileWriter.close();
}
public static void main(String[] args){
    Notepad np=new Notepad();
```

```
    np.setTitle("文本编辑器");
    np.setVisible(true); }
}
```

本 章 小 结

本章介绍了构建 GUI 的一些基础类,重点讲解了 Swing 包中的一些组件,当然,在 Swing 包和 AWT 包中还有很多实用的组件,限于篇幅,本书没有做过多的介绍,可以通过 Java 的 API 文档自学。Java 的事件处理机制也是本章的重点内容。另外,本章还介绍了 4 个布局管理器,在此之外,Java 还提供有 GridBagLayout、BoxLayout 等布局管理器,有兴趣 的话可以自学。

习 题 10

1. 创建一个 JFrame 实例,在其上添加一个蓝色背景的面板,并在面板上添加两个按 钮。将该面板放置在 JFrame 窗口的南边。

2. 创建一个面板,在其上实现用鼠标画线。

3. 创建一个会员注册窗体,要求使用上 JCheckBox、JRadioButton、JTextField、 JTextArea 等组件,并将用户的注册信息显示到文本区中。

4. 自学 JColorChooser,实现文本区中背景和字体颜色的设置。

5. 使用 JDialog,参照 Windows 记事本编写一个"字体"对话框。

6. 结合日常生活,编写一图形界面的应用程序,尽可能多的用到本章所讲的组件,添加 必要的事件处理功能。

第 11 章 JavaFX

11.1 JavaFX 概述

11.1.1 JavaFX 的发展

JavaFX 是一个用来专门创建图形用户界面的工具包,2007 年 JavaOne 大会上首次对外发布 JavaFX,2008 年推出 JavaFX 1.0,2009 年推出 JavaFX 1.1。JavaFX 最早由两个主要的组成部分:JavaFX 脚本和 JavaFX Mobile。JavaFX 脚本是一种声明型的脚本语言,与 Java 类保持了高度的交互性。JavaFX Mobile 是用来为移动设备开发的 Java 应用平台。后来 Oracle 宣布 JavaFX 脚本被废弃,采用 Java API 构建 JavaFX 应用,2011 年使用纯 Java 语言实现。Java 7 将 JavaFX 集成到 JRE 和 JDK 中,支持 Windows、Mac OS X 和 Linux。2014 年 JavaFX 2.2 升级到 JavaFX 8.0,作为一个 Java 包,提供对 ARM 平台的支持。JavaFX 8 是官方推荐的用于 Java 8 应用程序的图形工具包,用于开发富客户端程序。

11.1.2 JavaFX 架构图

JavaFX 通用 API 是用来运行 Java 代码的引擎。这个引擎包括以下子组件:JavaFX 高性能图形引擎(Prism)、窗体系统(Glass)、Media 引擎和 Web 引擎,如图 11.1 所示。

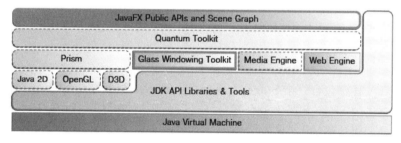

图 11.1 JavaFX 构架

1. Prism

Prism 用于处理渲染工作。进行光栅处理和 JavaFX 场景的渲染。

2. Glass Windowing Toolkit

它是 JavaFX 图形栈中最底层的框架。提供本地系统服务,例如控制窗口,计时器或外观。

3. Media Engine

Media Engine 是 JavaFX 的媒体引擎,是通过 javafx. scene. media API 实现的,提供显示和音频媒体功能,支持 MP3、AIFF、WAV 音频文件和 FLV 视频文件。JavaFX 媒体功能由 3 个组件提供:代表媒体文件的媒体对象、用来播放媒体文件的媒体播放器和代表媒体结点的媒体视图。

4. Web Engine

Web Engine 嵌入式浏览器,是 JavaFX 新的 UI 组件,通过 API 提供了 Web 显示和访问的全部功能,支持 HTML5、CSS、Javascript、Dom 和 SVG 的开源 Web 浏览器引擎。

11.2 JavaFX 程序

11.2.1 场景 Scene

JavaFX 的 Scene(Scene Graph)是 JavaFX 应用程序创建的开始点。它是一棵层次树,其每个结点都代表一个应用程序的 UI 控件。在 Scene 中的元素称为结点(Node)。每个结点都有其 ID 和样式类别。在场景中的每个结点都有一个唯一的父结点和零到多个孩子结点。JavaFX 的场景除了包含控制、布局管理器、图像和媒体外,也有基本图元,例如矩形或者文字。

11.2.2 JavaFX 应用程序的生命周期

每个 JavaFX 应用程序都是 javafx.application.Application 类的子类,该应用程序的生命周期,包含以下方法。

(1) Application.init()。在应用开始之前做一些准备,应用程序运行时自动调用。

(2) Application.start(Stage stage)。JavaFX 应用程序的入口,用来开启程序,继承 Application 类的子类,start 方法中可以进行 UI 控件的布局和事件处理。当 JavaFX 程序启动时,会自动调用 start()方法。

(3) Application.stop()。在应用关闭时被调用一次,它可以由不同原因触发,例如当用户单击程序主窗口的"退出"按钮时,将自动调用 stop()方法。

11.2.3 JavaFX 应用程序

一个 JavaFX 程序包含一个 Stage,Stage 中包含一个 Scene,一个 Scene 中可以包含多个 UI 控件。这里的 Stage 相当于一个舞台,Scene 是场景,在 Scene 场景中通过设置控件的布局和 UI 控件形成最终的 UI 界面。

例 11.1 创建第一个 JavaFX 程序(ch11\HelloWorld.java)。

```
import javafx.application.Application;
import javafx.scene.Scene;
import javafx.scene.control.Button;
import javafx.stage.Stage;
public class HelloWorld extends Application {
    @Override
    public void start(Stage primaryStage) {
        Button btn=new Button();                      //创建按钮
        btn.setText("Hello World!");
        Scene scene=new Scene(btn,300, 200);          //场景大小设置,并添加按钮
        primaryStage.setTitle("Hello World!");        //舞台标题
        primaryStage.setScene(scene);
```

```
        primaryStage.show();
    }
    public static void main(String[] args) {
        launch(args);
    }
}
```

程序说明：JavaFX 中 main()方法通过调用 launch()
方法启动 JavaFX 程序。本例中在 primaryStage 创建了
一个 scene，在 scene 中加入一个按钮 btn，运行结果如
图 11.2 所示。

图 11.2　HelloWorld 运行效果图

11.3　Java FX 布局

JavaFX 应用程序把 UI 控件添加到容器中后，可以通过布局面板为每个 UI 控件来设
置合适的位置和对齐方式属性。JavaFX 中 JavaFX. Scene. Layout 包中提供了多种布局管
理方式，Pane 是其他布局面板类的父类，提供控件在面板中的位置和对齐方式等方法。本
节将介绍常用的 FlowPane、BorderPane、HBox、VBox、GridPane 和 StackPane 的布局管
理器。

11.3.1　FlowPane

FlowPane 布局面板将按照添加控件的顺序，从左到右把控件排列到容器中，排满一行
后，再重新开始新的一行。创建好 FlowPane 对象后，可以用 setAlignment(Pos value)、
setHgap(double value)和 setVgap(double value)方法设置对齐方式、水平间距和垂直间距。
Pos 是一个描述垂直位置和水平对齐方式的枚举类，例如 Pos. BOTTOM_LEFT，位置为底
端，水平靠左对齐。

FlowPane 常用的构造方法如下：

(1) public FlowPane()。创建一个水平间距和垂直间距都为 0 像素的 FlowPane 对象。

(2) public FlowPane(double hgap,double vgap)。创建一个指定水平间距和垂直间距
的 FlowPane 对象。

(3) public FlowPane(Orientation orientation)。创建一个指定方向的 FlowPane 对象。

例 11.2　FlowPane 的使用(ch11\ShowFlowPane. java)。

```
import javafx.application.Application;
import javafx.geometry.Pos;
import javafx.scene.Scene;
import javafx.scene.control.Button;
import javafx.scene.layout.FlowPane;
import javafx.stage.Stage;
public class ShowFlowPane extends Application {
    @Override
    public void start(Stage primaryStage) {
```

```
        FlowPane root=new FlowPane();
        root.setAlignment(Pos.CENTER);          //垂直方向居中,水平方向居中对齐
        root.setHgap(5);                        //设置水平间距 5 个像素
        root.setVgap(5);                        //设置水平间距 5 个像素
        Button[] btn=new Button[6];
        for(int i=1;i<=5;i++){
            btn[i-1]=new Button("Button"+i);
            root.getChildren().add(btn[i-1]);
        }
        btn[5]=new Button("Welcom to Java");
        root.getChildren().add(btn[5]);
        Scene scene=new Scene(root);
        primaryStage.setTitle("FlowPane 布局");
        primaryStage.setScene(scene);
        primaryStage.show();
    }
    public static void main(String[] args) {
        launch(args);
    }
}
```

运行结果如图 11.3 所示。

图 11.3　ShowFlowPane 运行效果图

用鼠标拖动改变窗口的大小,得到的窗体如图 11.4 所示。

图 11.4　改变窗口大小后 ShowFlowPane 运行效果图

11.3.2　BorderPane

BorderPane 将容器分成上、下、左、右、中 5 个区域,如图 11.5 所示。将控件添加到BorderPane 布局的容器中时,需要指明放在哪个区域。该布局方式适合于顶部工具栏、底

部状态栏、左边导航栏、右边附件信息以及中部工作区的典型外观。

BorderPane 常用的构造方法如下。

(1) pubic BorderPane()。创建一个空的 BorderPane 对象。

(2) public BorderPane(Node center)。创建一个 Center 区域放置 center 结点的 BorderPane 对象。

(3) public BorderPane(Node center、Node top、Node right、Node bottom 和 Node left)。创建一个 Center 区域放置 center 结点、Top 区域放置 top 结点、Right 区域放置 right 结点、Bottom 区域放置 bottom

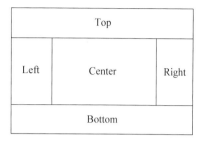

图 11.5　BorderPane 布局

结点、Left 区域放置 left 结点的 BorderPane 对象。默认情况下,控件在区域中的位置如下。

Top 区域：Pos.TOP_LEFT,顶端靠左。

bottom 区域：Pos.BOTTOM_LEFT,底端靠左。

left 区域：Pos.TOP_LEFT,顶端靠左。

right 区域：Pos.TOP_RIGHT,顶端靠右。

Center 区域：Pos.CENTER,水平和垂直方向都居中。

例 11.3　BorderPane 的使用(ch11\ShowBorderPane.java)。

```
import javafx.application.Application;
import javafx.geometry.Pos;
import javafx.scene.Scene;
import javafx.scene.control.Button;
import javafx.scene.layout.BorderPane;
import javafx.stage.Stage;
public class ShowBorderPane extends Application {
    @Override
    public void start(Stage primaryStage) {
        BorderPane root=new BorderPane();
        Button btTop=new Button("Top");
        root.setTop(btTop);                 //将 btTop 按钮添加到 Top 区域
        BorderPane.setAlignment(btTop, Pos.CENTER);
                                            //设置 Top 区域垂直、水平居中对齐方式
        Button btBottom=new Button("Bottom");
        root.setBottom(btBottom);           //将 btBottom 按钮添加到 Bottom 区域
        Button btLeft=new Button("Left");
        root.setLeft(btLeft);               //将 btLeft 按钮添加到 Left 区域
        Button btRight=new Button("Right");
        root.setRight(btRight);             //将 btRight 按钮添加到 Right 区域
        Button btCenter=new Button("Center");
        root.setCenter(btCenter);           //将 btCenter 按钮添加到 Center 区域
        Scene scene=new Scene(root, 300, 250);
        primaryStage.setTitle("BorderPane!");
        primaryStage.setScene(scene);
```

```
        primaryStage.show();
    }
    public static void main(String[] args) {
        launch(args);
    }
}
```

运行结果如图 11.6 所示。

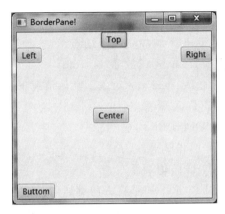

图 11.6　ShowBorderPane 运行效果

11.3.3　HBox

HBox 布局类将包含的结点水平排成一行。默认情况下,结点的对齐方式是 Pos. TOP
_LEFT。可以通过 setAlignment(Pos value)、setSpacing(double value)和 setPading(Insets
value)设置控件的对齐方式、结点间的间距和结点与容器边界之间的距离,其中 Insets 是定
义与容器 4 个边界距离的类。

HBox 构造方法如下。

(1) public HBox()。创建一个水平间距为 0 的 HBox 对象。

(2) public HBox(double spacing)。创建一个水平间距为 spacing 的 HBox 对象。

(3) public HBox(Node... children)。创建一个包含多个结点,水平间距为 0 的 HBox
对象。

(4) public HBox(double spacing,Node... children)。创建一个包含多个结点,水平间
距为 spacing 的 HBox 对象。

例 11.4　HBox 的使用(ch11\ShowHBoxPane. java)。

```
import javafx.application.Application;
import javafx.geometry.Insets;
import javafx.geometry.Pos;
import javafx.scene.Scene;
import javafx.scene.control.Button;
import javafx.scene.control.TextField;
import javafx.scene.layout.HBox;
```

```
import javafx.stage.Stage;
public class ShowHBoxPane extends Application {
    @Override
    public void start(Stage primaryStage) {
        HBox root=new HBox(5);                      //控件间距为 5 像素
        root.setPadding(new Insets(10));            //边界距离为 10 像素
        root.setAlignment(Pos.TOP_CENTER);          //顶部居中对齐
        Button btn=new Button("手机号码");
        TextField tf=new TextField();
        root.getChildren().add(tf);
        root.getChildren().add(btn);
        Scene scene=new Scene(root, 300, 250);
        primaryStage.setTitle("HBox");
        primaryStage.setScene(scene);
        primaryStage.show();
    }
    public static void main(String[] args) {
        launch(args);
    }
}
```

运行结果如图 11.7 所示。

图 11.7　例 11.4 运行效果图

11.3.4　VBox

VBox 布局面板和 HBox 类似,只是将包含的结点排成一列。默认情况下,结点放置的对齐方式是 Pos. TOP_LEFT,可以通过 setAlignment(Pos value)和 setSpacing(double value)设置结点的对齐方式和间距。

VBox 的构造方法如下。

(1) public VBox()。创建一个垂直间距为 0 的 VBox 对象。

(2) public VBox(double spacing)。创建一个结点间垂直间距为 spacing 的 VBox 对象。

(3) public VBox(Node... children)。创建一个包含多个结点垂直间距为 0 的 VBox

对象。

（4）public VBox(double spacing，Node children)。创建一个包含多个结点垂直间距为 spacing 的 VBox 对象。

例 11.5 VBox 的使用(ch11\ShowVBoxPane.java)。

```java
import javafx.application.Application;
import javafx.geometry.Pos;
import javafx.scene.Scene;
import javafx.scene.control.Button;
import javafx.scene.control.TextField;
import javafx.scene.layout.VBox;
import javafx.stage.Stage;
public class ShowVBoxPane_1 extends Application {
    @Override
    public void start(Stage primaryStage) {
        VBox root=new VBox();
        root.setAlignment(Pos.TOP_CENTER);
        root.setSpacing(5);
        Button bt=new Button("手机号码:");
        TextField tf=new TextField();
        tf.setPromptText("请输入手机号");
        tf.setPrefColumnCount(20);   //设置文本框 tf 的列数为 20
        root.setFillWidth(false);    //设置 root 内 UI 控件不充满 root 区域
        root.getChildren().add(bt);
        root.getChildren().add(tf);
        Scene scene=new Scene(root,300,200);
        primaryStage.setTitle("VBox 布局");
        primaryStage.setScene(scene);
        primaryStage.show();
    }
    public static void main(String[] args) {
        launch(args);
    }
}
```

运行结果如图 11.8 所示。

图 11.8　例 11.5 运行效果图

11.3.5 GridPane

GridPane 布局面板是基于行和列的网格来放置结点。结点可以被放置到任意一个单元格中,也可以根据需要设置一个结点跨越多个单元格(行或者列)。若子结点没有指定位置,则放在第 0 行;若跨行列数没有指定,则默认为 1。总的行数和列数不需要指定,网格会根据内容自动伸缩。

GridPane 构造方法如下。

Public GridPane()。创建一个结点间距为 0、放置方式为 TOP_LEFT 的 GridPane 对象。

常用的方法如下。

(1) add(Node child, int columnIndex, int rowIndex)。将结点 child 添加到指定列 columnIndex 和行 rowIndex 中。

(2) public void add(Node child, int columnIndex, int rowIndex, int colspan, int rowspan)。将结点 child 添加到指定的列 columnIndex 和行 rowIndex 中,并按照列跨度 colspan 和行跨度 rowspan 布置。

例 11.6 GridPane 的使用(ch11\ShowGridPane.java)。

```
import javafx.application.Application;
import static javafx.application.Application.launch;
import javafx.geometry.*;
import javafx.scene.*;
import javafx.scene.control.*;
import javafx.scene.layout.*;
import javafx.scene.text.*;
import javafx.stage.Stage;
public class ShowGridPane extends Application {
    @Override
    public void start(Stage primaryStage) {
        primaryStage.setTitle("GridPane 布局");
        GridPane grid=new GridPane();
        grid.setAlignment(Pos.CENTER);
        grid.setHgap(10);
        grid.setVgap(10);
        grid.setPadding(new Insets(25, 25, 25, 25));
        Text scenetitle=new Text("登录");
        scenetitle.setFont(Font.font("Tahoma", FontWeight.NORMAL, 20));
        Label name=new Label("姓名:");
        TextField userName=new TextField();
        Label pwd=new Label("密码:");
        PasswordField pwBox=new PasswordField();
        grid.add(pwBox, 1, 2);
        grid.add(scenetitle, 0, 0, 2, 1);
        grid.add(name, 0, 1);
```

```
        grid.add(userName, 1, 1);
        grid.add(pwd, 0, 2);
        Button ok=new Button("确定");
        HBox pane1=new HBox(10);
        pane1.setAlignment(Pos.BOTTOM_RIGHT);
        pane1.getChildren().add(ok);
        grid.add(pane1, 1, 4);
        Scene scene=new Scene(grid, 300, 275);
        primaryStage.setScene(scene);
        primaryStage.show();
    }
    public static void main(String[] args) {
        launch(args);
    }
}
```

运行结果如图 11.9 所示。

图 11.9　例 11.6 运行效果图

11.3.6　StackPane

StackPane 布局面板在单一堆栈中放置所有结点,默认情况下,每个新结点被添加到前一个结点之上。适用于图片或图形上显示文字,或者将普通的图形相互覆盖创建更复杂的图形。

StackPane 的构造方法如下。

(1) public StackPane()。创建一个 StackPane 对象。

(2) Public Stack(Node... children)。创建一个放置多个结点的 StackPane 对象。

例 11.7　StackPane 的使用(ch11\ShowStackPane.java)。

```
import javafx.application.Application;
import javafx.scene.Scene;
import javafx.scene.layout.StackPane;
```

```
import javafx.scene.paint.Color;
import javafx.scene.shape.Rectangle;
import javafx.scene.text.*;
import javafx.stage.Stage;
public class ShowStackPane extends Application {
    @Override
    public void start(Stage primaryStage) {
        StackPane root=new StackPane();
        Rectangle block=new Rectangle(100, 50);    //绘制矩形
        block.setStroke(Color.BLUE);
        block.setFill(Color.BLUE);                          //填充颜色
        Text context=new Text("JavaFX");
        context.setFill(Color.RED);
        context.setFont(Font.font("Amble Cn", FontWeight.BOLD, 18));
        root.getChildren().add(block);
        root.getChildren().add(1, context);
        Scene scene=new Scene(root, 300, 200);
        primaryStage.setTitle("StackPane 布局");
        primaryStage.setScene(scene);
        primaryStage.show();
    }
    public static void main(String[] args) {
        launch(args);
    }
}
```

运行结果如图 11.10 所示。

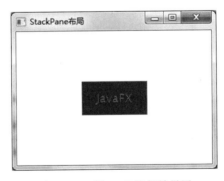

图 11.10　例 11.7 运行效果图

11.4　事件处理

在例 11.6 中,在文本框和密码框中输入用户名和密码,单击"确定"按钮,界面没有任何反应。原因是"确定"按钮没有对用户单击进行处理。事件是指用户移动鼠标,单击按钮,按键盘,以及在 UI 上所做的任何操作。当事件发生时,事件就会被派遣,JavaFX 应用通过事

件处理器和事件过滤器来接受事件,并作出相应处理。

11.4.1　事件

在 JavaFX 中,事件是 javafx. event. Event 类或其任何子类的实例。JavaFX 提供了多种事件,包括 DragEvent、KeyEvent、MouseEvent、ScrollEvent 等,也可以通过继承 Event 类来实现自己的事件。事件属性包括事件类型、源和目标。事件属性如表 11.1 所示。

表 11.1　事件属性

属　　性	描　　述
事件类型(Event type)	发生事件的类型
源(Source)	事件的来源,表示该事件在事件派发链中的位置。事件通过派发链传递时,"源"会随之发生改变
目标(Target)	发生动作的结点,在事件派发链的末尾。"目标"不会改变,但是如果某个事件过滤器在事件捕获阶段消费了该事件,"目标"将不会收到该事件

1. 事件类型(Event Type)

事件类型(Event Type)是 EventType 类的实例。事件类型对单个事件类的多种事件进行了细化归类。例如 KeyEvent 类包含下面 3 种事件。

KeyEvent. KEY_PRESSED:任意按键按下时响应。

KeyEvent. KEY_RELEASED:任意按键松开时响应。

KeyEvent. KEY_TYPED:文字输入键按下松开后响应。

事件类型是一个层次结构。每个事件类型有一个名称和一个父类型。例如,按键被按下的事件为 KEY_PRESSED,其父类是 KeyEvent. ANY。图 11.11 展示了该层级结构的一个子集。

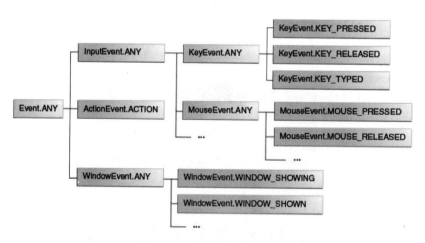

图 11.11　事件类型层次结构

在该层级结构中顶级的事件类型是 Event. ANY。在子类型中,事件类型 ANY 用来表示该事件类中的任何事件类型。例如,为了给任何类型的键盘事件(Key Event)提供相同的响应,可以使用 KeyEvent. ANY 作为事件过滤器(Event Filter)或事件处理器(Event

Handler)的事件类型。如果只响应按键被释放的事件,则使用 KeyEvent. KEY_
RELEASED 作为过滤器或处理器的事件类型。

2. 源(Source)

在事件派发链中事件的位置,可以为 Window、Scene 和 Node。

3. 事件目标(Event Target)

事件目标是任何实现了 EventTarget 接口的类的实例,通过实现 buildEventDispatch-
Chain()抽象方法,创建事件派发链,事件通过该派发链到达事件目标。Window、Scene 和
Node 类都实现了 EventTarget 接口,它们的子类也继承该实现。因此,在 UI 中的大多数都
有它们已经定义好了的派发链。

11.4.2 事件分发流程

在 JavaFX 应用中事件处理采用的是绑定机制,当用户对 Node 进行操作时,通过目标
选择、线路构建、事件捕获和事件冒泡进行事件传递。

(1)目标选择。当动作发生时,判断动作发生在哪个 Node 上。当一个动作发生时,系
统根据内部规则决定哪一个 Node 是事件目标。对于键盘事件,事件目标是已获取焦点的
Node。对于鼠标事件,事件目标是光标所在位置处的 Node;如果有多个 Node 位于光标或
者触摸处,最上层的 Node 将被作为事件目标。

(2)线路构建。初始的事件路由是由事件派发链表决定的,链表是由选中的事件目标
的 buildEventDispatchChain()方法实现。例如在例 11.6 中,单击"确定"按钮,则初始路由
从 Stage 到 Button,如图 11.12 中加粗边框结点所示。

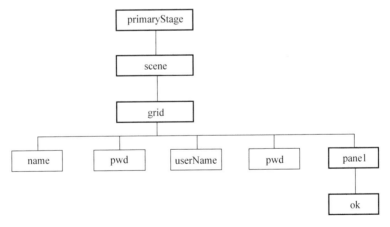

图 11.12　事件派遣链表

(3)事件捕获。在事件捕获阶段,事件沿着事件派遣链表从根结点传递到目标结点。
在例 11.6 中,当单击"确定"按钮事件发生时,在事件捕获阶段,事件从根结点 primaryStage
传递到目标结点 ok。在派遣链中的结点,如果注册了当前事件类型的过滤器,则调用该过
滤器;过滤器执行完成后,事件传递到链表中的下一个结点。如果在到达目标结点之前,派
遣链中没有消费该事件类型,则事件目标结点接受事件并处理完成事件。

(4)事件冒泡。当事件源到达事件目标,并且所有注册的过滤器被执行后,事件从目标

结点返回到根结点。在例 11.6 中,当单击"确定"按钮事件发生时,在事件冒泡阶段,事件从目标结点 ok 传递到根结点 primaryStage。在派遣链中的结点,如果注册了当前事件类型的处理器,处理器将会被调用。处理器执行完成后,事件返回到上一个结点。如果在到达根结点前没有结点消费该事件,最终根结点接受并处理完成事件。

11.4.3 事件处理

JavaFX 中的事件处理可以通过便利方法、事件处理器和事件过滤器实现,它们都是实现了 EventHandler 接口的类。事件消费是指事件处理器和事件过滤器在派遣链中任意一个结点调用 consume()方法进行消费事件,当某一结点调用该方法时,将终止事件进一步传递。与控件属性相关的事件可以使用属性绑定进行处理。

1. 使用便捷方法

在一些 JavaFX 类中定义了 Event Handler 属性,可以用来注册 Event Handler。定义 Event Handler 属性的结点会自动注册可接收事件类型的 Event Handler。许多便捷方法都定义在 Node 类中,并且这些方法对 Node 的所有子类也都是可用的。除此之外,还有一些其他类也包含快捷方法。表 11.2 列出了快捷方法可以处理的事件,以及这些方法所在的类。

表 11.2　有便利方法的事件处理器

用 户 动 作	事 件 类 型	所　在　类
按下键盘上的按键	KeyEvent	Node、Scene
移动鼠标或者按下鼠标按键	MouseEvent	Node、Scene
执行完整的"按下-拖曳-释放"鼠标动作	MouseDragEvent	Node、Scene
在一个结点中,底层输入法提示其文本的改变。编辑中的文本被生成/改变/移除时,底层输入法会提交最终结果,或者改变插入符位置	InputMethodEvent	Node、Scene
执行所在平台支持的拖曳动作	DragEvent	Node、Scene
滚动某对象	ScrollEvent	Node、Scene
在某对象上执行旋转手势	RotateEvent	Node、Scene
在某对象上执行滑动手势	SwipeEvent	Node、Scene
触摸某对象	TouchEvent	Node、Scene
在某对象上执行缩放手势	ZoomEvent	Node、Scene
请求上下文菜单	ContextMenuEvent	Node、Scene
按下按钮、显示或隐藏组合框、选择菜单项	ActionEvent	ButtonBase、ComboBoxBase、ContextMenu、MenuItem、TextField
编辑列表、表格或者树的子项	ListView. EditEvent TableColumn. CellEdit EventTreeView. EditEvent	ListView TableColumn TreeView

用 户 动 作	事 件 类 型	所 在 类
媒体播放器遇到错误	MediaErrorEvent	MediaView
菜单被显示或者隐藏	Event	Menu
弹出式窗口被隐藏	Event	PopupWindow
选项卡被选择或者关闭	Event	Tab
窗口被关闭、显示或者隐藏	WindowEvent	Window

注册事件处理器的方法格式如下：

```
setOnEvent-type(EventHandler<? super event-class>value)
```

语法说明：Event-Type 是事件处理器处理的事件类型，例如 setOnMouseClicked 表示处理 MOUSE_CLICKED 的事件类型，setOnKeyTyped 表示处理 KEY_TYPED 的事件类型。event-class 是定义事件类型的类，例如 MouseEvent 是与鼠标输入有关的事件；KeyEvent 表示与键盘输入有关的类。字符串"<? Super event-class>"表示 event-class 类型或其父类型事件的处理器。例如当事件是鼠标事件时可以使用 MouseEvent 或父类型 InputEvent 的 Event Handler 处理器。

为例 11.6 添加事件处理。在图 11.13 文本框中输入用户名和密码后，单击"确认"按钮，将显示如图 11.14 所示对话框。

图 11.13   ShowGridPane 输入用户名和密码的运行效果图

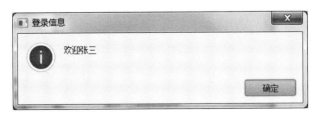

图 11.14   单击"确定"按钮的运行效果图

增加事件处理后的 ShowGridPane.java 程序如下：

```java
import javafx.application.Application;
import static javafx.application.Application.launch;
import javafx.event.ActionEvent;
import javafx.geometry.*;
import javafx.scene.*;
import javafx.scene.control.*;
import javafx.scene.control.Alert.AlertType;
import javafx.scene.layout.*;
import javafx.scene.text.*;
import javafx.stage.Stage;
public class ShowGridPane extends Application {
    @Override
    public void start(Stage primaryStage) {
        primaryStage.setTitle("GridPane 布局");
        GridPane grid=new GridPane();
        grid.setAlignment(Pos.CENTER);
        grid.setHgap(10);
        grid.setVgap(10);
        grid.setPadding(new Insets(25, 25, 25, 25));
        Text scenetitle=new Text("登录");
        scenetitle.setFont(Font.font("Tahoma", FontWeight.NORMAL, 20));
        Label name=new Label("姓名:");
        TextField userName=new TextField();
        Label pwd=new Label("密码:");
        PasswordField pwBox=new PasswordField();
        grid.add(pwBox, 1, 2);
        grid.add(scenetitle, 0, 0, 2, 1);
        grid.add(name, 0, 1);
        grid.add(userName, 1, 1);
        grid.add(pwd, 0, 2);
        Button ok=new Button("确定");
        //ok 注册事件处理器
        ok.setOnAction((ActionEvent event) -> {
            Alert alert=new Alert(AlertType.INFORMATION);
            alert.setTitle("登录信息");
            alert.setHeaderText(null);
            alert.setContentText("欢迎"+userName.getText());
            alert.showAndWait();
        }
        );
        HBox pane1=new HBox(10);
        pane1.setAlignment(Pos.BOTTOM_RIGHT);
        pane1.getChildren().add(ok);
        grid.add(pane1, 1, 4);
```

```
            Scene scene=new Scene(grid, 300, 275);
            userName.requestFocus();              //文本区 userName 获得焦点
            primaryStage.setScene(scene);
            primaryStage.show();
        }
        public static void main(String[] args) {
            launch(args);
        }
    }
```

程序说明：通过便捷处理方法 setOnAction()在"确认"按钮上注册了事件处理器，当输入用户名和密码后，单击"确认"按钮时，派发事件，就会执行 Lambda 表达式中的内容，弹出对话框。

2. 使用事件处理器（Event Handler）

Event Handler 是在事件冒泡（Event Bubbling）阶段来处理事件。一个结点可以有一个或多个用来处理事件的 Event Handler。一个处理器可以被多个结点使用，并且可以处理多种不同的事件类型。如果子结点的 Event Handler 没有消费掉对应的事件，则父结点的 Event Handler 可以在子结点处理完事件之后继续对事件进行响应，并且为多个子结点提供通用的事件处理机制。

要在事件冒泡阶段处理事件，对应的结点必须要注册一个 Event Handler。Event Handler 是 EventHandler 接口的一个实现。该接口的 handle()方法给出结点接收到与 EvnetHandler 关联的特定事件时需要被执行的代码。注册处理器的语法如下。

```
public final< T extends Event>? void? addEventHandler (EventType< T> eventType,
EvenHandler<? super T>eventHandler)
```

其中，参数 eventType 为事件类型，eventHandler 响应的事件处理器。

例 11.8 使用事件处理器进行事件处理（ch11\EventHandlerDemo.java）。

```
import javafx.application.Application;
import javafx.event.*;
import javafx.scene.Scene;
import javafx.scene.control.*;
import javafx.scene.input.MouseEvent;
import javafx.scene.layout.StackPane;
import javafx.stage.Stage;
public class EventHandlerDemo extends Application {
    @Override
    public void start(Stage primaryStage) {
        Label text=new Label("mouse information");
        StackPane root=new StackPane();
        root.getChildren().add(text);
        Scene scene=new Scene(root, 300, 250);
        text.addEventHandler(MouseEvent.MOUSE_CLICKED, (Event event) ->{
            System.out.println("click on text");
```

```
        });
        root.addEventHandler(MouseEvent.MOUSE_CLICKED, (Event event) ->{
            text.setText("mouse clicked");
            System.out.println("click on root");
            //event.consume();            //消费事件
        });
        scene.addEventHandler(MouseEvent.MOUSE_ENTERED, (Event event) ->{
            text.setText("mouse entered");
        });
        scene.addEventHandler(MouseEvent.MOUSE_EXITED, (Event event) ->{
            text.setText("mouse exited");
        });
        scene.addEventHandler(MouseEvent.MOUSE_CLICKED, (Event event) ->{
            System.out.println("click on scene");
        });
        primaryStage.setTitle("Event Handler");
        primaryStage.setScene(scene);
        primaryStage.show();
    }
    public static void main(String[] args) {
        launch(args);
    }
}
```

程序说明：在例11.8中，为scene注册了鼠标3种不同事件类型的事件处理器，根据鼠标的事件类型的不同调用相应的事件处理器，完成不同的操作。鼠标进入scene中，标签显示"mouse entered"；鼠标离开scene，标签显示"mouse exited"；鼠标单击scene，标签显示"mouse clicked"。同时，将鼠标单击事件分别在text、root和scene上注册事件处理器，并根据事件处理过程中事件源，输出响应的信息。由于事件处理器是在事件冒泡阶段执行的，所以当鼠标单击text标签时，事件目标是text，事件沿着text、root到scene，即从事件目标text到根结点root。显示信息如下：

```
click on text
click on root
click on scene
```

当在单击text标签外区域，事件目标为root，事件沿着root和scene执行，即从事件目标root到根结点scene。显示信息如下：

```
click on root
click on scene
```

如果在root中调用了consume()方法，则root对鼠标事件进行消费，父结点scene将无法执行鼠标单击事件。取消root注册事件处理器方法中consume()方法的注释，单击text标签，显示信息如下：

```
click on text
click on root
```

3. 使用事件过滤器（Event Filter）

Event Filter 是在事件处理过程中的事件捕获阶段来处理事件。一个结点可以有一个或多个 Event Filter 来处理一个事件。一个 Event Filter 可以被多个结点使用，并可以处理多种不同的事件类型。Event Filter 使父结点可以为所有的子结点提供通用的事件处理或者是拦截事件，以使子结点不再响应该事件。

要在事件捕获阶段处理事件，对应的结点必须要注册一个 Event Filter。Event Filter 是 EventHandler 接口的一个实现。该接口的 handle()方法提供了结点接收到与 Event Filter 关联的特定事件时需要执行的代码。注册 Event Filter 方法如下。

```
addEventFilter ( final EventType < T > eventType, final EventHandler < ? super T >
eventFilter)
```

eventType 参数为接收的事件类型，Event Filter 为事件过滤器。

例 11.9 使用过滤器进行事件处理（ch11\EventFilterDemo.java）。

```java
import javafx.application.Application;
import static javafx.application.Application.launch;
import javafx.geometry.Pos;
import javafx.scene.Scene;
import javafx.scene.control.*;
import javafx.scene.input.MouseEvent;
import javafx.scene.layout.*;
import javafx.stage.Stage;
public class EventFilterDemo extends Application {
    private Button okBtn;
    @Override
    public void start(Stage primaryStage) {
        HBox hbox=new HBox();
        hbox.setAlignment(Pos.CENTER);
        okBtn=new Button("确定");
        hbox.getChildren().add(okBtn);
        okBtn.addEventFilter(MouseEvent.MOUSE_CLICKED, (e) ->{
            System.out.println("clicked on okBtn by filter");
        });
        hbox.addEventFilter(MouseEvent.MOUSE_CLICKED, (e) ->{
            System.out.println("clicked on hbox by filter");
            //e.consume();            //hbox 消费事件
        });
        Scene scene=new Scene(hbox, 160, 100);
        scene.addEventFilter(MouseEvent.MOUSE_CLICKED, (e) ->{
            System.out.println("clicked on scene by filter");
        });
        primaryStage.setScene(scene);
```

```
        primaryStage.show();
    }
    public static void main(String[] args) {
        launch(args);
    }
}
```

程序说明：在例 11.9 中，为 okBtn、hbox 和 scene 注册鼠标事件，并根据事件处理过程中的事件源，输出响应的信息。由于过滤器是在事件捕获阶段执行的，所以当单击"确定"按钮时，事件沿着 scene、hbox 到 okBtn 执行，即从根结点 scene 到事件目标 okBtn。显示信息如下：

```
clicked on scene by filter
clicked on hbox by filter
clicked on okBtn by filter
```

当单击"确定"按钮外区域，事件目标为 hbox，事件沿着 scene 到 hbox，从根结点 scene 到事件目标 hbox，显示信息如下：

```
clicked on scene by filter
clicked on hbox by filter
```

如果在 hbox 中调用了 consume()方法，则 hbox 对鼠标事件进行消费，okBtn 将捕获不到鼠标事件。取消 hbox 注册过滤器中 consume()方法的注释，单击"确定"按钮，显示信息如下：

```
clicked on scene by filter
clicked on hbox by filter
```

4. 属性绑定事件处理

所有跟属性改变相关的事件，都可以通过 XXX.xxxxProperty().addListener(listener) 的形式来执行事件。XXX 代表控件，xxxx 代表要改变的属性。

例 11.10 使用属性绑定进行事件处理(ch11\ProperBindingDemo.java)。

```
import javafx.application.Application;
import javafx.beans.value.*;
import javafx.scene.Scene;
import javafx.scene.control.Button;
import javafx.scene.layout.StackPane;
import javafx.stage.Stage;
public class ProperBindingDemo extends Application {
    @Override
    public void start(Stage primaryStage) {
        Button btn=new Button();
        btn.setText("Say 'Hello World'");
        StackPane root=new StackPane();
        root.getChildren().add(btn);
```

```
        Scene scene=new Scene(root, 300, 250);
        scene.heightProperty().addListener((ObservableValue<? extends Number>
observable, Number oldValue, Number newValue) ->{
            btn.setText("scene 高度为:"+newValue.toString());
        });
        primaryStage.setTitle("Hello World!");
        primaryStage.setScene(scene);
        primaryStage.show();
    }
    public static void main(String[] args) {
        launch(args);
    }
}
```

程序说明：当改变 scene 的高度时触发事件，按钮显示当前 scene 的高度。

11.5 JavaFX UI 组件

11.5.1 标签

标签(Label)用来显示文本元素或图标。其构造方法如下。

(1) public Label()。创建一个没有文本的标签。

(2) public Label(String text)。创建一个显示 text 文本的标签。

(3) public Label(String text，Node graphic)。创建一个显示文本是 text，图像是 graphic 的标签。

常用的方法如下：

(1) public String getText()。返回标签显示的文本。

(2) public void setAlignment(Pos value)。设置标签显示文字和图标的对齐方式。

(3) public void setTextAlignment(TextAlignment value)。设置标签文本的对齐方式。

(4) public final void setGraphic(Node value)。设置标签显示的图标。

(5) Public final void setText(String value)。设置标签显示文本。

11.5.2 按钮

有 4 种常用的按钮：普通按钮(Button)、复选框按钮(CheckBox)、单选按钮(RadioButton)和菜单项(MenuButton)。Button、CheckBox 和 MenuButton 直接继承 ButtonBase，ButtonBase 是按钮的基类，当用户在按钮上进行动作时，按钮被激活。RadioButton 是 ToggleButton 的一个直接子类，ToggleButton 是 ButtonBase 的直接子类。RadioButton 是一种具有两种状态的按钮，即选中和未选中，在按钮上的动作将使从一种状态变为另一种状态，可以通过 isArmed()方法获取当前按钮的状态。ButtonBase 类的常用方法。

(1) public void arm()。普通按钮的单击，按钮被选中。

（2）public void disarm()。普遍按钮的释放，按钮被取消。

（3）public abstract void fire()。按钮事件发生。是一个抽象类，其子类需要实现该抽象方法。

（4）public final EventHandler＜ActionEvent＞ getOnAction()。返回按钮的激活事件。

（5）public final boolean isArmed()。按钮状态。

（6）public final void setOnAction(EventHandler＜ActionEvent＞ value)。按钮选中时的事件处理。

ButtonBase 类常用的从父类 Labeled 类中继承的方法。

（1）public final String getText()。返回按钮上的文本。

（2）public final void setGraphic(Node value)。设置按钮的显示图标。

（3）public final void setDisable(boolean value)。设置按钮是否不可用。

（4）public final void setText(String value)。设置按钮显示的文本。

ButtonBase 类常用的从间接父类 Node 类中继承的方法。

（1）public final＜T extends Event＞void addEventHandler(EventType＜T＞eventType,EventHandler＜? super T＞eventHandler)。为按钮注册一个事件处理器，当按钮在事件传递冒泡阶段接收到指定类型的事件时，调用事件处理器。

（2）public final＜T extends Event＞void addEventFilter(EventType＜T＞eventType,EventHandler＜? super T＞eventFilter)。为按钮注册一个过滤器，当按钮在事件捕获阶段接收到指定类型的事件时，就调用该事件过滤器。

（3）public final＜T extends Event＞void removeEventHandler(EventType＜T＞eventType,EventHandler＜? super T＞eventHandler)。注销事件处理器。

1. Button

Button 是普通按钮，通常进行单击事件。其构造方法如下。

（1）public Button()。创建一个没有文本的按钮。

（2）public Button(String text)。创建一个显示 text 文本的按钮。

（3）public Button(String text,Node graphic)。创建一个显示 text 文本，graphics 图标的按钮。

2. CheckBox

CheckBox 是复选按钮，允许用户同时选中多个选项，常用的构造方法如下。

（1）public CheckBox()。创建一个没有文本的复选按钮。

（2）public CheckBox(String text)。创建一个带有 text 文本的复选按钮。

常用的方法如下。

（1）public final boolean isSelected()。返回复选框选中状态。

（2）public final void setSelected(boolean value)。设置复选框选中状态。

（3）public final void setAllowIndeterminate(boolean value)。设置 CheckBox 对象是否在选中、非选中、未定义的 3 个状态之间循环变换。

3. RadioButton

RadioButton 是单选按钮，同一时间内其中只有一个 Button 可以被选中，通常将多个

RadioButton 放在一个组中。常用的构造方法如下。

（1）public RadioButton()。创建一个没有文本的单选框。

（2）public RadioButton(String text)。创建一个显示文本 text 的单选框。

Radio Button 通常用于呈现一个组中几个相互排斥的选项。将 RadioButton 放入
ToggleGroup 对象中，使同时只有一个 Radio Button 被选中。RadioButton 从父类
ToggleButton 类中继承的 setToggleGroup()方法可以将单选按钮加入到 ToggleGroup
对象。

public final void setToggleGroup(ToggleGroup value)。

11.5.3 文本框

TextField 类接收和显示一行文本的 UI 组件。它提供了从用户接收文本输入的功能，
继承 TextInputControl 类。常用的构造方法如下。

（1）public TextField()。创建一个空的文本框。

（2）Public TextField(String text)。创建一个初始内容为 text 的文本框。

TextField 常用的方法如下。

（1）public String getText()。返回文本框内容。

（2）public void setText(String value)。设置文本框中的文本。

（3）public final boolean isEditable()。返回文本框是否可编辑。

（4）public final void setEditable(boolean value)。设置文本框是否能编辑。

（5）public final void setPrefColumnCount(int value)。预设文本框的列数。

（6）public void requestFocus()。使文本框获得焦点。

（7）public void appendText(String text)。将 text 追加到文本框内容的末尾。

11.5.4 文本区

TextArea 类实现了一个接收和显示多行文本的文本区，继承 TextInputControl 类。常
用的构造方法如下。

（1）public TextArea()。创建一个空的文本区。

（2）public TextArea(String text)。创建一个带有 text 文本的文本区。

常用的方法如下。

（1）public final void setPrefColumnCount(int value)。预设文本区的列数。

（2）public final void setPrefRowCount(int value)。预设文本区的行数。

（3）public final void setWrapText(boolean value)。设置文本区的文本是否能自动
换行。

（4）public void appendText(String text)。将 text 追加到文本区内容的末尾。

例 11.11 设计一个注册窗口，状态如图 11.15 所示，在文本框中输入用户名，密码框
中输入密码，选择 RadioButton 中的性别，CheckBox 中的爱好，单击"注册"按钮，将注册信
息显示在文本区中(ch11\ButtonEventDemo.java)。

```
import javafx.application.Application;
import javafx.beans.value.*;
```

图 11.15　注册窗口

```java
import javafx.event.*;
import javafx.geometry.*;
import javafx.scene.Scene;
import javafx.scene.control.*;
import javafx.scene.layout.*;
import javafx.stage.Stage;
public class ButtonEventDemo extends Application {
    private String sexText;
    @Override
    public void start(Stage primaryStage) {
        TextArea text=new TextArea();
        VBox root=new VBox();
        root.setPadding(new Insets(10));
        root.setSpacing(10);
        Label userLabel=new Label("用户名:");
        TextField userName=new TextField();
        HBox line1=new HBox();
        line1.getChildren().addAll(userLabel, userName);
        Label pwdLabel=new Label("密码:");
        PasswordField pwd=new PasswordField();
        HBox line2=new HBox();
        line2.getChildren().addAll(pwdLabel, pwd);
        HBox line3=new HBox();
        Label sex=new Label("性别:");
        ToggleGroup group=new ToggleGroup();
        RadioButton male=new RadioButton("男");
        RadioButton female=new RadioButton("女");
        male.setToggleGroup(group);
        male.setSelected(true);
        sexText="男";
```

```
            female.setToggleGroup(group);
            line3.getChildren().addAll(sex, male, female);
            group.selectedToggleProperty().addListener((ObservableValue<? extends
            Toggle>observable, Toggle oldValue, Toggle newValue) ->{
                sexText=((RadioButton)newValue).getText();
            });
            HBox line4=new HBox();
            Label hobby=new Label("爱好:");
            CheckBox book=new CheckBox("看书");
            CheckBox music=new CheckBox("音乐");
            CheckBox sport=new CheckBox("运动");
            CheckBox[] hobbys={book, music, sport};
            line4.getChildren().addAll(hobby, book, music, sport);
            Button okBt=new Button("注册");
            okBt.setOnAction((ActionEvent event) ->{
                text.setText("注册信息如下:");
                text.appendText("\n 用户名:"+userName.getText());
                text.appendText("\n 密码:"+pwd.getText());
                text.appendText("\n 性别:"+sexText);
                text.appendText("\n 爱好:");
                for (int i=0; i<hobbys.length; i++) {
                    if (hobbys[i].isSelected()) {
                        text.appendText(hobbys[i].getText()+" ");
                    }
                }
            });
            root.getChildren().addAll(line1, line2, line3, line4, text, okBt);
            Scene scene=new Scene(root);
            primaryStage.setTitle("注册窗口");
            primaryStage.setScene(scene);
            primaryStage.show();
        }
        public static void main(String[] args) {
            launch(args);
        }
    }
```

11.5.5 菜单组件

JavaFX 提供了多种菜单组件,主要有菜单栏(MenuBar)、菜单(Menu)、菜单项(MenuItem)、多选菜单项(CheckMenuItem)、单选菜单项(RadioMenuItem)和分割线(SeparatorMenuItem)等。

1. 菜单栏

菜单栏(MenuBar)一般位于 UI 的上方,包含一个或者多个菜单。菜单栏会自动伸缩以适应程序窗口的宽度。其构造方法如下。

(1) public MenuBar()。创建一个空菜单栏。

（2）public MenuBar(Menu… menus)。创建一个包含多个菜单 menus 的菜单栏。

2. 菜单

菜单(Menu)即为下拉菜单,是 MenuItem 类的子类,包含一组菜单项或子菜单,构造方法如下。

（1）public Munu()。创建一个空菜单。

（2）public Menu(String text)。创建一个显示 text 文本的菜单。

（3）public Menu(String text,Node graphic)。创建一个显示 text 文本,图标为 graphic 的菜单。

（4）public Menu(String text,Node graphic,MenuItem…items)。创建一个显示 text 文本,图标为 graphic 的菜单,并把 items 作为菜单项插入到菜单中。

使用 MenuBar 菜单栏中的 getMenus()方法将菜单添加到菜单栏中。例如创建 menuBar 菜单栏,创建 file 和 edit 菜单,并添加到 menuBar 菜单栏中。

```
MenuBar menuBar=new MenuBar();
Menu file=new Menu("File");
Menu edit=new Menu("Edit");
menuBar.getMenus().addAll(file,edit);
```

3. 菜单项

菜单项(MenuItem)可以被加入到菜单或弹出菜单中,常见的直接子类有菜单(Menu)、多选菜单项(CheckMenuItem)和单选菜单项(RadioMenuItem),间接子类有分割线 SeparatorMenuItem。MenuItem 的构造方法如下。

（1）public MenuItem()。创建一个空的菜单项。

（2）public MenuItem(String text)。创建一个显示 text 文本的菜单项。

（3）public MenuItem(String text,Node graphic)。创建一个显示 text 文本,图标为 graphic 的菜单项。

使用 Menu 中的 getItems()方法将子菜单添加到菜单项中。例如在 edit 菜单中创建 copy 和 cut 菜单项。

```
MenuItem item1=new MenuItem("copy");
MenuItem item2=new MenuItem("cut");
edit.getItems().addAll(item1,item2);
```

4. 上下文菜单

上下文菜单(ContextMenu)是一个弹出窗口,由鼠标单击事件触发显示出来。一个上下文菜单可以包含一个或者多个菜单项。构造方法如下。

（1）public ContextMenu()。创建一个空的上下文菜单。

（2）public ContextMenu(MenuItem …items)。创建一个包含 items 菜单项的上下文菜单。

上下文菜单的显示需要调用 ContextMenu 中的 show()方法进行显示。

（1）public void show(Node anchor, double screenX, double screenY)。参数 anchor 是指弹出菜单在哪个结点空间上显示,screenX 和 screenY 是在弹出结点中的坐标。

（2）public void show(Node anchor,Side side,double dx,double dy)。参数 side 为指定边界,其值 BUTTUM、LEFT、RIGHT、TOP。dx 和 dy 为与指定边界 side 的水平距离和垂直距离。

11.5.6 文件选择器

FileChooser 与其他 UI 控件类不同,不属于 javafx. scene. controls 包。但支持 GUI 应用程序的文件系统浏览。FileChooser 类在 javafx. stage 包中,它与其他基本根图形元素在一起,例如 Stage、Windows 和 Popup。常用的构造方法如下。

public FileChooser()。创建一个文件选择器。

常用的文件选择器方法如下。

（1）public final void setInitialDirectory(File value)。设置文件选择器的默认路径。

（2）public final void setInitialFileName(String value)。设置文件选择器保存文件时的默认文件名。

（3）public final void setTitle(String value)。设置文件选择器的标题。

（4）public File showOpenDialog(Window ownerWindow)。显示一个"打开"的文件选择器。

（5）public File showSaveDialog(Window ownerWindow)。显示一个"保存"的文件选择器。

（6）public final File getInitialDirectory()。获得文件选择器的默认路径。

（7）public final String getInitialFileName()。获得文件选择器的默认文件名。

例 11.12 设计一个简易的图片浏览器,如图 11.16 所示。通过"打开"菜单选择目录。若选择的目录下有图片文件,则显示第一张图片,通过单击下方的"上一张"和"下一张"按钮来实现所选目录下图片的上一张和下一张的浏览,若当前是第一张,单击"上一张"按钮,则显示最后一张;若当前是最后一张,单击"下一张"按钮,则显示第一张;若选择的目录下没有图片文件,则弹出对话框提示,并隐藏"上一张"和"下一张"按钮。单击"退出"菜单将退出应用(ch11/SimplePicBrowser. java)。

图 11.16　图片浏览器运行效果图

```java
import java.io.*;
import javafx.application.Application;
import javafx.beans.value.*;
import javafx.event.*;
import javafx.geometry.Pos;
import javafx.scene.*;
import javafx.scene.control.*;
import javafx.scene.control.Alert.AlertType;
import javafx.scene.image.*;
import javafx.scene.layout.*;
import javafx.stage.*;
public class SimplePicBrowser extends Application {
    int index=0;              //当前图片的索引
    File[] imgFiles;          //所有的图片
    int num;                  //图片个数
    ImageView imgView=new ImageView();
    BorderPane root=new BorderPane();
    Button prevBtn, nextBtn;
    @Override
    public void start(Stage primaryStage) {
        prevBtn=new Button("上一张");
        //显示上一张图片,若为第一张,显示最后一张
        prevBtn.setOnAction(e ->{
            index--;
            if (index==-1) {
                index=num -1;
            }
            showImg();
        });
        //显示下一张图片,若为最后一张,显示第一张
        nextBtn=new Button("下一张");
        nextBtn.setOnAction(e ->{
            index++;
            index=index % num;
            showImg();
        });
        HBox ctrlPane=new HBox();
        ctrlPane.getChildren().addAll(prevBtn, nextBtn);
        ctrlPane.setAlignment(Pos.CENTER);
        MenuBar menuBar=new MenuBar();
        Menu fileMenu=new Menu("文件");
        MenuItem openMenuItem=new MenuItem("打开");
        MenuItem exitMenuItem=new MenuItem("退出");
        fileMenu.getItems().addAll(openMenuItem, exitMenuItem);
        menuBar.getMenus().add(fileMenu);
```

```java
//退出菜单功能
exitMenuItem.setOnAction((ActionEvent event) ->{
    System.exit(0);
});
openMenuItem.setOnAction((ActionEvent event) ->{
    imgView.setImage(null);
    DirectoryChooser chooser=new DirectoryChooser();
    File imgDir=chooser.showDialog(primaryStage);
    if (imgDir==null) {
        return;
    }
    imgFiles=getAllImgs(imgDir);
    if (imgFiles !=null && imgFiles.length>0) {
        index=0;
        num=imgFiles.length;
        showImg();
        haveImgState();
    } else {
        noImgState();
        Alert alert=new Alert(AlertType.INFORMATION);
        alert.setTitle("信息提示");
        alert.setHeaderText(null);
        alert.setContentText("该目录下没有图片!");
        alert.showAndWait();
    }
});
root.setTop(menuBar);
root.setCenter(imgView);
BorderPane.setAlignment(imgView, Pos.CENTER);
root.setBottom(ctrlPane);
noImgState();
Scene scene=new Scene(root, 350, 300);
ChangeListener<? super Number>listener
        = (ObservableValue<? extends Number> ov, Number oldValue, Number
        newValue) ->{
            if (num>0) {
                showImg();
            }
        };
scene.heightProperty().addListener(listener);
                                    //窗口高度改变时,重新显示图片
scene.widthProperty().addListener(listener);
                                    //窗口宽度改变时,重新显示图片
primaryStage.setMaximized(true);
primaryStage.setTitle("图片浏览");
```

```java
        primaryStage.setScene(scene);
        primaryStage.show();
    }
    private void noImgState() {
        prevBtn.setDisable(true);
        nextBtn.setDisable(true);
    }
    private void haveImgState() {
        prevBtn.setDisable(false);
        nextBtn.setDisable(false);
    }
    // 显示当前图片,图片如果太大,就缩小
    private void showImg() {
        String uri=imgFiles[index].toURI().toString();
        Image img=new Image(uri);
        imgView.setImage(img);
        //复原 ImageView
        imgView.setFitWidth(0);
        imgView.setFitHeight(0);
        //图片是否需要缩小?
        double widthRatio=img.getWidth() / root.getWidth();
        double heightRatio=img.getHeight() / root.getHeight();
        if (widthRatio<1 && heightRatio<1) {
            return;
        }
        if (heightRatio>=widthRatio) {       //相比更高
            imgView.setFitHeight(root.getHeight() - 50);
        } else {       //相比更宽
            imgView.setFitWidth(root.getWidth() - 50);
        }
        imgView.setPreserveRatio(true);
    }
    //得到目录下指定扩展名的文件
    File[] getAllImgs(File picDir) {
        return picDir.listFiles((File imgFile) -> {
            if (!imgFile.isFile()) {
                return false;
            }
            String imgName=imgFile.getName().toLowerCase();
            return imgName.endsWith("png") || imgName.endsWith("jpeg")
                    || imgName.endsWith("jpg");
        });
    }
    public static void main(String[] args) {
        launch(args);
```

```
    }
}
```

11.6　在 UI 控件上使用 CSS

在 JavaFX 中使用层叠样式表(Cascading Style Sheets,CSS)可以将对象的样式元素从对象本身分离出来,通过样式表来为程序创建自定义外观。JavaFX 程序的默认样式表是 modena.css,此文件在 JDK 的安装目录下的\jre\lib\ext\ jfxrt.jar 包中。该样式表定义了 root、node 和 UI 控件的样式。

11.6.1　创建样式

可以创建一个或多个样式表来覆盖默认的样式或者是添加自定义的样式。创建的样式表以.css 为后缀。定义样式语法如下:

```
样式名称{
    样式内容
}
```

其中,样式名称又叫选择器,样式内容为一系列的属性规则。样式定义中的规则为 class 的属性设置值。规则属性名称相当于某 class 的属性名称。有多个单词组成的属性名称使用连字符(-)连接每个单词。JavaFX 样式表中的属性名称均以"-fx-"开头。属性名和属性值之间用冒号(:)分隔。规则以分号(;)结尾。例如自定义按钮样式,按钮字体为蓝色,背景为红色的代码如下:

```
.button{
    -fx-text-fill:blue;
    -fx-background-color: red;
}
```

11.6.2　JavaFX CSS 选择器

1. type selector
每个 JavaFX 控件类都对应一个 CSS Type,控制该类型控件的外观。其对应的命名规则如下:将 JavaFX 的类名替换为首字母小写,如果是由多个单词拼接的类名,将每个单词原来大写的首字母小写,然后用连字符将多个单词连接。例如 JavaFX 中 Button 类,对应 CSS type class 中 button;TextField 对应 text-field。上面例子就是一个类型选择器。

2. class selector
类选择器和 W3C 的 CSS 中类选择器是一样的。例如定义一个 mybutton 的类选择器。

```
.mybutton{
    -fx-text-fill:blue;
    -fx-background-color: red;
}
```

Node 的任意子类都有一个 getStyleClass ( ) 的方法，通过 getStyleClass ( ). add ("mybutton");将该类样式添加到指定的控件上。一个类选择器样式可以应用到多个控件上。类型选择器可以看作一种特殊的类选择器。

3. id selector

ID 选择器是通过 node 的 ID 来定义与该 node 相关联的样式。通过 node 的 setId()方法可以设置 node 的 ID。样式的名称是 ID 前加个"♯"。例如，现有一个按钮 btOk，CSS 文件中 ID 选择器为♯btOk。

```
Button btOk=new Button("确定");
btOk.setId("btOk");
```

则在 CSS 文件中定义♯btOk 选择器如下所示：

```
# btOk {
    -fx-font-color: red;
    -fx-font-size: 20px;
    -fx-font-weight: bolder;
}
```

4. Pseudo-classes 选择器

伪类选择器可以定制 node 的状态，例如当 node 获取焦点时，鼠标放置在 node 上的状态。这种定义由该 class 选择器和该状态的名称组成，中间用冒号(:)分隔。伪类选择器语法如下：

```
selector : pseudo- class {property: value}
```

例如，设置当鼠标移动到 Button 上时按钮背景色变为绿色，鼠标按下时按钮背景颜色变为黄色的代码如下：

```
.button:hover {
    -fx-background-color: green;
}
.button:pressed{
    -fx-background-color: yellow;
}
```

11.6.3　美化 UI 控件

通过在 JavaFX 应用中应用 CSS 样式，美化 UI 控件。将例 11.6 登录的界面进行修改为如图 11.17 所示效果。"姓名"和"密码"标签为蓝色背景，红色字体；"确定"按钮为红色背景、蓝色字体；当鼠标放在"确定"按钮上时，按钮变为绿色。

(1) 首先在例 11.6 所在的目录下创建一个 CSS 文件 mystyle. css，也就是说该 CSS 文件和 Java 文件放在同一目录。在 CSS 文件中增加. root 的样式，更改整个程序的样式。

. root 样式类会应用到 Scene 实例的 root node 中。由于 scene 中的所有 node 都在该 root node 中，. root 样式类中的样式能被应用到所有的 node 上。. root 样式类中包含许多可被其他样式使用的属性，以此来保证 UI 的一致性。在 mystyle. css 中增加. root 样式类，设

图 11.17　使用 mystyle.css 样式的登录界面

置背景为灰色,字体为 10pt。

```
.root{
    -fx-background-color: gray;
    -fx-font-size: 10pt;
}
```

(2) 在 CSS 文件中定义标签样式 .mylabel,字体为红色,背景为蓝色;定义按钮样式
.button,字体颜色为蓝色,背景为红色;鼠标浮于按钮上时背景颜色变为绿色。

```
.mylabel{
    -fx-text-fill:red;
    -fx-background-color: blue;
}
.button{
    -fx-text-fill:blue;
    -fx-background-color: red;
}
.button: hover{
    -fx-background-color: green;
}
```

(3) 修改例 11.6 程序,为标签和按钮添加样式。

首先,添加样式文件。

```
scene.getStylesheets().add("mystyle.css");
```

其次,将 mylabel 样式指定到标签控件 name 和 pwd 上。

```
name.getStyleClass().add("mylabel");
pwd.getStyleClass().add("mylabel");
```

如果想让所有的标签都采用定义的样式,则把上面的 .mylabel 样式名称改为 .label,即
覆盖默认的标签样式。mystyle.css 中按钮选择器 .button 直接覆盖按钮的默认样式。

11.6.4　使用 setStyle()方法设置样式

通过使用控件的 setStyle()方法,也可以在 JavaFX 应用程序的代码中直接定义控件的样式。该方法设置的样式将覆盖.css 文件中相应控件的样式。例如将图 11.17 中的"确定"按钮样式设置为蓝色背景,红色字体。添加如下代码:

```
ok.setStyle(" -fx-text-fill:red;-fx-background-color: blue");
```

本 章 小 结

本章介绍了 JavaFX 构建 GUI 的一些基础类,重点讲解了 JavaFX 应用程序的构成、运行以及常用的 UI 布局类和控件,JavaFX 的事件处理机制。此外,本章还介绍了美化 UI 的 CSS 样式。限于篇幅,本书没有对 JavaFX 包中类和类之间的继承关系做详细介绍,可以通过 API 进行自学。

习　题　11

1. 采用 JavaFX 创建一个如图 11.18 所示的图形界面,实现两个内容的交换。

图 11.18　内容交换

2. 结合日常生活,编写一个图形界面的应用程序,要求使用 CheckBox、RadioBox、TextField 和 TextArea 等组件,并添加必要的事件处理功能。

3. 以 Windows 的计算器为参考模型,创建一个计算器,能够实现基本的加、减、乘、除等运算。

4. 以 Windows 的记事本为参考模型,创建一个简易的文本编辑器,在文本编辑器中可以实现打开文件、保存、另存为、退出、剪切、复制、粘贴、自动换行等功能。

第 12 章　JDBC

JDBC(Java Database Connectivity,Java 数据库连接)是 Java 中用来访问数据库的技术。数据库是用来存放数据的仓库,其中有许多存放数据的表,如表 12.1 所示是一个学生成绩表。

表 12.1　学生成绩表

学号	姓名	math	Java	OS	学号	姓名	math	Java	OS
1	Zhang	90	90	90	2	Wang	91	91	91

表中有 5 列,列名分别为学号、姓名、math、Java、OS,有两条记录。

结构化查询语言(Structured Query Language,SQL)是操作数据库的语言。程序通过一定的方式把读取、保存数据等 SQL 语句发送给数据库执行,并把执行结果返回给程序。一些基础的 SQL 语句可以在附录 B 中找到,学习本章要求熟练掌握其中提到的 SQL 语句。

JDBC 的作用就是数据库和 Java 程序之间的桥梁:Java 程序通过 JDBC 把 SQL 语句交给数据库执行;数据库执行 SQL 语句的结果由 JDBC 返回给程序。具体的关系如图 12.1 所示。

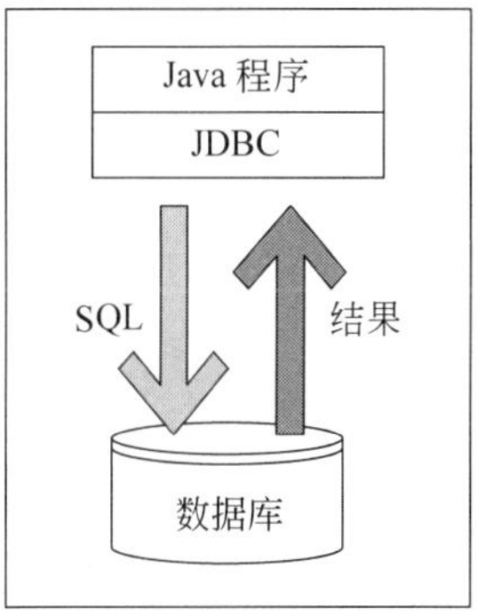

本章选用 Hsqldb 这一小型、开源的数据库,该数据库使用简单,便于学习 JDBC 的基础知识。具体使用方法可见附录 C 中的内容。

图 12.1　JDBC 的桥梁作用

JDBC 实际表现为 java.sql 和 javax.sql 两个包,在这两个包中定义了大量的接口。不同的数据库有不同的实现,这些实现称为驱动程序,例如 MySQL 数据库有 MySQL 的 JDBC 驱动程序,Oracle 有 Oracle 的 JDBC 驱动程序。在实际使用中,只要使用 java.sql 或 javax.sql 中的接口、类就可完成任务。如果需要使用另一个数据库,只需要换成相应的驱动程序即可,其他方面基本无须做出改变。

在程序中访问数据库时,大致需要以下几个步骤:

(1) 准备好数据库的 JDBC 驱动程序;

(2) 指定连接的参数;

(3) 使用 Class.forName(…) 和 DriverManager.getConnection(…) 得到数据库的链接;

(4) 创建 Statement 或 PreparedStatement 执行 SQL 语句;

(5) 得到结果,并分析;

(6) 关闭连接,释放资源。

12.1　驱动程序下载

通过 JDBC 访问数据库,需要下载与数据库相对应的 JDBC 驱动程序。使用时只需把包含相应驱动程序的 JAR 文件和 Java 文件放在同一目录即可。

Hsqldb 的 JDBC 驱动程序在 hsqldb.jar 中。对于 SQL Server,可以从微软的官方网站搜索 jdbc driver,然后选择合适的链接进行下载。本书编写时,下载的是一个.gz 的压缩包,解压后,其中有 jre7 和 jre8 两个版本的 JAR 文件,选择合适的 JAR 文件。

对于 MySQL、Oracle 数据库采用同样的方法就可得到驱动程序的 JAR 文件。连接 SQL Server 2016 Express 的使用指南见附录 D。

12.2　创建到数据库的连接

要访问数据库,需要指定以下 4 个参数。

(1) 连接哪台计算机上的哪个数据库? 常用 url 表示。在使用时,应根据自己的情况作出修改。以下是连接到本机 Hsqldb 默认的数据库:

```
String url="jdbc:hsqldb:hsql://localhost";                    //连接到本机
```

其中,localhost 代表的是连接到哪台计算机,可以用 IP 地址替换。

(2) 使用哪个驱动程序连接? 实际上是所选用驱动程序类的全名,常用 driver 表示。对于 Hsqldb,则

```
String driver="org.hsqldb.jdbcDriver";                        //类名
```

(3) 访问数据库的用户名,常用 user 表示。不同的数据库有不同的用户名,对于 Hsqldb,默认用户名是"sa"。

```
String user="sa";                                            //Hsqldb 默认
```

(4) 该用户名对应的密码,常用 pass 表示。对于 Hsqldb,sa 对应的密码为空。

```
String pass="";                                              //Hsqldb 默认
```

指定这 4 个参数后,使用如下两句即可创建到数据库的连接:

```
Class.forName(driver);
Connection con=DriverManager.getConnection(url,user,pass);
```

以上两句调用的方法会抛出异常,所以需要进行相应的异常处理。数据库的连接是一种稀缺资源,不同的数据库对于同时打开的连接数有限制,所以在使用完后应该调用 Connection 的 close 方法关闭连接,释放资源。为了确保在发生异常时仍能关闭连接,应使用 finally 进行异常处理。

12.3　使用 Statement 执行 SQL 语句

Statement 可以用来执行 SQL 语句，并返回语句的执行结果。方法主要有 executeUpdate（SQL 语句）、executeQuery（SQL 查询语句）。可以使用 Connection 的 createStatement 方法创建该对象。在执行完 SQL 语句后，应该调用 close()方法关闭 Statement。

12.3.1　executeUpdate

该方法用来执行非 select 语句，例如 create、insert、delete、update 语句。该方法会抛出 SQLException 异常，需要进行相应的异常处理。该方法的返回值为一个 int，根据执行 SQL 语句的不同有不同的含义：insert、delete、update 这些 SQL 语句在数据库中执行后的返回值为该语句影响的行数，executeUpdate 方法返回该行数；若为 create 语句，该 SQL 语句在数据库中执行没有返回值，方法返回值为 0。

使用 finally 确保关闭连接的代码如例 12.1 所示。

例 12.1　使用 finally 确保关闭连接(ch12\ConClose.java)。

```
1    import java.sql.*;
2    public class ConClose {
3        String driver="org.hsqldb.jdbcDriver";
4        String url="jdbc:hsqldb:hsql://localhost";    //连接到本机上默认的数据库
5        String user="sa";
6        String pass="";
7      private Connection con;
8      public void init()throws Exception{
9        if(con!=null) return;                          //已经初始化
10       Class.forName(driver);                         //装载驱动
11       con=DriverManager.getConnection(url,user,pass);  //建立和数据库的连接
12     }
13     public void close()throws Exception{
14       if(con!=null) con.close();
15     }
16     /** 创建 student 表,表中有 id,name,math,os,java 五列 */
17     public void initTable() throws SQLException{
18       String sql="create table student(id bigint,name varchar(120),";
19       sql+="os decimal,math decimal,java decimal)";
20       Statement stmt=con.createStatement();
21       stmt.executeUpdate(sql);                        //创建表,只执行一次
22       stmt.close();
23     }
24     public static void main(String[] args) throws Exception{
25       ConClose demo=new ConClose();
26       demo.init();
27       try{
```

```
28          demo.initTable();                          //只需要执行一次
29        }finally{
30          demo.close();
31        }
32      }
33    }
```

对以上程序用

```
javac -cp .;hsqldb.jar ConClose.java
```

编译,用

```
java -cp .;hsqldb.jar ConClose
```

执行,注意其中的空格。

在第 27~31 行使用了 try…finally 结构来处理异常,在第 28 行执行创建表的 SQL 语句,可能会发生异常,为了确保在发生异常后仍能够关闭连接,使用了 finally。在以后的例子中为了节省篇幅,不再使用这种结构,但在实际的编程中应该使用该结构。

由于 Connection、Statement、ResultSet、PreparedStatemnt 都实现了 AutoCloseable 接口,可以在 try…with…resources 语句中使用,对 initTablse() 进行改造后的代码如下:

```
public void initTable() throws SQLException{
  String sql="create table student(id bigint,name varchar(120),";
  sql+="os decimal,math decimal,java decimal)";
  try(Statement stmt=con.createStatement();){
    stmt.executeUpdate(sql);
  }
}
```

使用 executeUpdate 执行 insert、update、delete 语句的代码如例 12.2 所示。

例 12.2 用 executeUpdate 执行 SQL 语句 (ch12\JdbcDemo.java)。

```
1     import java.sql.*;
2     public class JdbcDemo {
3       String driver="org.hsqldb.jdbcDriver";
4       String url="jdbc:hsqldb:hsql://localhost";        //连接到本机上默认的数据库
5       String user="sa";
6       String pass="";
7       private Connection con;
8       public void init()throws Exception{
9         if(con!=null) return;                           //已经初始化
10        Class.forName(driver);                          //装载驱动
11        con=DriverManager.getConnection(url,user,pass); //建立和数据库的连接
12      }
13      public void close()throws Exception{
14        if(con!=null) con.close();
15      }
```

```
16    /** 创建 student 表,表中有 id,name,math,os,java 五列 * /
17    public void initTable() throws Exception{
18      String sql="create table student(id bigint,name varchar(120),";
19      sql+="os decimal,math decimal,java decimal)";
20      try(Statement stmt=con.createStatement(); ){
21          stmt.executeUpdate(sql);                        //创建表,只执行一次
22      }
23    }
24    public void insert() throws Exception{
25      String sql="insert into student (id,name,os,math,java) values(1,
        'zhang',90,90,90)";
26      try{Statement stmt=con.createStatement(); ){
27          stmt.executeUpdate(sql);
28           sql="insert into student (id,name,os,math,java) values(2,'wang',
            91,91,91)";
29          stmt.executeUpdate(sql);
30      }
31    }
32    public void del(long id) throws Exception{
33      String sql="delete from student where id="+id;
34      try(Statement stmt=con.createStatement();){
35          stmt.executeUpdate(sql);
36      };
37    }
38    public void update(double math,long id) throws Exception{
39      String sql="update student set math="+math+" where id="+id;
40      try(Statement stmt=con.createStatement();){
41          stmt.executeUpdate(sql);
42      }
43    }
44    public static void main(String[] args) throws Exception{
45      JdbcDemo demo=new JdbcDemo();
46      demo.init();
47      demo.initTable();                              //只需要执行一次
48      demo.insert();
49      demo.update(100,1);
50      demo.del(2);
51      demo.close();
52    }
53  }
```

在以上代码中,第 46 行的 init 方法创建一个连接 con,然后在第 47~50 行的方法中使用,使用完后在第 51 行调用方法关闭连接。第 47 行调用 initTable 方法,创建表,如表已经创建则无需执行。第 48 行的 insert 方法中执行 insert 语句,向表中增加一行记录。在第 49 行的 update 方法中执行 update 语句,更新满足条件(where)的学生的数学成绩。在第 50 行的 del 方法中执行 delete 语句删除满足条件(where)的学生记录。

12.3.2 executeQuery

select 语句要通过 executeQuery 来执行,该方法会返回一个 ResultSet 类型的值,从中可以得到查询的结果,其中的内容类似图 12.2。在 ResultSet 中有一个游标,用来指向当前行。需要调用 next()方法使游标指向一个当前行来访问当前行的值。最初,该游标指向第 1 行的前边,也就是不指向任何行,调用 next()方法后会指向第 1 行,第 1 行为当前行。再次 next()指向第 2 行,第 2 行为当前行,以此类推,一直到指向最后一行的后边,这时已没有记录,也就是没有当前行,该方法返回 false 表示这种结果。

```
→  1    Zhang    90    90    90
   2    Wang     91    91    91
   3    li       92    92    92
```

图 12.2   执行 select 语句后
ResultSet 中的内容

ResultSet 中有方法可以得到当前行的值,例如 getLong(列名)。当要得到当前行 id 列的值时,由于 id 在 SQL 中类型为 bigint,在 Java 中为 long,所以调用 getLong("id")就能得到当前行 id 列的值。如要得到 name 列的值,则要使用 getString("name")得到值。同样对于 SQL 中类型为 decimal 的列,用 getDouble(列名)就可得到相应的值。对不同的列要使用合适的 getXxx()方法,如对 name 列调用 getLong("name")就会有问题,因为 name 列在 Java 中是 String 类型。不过,对任何类型的列都可调用 getString 得到值,因为任何类型都可转换为 String。

用默认值得到的 Statement 执行 executeQuery 后,ResultSet 的游标只能向后(next,从第一条数据到最后一条数据),不能倒退。

对 ResultSet 中的结果进行遍历的代码片段(ch12\query.txt)如下:

```
1     public void query() throws SQLException{
2       String sql="select * from student";
3       Statement stmt=con.createStatement();
4       ResultSet rs=stmt.executeQuery(sql);
5       while(rs.next()){
6         long id=rs.getLong("id");
7         String name=rs.getString("name");
8         double math=rs.getDouble("math");
9         double os=rs.getDouble("os");
10        double java=rs.getDouble("java");
11        System.out.printf("%d,%s,%f,%f,%f%n",id,name,math,os,java);
12      }
13      rs.close();stmt.close();
14    }
```

以上代码在第 5 行使用 while 结构,根据 next()的值来使游标指向下一个当前行,直到该游标指向最后一行后边,这时 next 返回 false,已经遍历完所有行。表 student 中有 id、name、math、os、java 这些列,当访问其他表时,列名应进行相应的变化。

对以上代码用 try…with…resources 语句改造,代码如下:

public void query() throws SQLException{

```
String sql="select * from student";
try(Statement stmt=con.createStatement();
  ResultSet rs=stmt.executeQuery(sql);){
  while(rs.next()){
    long id=rs.getLong("id");
    //…
  }
}
}
```

12.4 使用 PreparedStatement 执行 SQL 语句

PreparedStatement 继承 Statement,代表一个预编译语句,用在 SQL 语句的内容根据参数的不同而不同的情况,适合多次执行。有 executeUpdate、executeQuery 方法,使用过程如下:

```
PreparedStatement pstmt=con.prepareStatement(SQL 语句);
//设置参数
pstmt.executeUpdate()或 pstmt.executeQuery()
pstmt.close();
```

12.4.1 executeUpdate

适合用来执行非 select 语句,如例 12.2 中第 39 行用 update 语句更新指定学号学生的 math 成绩。如果用 PreparedStatement 实现,代码片段(ch12\update-by-pstmt.txt)如下:

```
1    public void update(double math,long id) throws Exception{
2        String sql="update student set math=? where id=?";     //注意其中的问号
3        try(PreparedStatement pstmt=con.preparedStatement(sql);){
4            pstmt.setDouble(1,math);
                                //第一个问号值为 math,对应的 Java 类型为 double
5            pstmt.setLong(2,id)      //第二个问号的值为 id,对应类型为 long
6            pstmt.executeUpdate();
7        }
8    }
```

在以上代码的第 2 行,SQL 语句中有两个问号,为占位符,表示这两个值未定,在程序运行时进行设置。在第 3 行创建一个 PreparedStatement 对象,第 4、5 两行为 SQL 语句中的问号设置值,形式为"setXxx(索引,值)"。其中的索引指的是"?"的索引,从左边第一个问号开始数(从 1 开始,而不是像数组的索引一样从 0 开始)。Xxx 代表的是要设置值的列的 Java 类型。在第 4 行,math 值占位符对应的问号索引为 1,对应的 Java 类型为 double,所以是 setDouble(1,math)。同样,在第 5 行,对于第 2 个问号,索引为 2,对应的 Java 类型为 long,所以使用 setLong(2,id)设置值。在设置完值后,需要调用 executeUpdate 方法执行。

若执行的 SQL 语句需要连接几个参数来形成,该类和 Statement 相比使用起来更为简单,因该类执行 SQL 语句不需要连接字符串,如上边的代码片段就没有连接字符串。用一稍为复杂的例子来进行对比:有一个 Student 类,有无参的构造方法,有 id(long 类型)、name(String 类型)、math(double 类型)、os(double 类型)和 java(double 类型)5 个属性,并有相应的 Setter、Getter 方法,和例 9.20 类似。具体代码不再罗列,可参见随书源文件 ch12\Student.java。使用 PreparedStatement 执行 insert 语句的代码如例 12.3 所示。

例 12.3 用 PreparedStatement 增加一个 Student 记录(ch12\PstmtDemo.java)。

```
1     import java.sql.*;
2     public class PstmtDemo {
3       String driver="org.hsqldb.jdbcDriver";
4       String url="jdbc:hsqldb:hsql://localhost";        //连接到本机上默认的数据库
5       String user="sa";
6       String pass="";
7       private Connection con;
8       public void init() throws Exception {
9         if (con !=null) return;                          //已经初始化
10        Class.forName(driver);                           //装载驱动
11        con=DriverManager.getConnection(url, user, pass); //建立和数据库的连接
12      }
13      public void close() throws Exception {
14        if (con !=null)
15          con.close();
16      }
17      public void insert(Student stu) throws SQLException {
18        String sql="insert into student (id,name,math,os,java) values(?,?,?,?,?)";
19        try(PreparedStatement pstmt=con.prepareStatement(sql);){
20          pstmt.setLong(1, stu.getId());
21          pstmt.setString(2, stu.getName());
22          pstmt.setDouble(3, stu.getMath());
23          pstmt.setDouble(4, stu.getOs());
24          pstmt.setDouble(5, stu.getJava());
25          pstmt.executeUpdate();
26        }
27      }
28      public static void main(String[] args)throws Exception{
29        Student stu=new Student();
30        stu.setId(4L);stu.setName("zhao");
31        stu.setMath(93);stu.setOs(93);stu.setJava(93);
32        PstmtDemo demo=new PstmtDemo();
33        demo.init();
34        demo.insert(stu);
35        demo.close();
36      }
37    }
```

在第 17 行中,insert 方法用于执行增加记录的操作。注意,这里的参数是一个 Student 对象,要插入的值来自于该对象。请试着用 Statement 来完成同样的功能,比较就可得出 PreparedStatement 不用连接字符串的优点。

12.4.2 executeQuery

适合用来执行 select 语句,该方法同样返回一个 ResultSet 类型的结果。下面是一个显示学号为 1 的学生信息的代码片段(ch12\query-by-pstmt.txt):

```
1    public Student query(long id) throws SQLException{
2      String sql="select * from student where id=?";
3      PreparedStatement pstmt=con.prepareStatement(sql);
4      pstmt.setLong(1,id);
5      ResultSet rs=pstmt.executeQuery();
6      if(rs.next()){
7        String name=rs.getString("name");
8        double math=rs.getDouble("math");
9        double os=rs.getDouble("os");
10       double java=rs.getDouble("java");
11       Student stu=new Student();
12       stu.setId(id);stu.setName(name);
13       stu.setMath(math);stu.setOs(os);stu.setJava(java);
14       return stu;
15     }
16     rs.close();pstmt.close();
17     System.out.printf("没有学号为%d%n 的学生",id);
18     return null;
19   }
```

以上代码通过从 ResultSet 中得到学生的信息,然后利用这些值在第 12、13 行重新给一个 Student 对象设置值,并返回该对象。

12.5 事　　务*

在日常生活的转账操作中,如从账户 A 转账 200 元到账户 B 中,大致包括以下步骤:

A-200
B+200

在这两步操作中,如果突然发生问题,例如停电,那么 200 元已从 A 账户扣除,还没到 B 账户中。A 账户就损失 200 元。实际上这种情况并不会发生(如果发生这样的事情,也就没人敢在银行存钱),因为数据库中有事务功能。所谓的事务就是把多个 SQL 语句放在一起执行:要么同时成功,确认所做的变动(提交事务);要么同时失败,撤销所做的变动(撤销或回滚事务)。这样即使转账中出现问题也并不可怕。以上述转账操作为例,在 A－200 和 B＋200 中出现问题,账户 A 已少了 200,而 B＋200 无法执行,根据同时失败的原则,A－200

的操作会被撤销,账户 A 中的金额不变。

JDBC 中和事务有关的方法定义在 Connection 中,具体如下。

(1) void setAutoCommit(boolean):是否自动提交,默认设置为一条 SQL 语句一个事务,自动提交。要想设置多个语句组合成一个事务,就需要改变自动提交的方式为 false。

(2) boolean getAutoCommit():得到自动提交的方式。

(3) void commit():提交整个事务,确认 SQL 语句都执行成功。

(4) void rollback():撤销整个事务,有部分 SQL 语句执行失败。

在例 12.4 中对比了有无事务时执行多条 SQL 语句时的不同结果。

例 12.4 对比有无事务时的不同(ch12\TxDemo.java)。

```
1    import java.sql.*;
2    import static java.lang.System.out;
3    public class TxDemo{
4      String driver="org.hsqldb.jdbcDriver";
5      String url="jdbc:hsqldb:hsql://localhost";        //连接到本机上默认的数据库
6      String user="sa";
7      String pass="";
8      private Connection con;
9      public void init() throws Exception{
10       if(con!=null)   return;                          //已经初始化
11       Class.forName(driver);                           //装载驱动
12       con=DriverManager.getConnection(url,user,pass);  //建立和数据库的连接
13     }
14     public void close() throws Exception{
15       if(con!=null) con.close();
16     }
17     public void clear() throws Exception{              //删除原有数据
18       Statement stmt=con.createStatement();
19       stmt.executeUpdate("delete from student");
20       stmt.close();
21     }
22     public void list() throws Exception{               //显示表中所有学号
23       Statement stmt=con.createStatement();
24       ResultSet rs=stmt.executeQuery("select * from student");
25       while(rs.next()){
26         out.println(rs.getString("id"));
27       }
28       rs.close();stmt.close();
29     }
30     String sql="insert into student(id,name,math,os,java) values(32,'32',90,
       90,90)";
31     String sql2="insert into student(id,name,math,os,java) values(33, '33',
       90,90,90)";
32     public void noTx()throws Exception{                //无事务处理
```

```
33        Statement stmt=con.createStatement();
34        stmt.executeUpdate(sql);
35        if(true) throw new RuntimeException("测试事务是否发生作用");
36        stmt.executeUpdate(sql2);
37    }
38    public void tx() throws Exception{                    //有事务处理
39        boolean oldAutoCommit=con.getAutoCommit();        //保存原有值
40        con.setAutoCommit(false);                         //不自动提交,开始事务
41        Statement stmt=null;
42        try{
43            stmt=con.createStatement();
44            stmt.executeUpdate(sql);
45            if(true) throw new RuntimeException("测试事务是否发生作用");
46            stmt.executeUpdate(sql2);
47            con.commit();                                 //提交事务
48        }catch (Exception ex){
49            con.rollback();                               //事务中发生异常
50        }finally{
51            stmt.close();
52            con.setAutoCommit(oldAutoCommit);             //恢复原有值
53        }
54    }
55    public static void main(String[] args) throws Exception{
56        TxDemo demo=new TxDemo();
57        demo.init();
58        out.println("测试有事务时的结果");
59        demo.clear();                                     //清除原有数据
60        try{
61            demo.tx();                                    //增加数据
62        }catch(Exception ex){}                            //不处理异常
63        demo.list();                                      //验证有无增加数据
64        out.println("测试无事务时的结果");
65        demo.clear();                                     //清除原有数据
66        try{
67            demo.noTx();                                  //增加数据
68        }catch(Exception ex){}
69        demo.list();                                      //验证有无增加数据
70        demo.close();
71    }
72 }
```

以上代码已经进行了详细的注释,这里不再解释。该程序运行结果如下:

测试有事务时的结果
测试无事务时的结果

32

12.6 得到 ResultSet 中的记录数 *

执行查询得到 ResultSet 后,有时候需要得到其中的数据,在另外一个方法中处理。以目前的知识,适合用数组来存储这些数据,在方法之间传递。要用数组存储数据,就必须事先知道数组的长度,也就是 ResultSet 中返回了多少条记录。有两种方法可以得到其中的记录数:一种是通过执行额外的 SQL 语句来完成;另一种是通过操作 ResultSet 中的游标来得到。

12.6.1 执行另一条 SQL 语句

执行

```
select count(*) as row_count from student
```

语句可以得到有多少记录数。count()是 SQL 语句的函数,用来计数,然后用 row_count 作为该值对应的列名。执行该语句后,从 ResultSet 中就可得到记录数。代码片段(ch12\getRowCount-by-select.txt)如下:

```
1    public void bySelect() throws Exception{
2      String sql="select count(*) as row_count from student";
3      Statement stmt=con.createStatement();
4      ResultSet rs=stmt.executeQuery(sql);
5      rs.next();
6      int total=rs.getInt("row_count");
7      System.out.println(total);
8      rs.close();stmt.close();
9    }
```

使用这种方法,得到记录条数后,要得到数据,需要再次执行一次查询。

12.6.2 操作游标

执行 executeQuery 后可以得到 ResultSet,ResultSet 有一个 getRow()方法,用来返回当前行的行号,从 1 开始。如果能够定位到最后一行,然后得到行号就可得到记录数。ResultSet 有 last()方法用来让游标指向最后一行,还有 beforeFirst()用来让游标指向第一行前。如下代码片段即可得到行数:

```
rs.last();
int row=rs.getRow();
```

这时,不能从 ResultSet 中得到数据,因为 last()已经让游标指向最后一行,要想得到所有数据得从第一行开始。默认情况下得到的 ResultSet 的游标只能向一个方向移动,就是向后。只要游标能够前后双向移动即可解决该问题。游标指向最后,要想再从头遍历,得用 beforeFirst()定位游标到第一行之前。如下代码片段(ch12\getRowCount-by-notSelect.txt)演示了如何设置以使游标双向移动:

```
1    public Student[] notSelect() throws Exception{
```

```
2        String sql="select * from student";
3        Statement stmt=con.createStatement(ResultSet.TYPE_SCROLL_INSENSITIVE,
                    ResultSet.CONCUR_READ_ONLY);
4        ResultSet rs=stmt.executeQuery(sql);
5        rs.last();
6        int total=rs.getRow();
7        Student[] stus=new Student[total];
8        int index=0;
9        rs.beforeFirst();
10       while(rs.next()){
11         long id=rs.getLong("id");
12         String name=rs.getString("name");
13         double math=rs.getDouble("math");
14         double os=rs.getDouble("os");
15         double java=rs.getDouble("java");
16         Student stu=new Student();
17         stu.setId(id);stu.setName(name);
18         stu.setMath(math);stu.setOs(os);stu.setJava(java);
19         stus[index]=stu;
20         index++;
21       }
22       rs.close();stmt.close();
23       return stus;
24     }
```

在第 3 行指定了创建 Statement 的方式,第一个参数指定查询得到的 ResultSet 中游标可以双向移动,该参数也可是 TYPE_SCROLL_SENSITIVE。第二个参数也可以是 CONCUR_UPDATABLE。这样每个参数有两种值,有 4 种组合,任何一个组合都可以。在第 5 行把游标移动到最后一行,然后在第 6 行调用 getRow 得到当前行的行号,这样就得到了记录数。得到记录数后在第 7 行创建数组,用来容纳查询得到的结果。在第 9 行,把游标重新移动到第一行前,准备对结果集进行遍历。

12.7 验 证 登 录*

在登录窗口中,用户输入用户名、密码,单击"登录"按钮后,需要在数据库验证是否有该用户,通过则可以使用系统,错误可以提示用户后,再次输入。验证登录的代码可以写在另一个类中,这个类专门用来进行数据库操作,由窗口这些前台程序调用。验证登录的代码片段(ch12\validate-login. txt)如下:

```
1        public boolean validateLogin(String username,String password)throws Exception{
2            Class.forName(driver);
3            Connection con=DriverManager.getConnection(url,user,pass);
4            String sql="select * from user where username=? and pass=?";
5            PreparedStatement pstmt=con.prepareStatement(sql);
6            pstmt.setString(1,username);
```

```
7            pstmt.setString(2,password);
8            ResultSet rs=pstmt.executeQuery();
9            boolean isSuc=rs.next();
10           rs.close();pstmt.close();con.close();
11           return isSuc;
12      }
```

本 章 小 结

编写程序大部分时候都需要和数据打交道,这些数据一般存在数据库中。本章正是介绍如何在 Java 中访问数据库。Java 中通过 JDBC 访问数据库,在建立到数据库的 Connection 后,通过 Statement 和 PreparedStatement 两个类中的 executeUpdate( )、executeQuery( )方法来执行 SQL 语句,并得到结果。值得注意的是要分清何时用 executeUpdate(),何时用 executeQuery()。executeQuery()方法返回的是 ResultSet,可以通过遍历得到查询的结果。本章还介绍了如何把多个语句组合成一个事务:同时失败或同时成功。

习 题 12

1. 向 student 表中增加一条记录,只插入 id、name 列的值。分别用 Statement 和 PreparedStatement 完成。

2. 更改所有学生的 math 成绩为 95 分。分别用 Statement 和 PreparedStatement 完成。

3. 对 12.3 节中的代码用 try…with…resources 语句进行改造。

4. 用数组返回 student 表中所有学生的学号。

5. 用数组(Student[ ])返回 student 表中的所有 Student。在查询所有学生后返回的 ResultSet 中,把每行零散的 id、name、math、os、java 信息组装成一个 Student,并保存在 Student[ ]数组中。首先要得到学生人数,从而创建 Student[ ]数组。然后要遍历 ResultSet,从每行得到学生各方面的信息,并组装成 Student。

6. 验证用 JDBC 访问 XLS 文件时是否支持 SQL 中的 create、insert、update、delete 操作。

7. 完成图形界面登录、验证的程序,登录成功后显示另一个空白窗口,输入错误清空用户名和密码,由用户再次输入。

第13章 集 合 类 *

Java 的集合类都在 java. util 包中,是各种数据结构的 Java 实现。如数据结构中学过的列表(List)、链式列表(LinkedList)、集(Set)、映射(Map)、队列(Queue)、堆栈(Stack)、哈希表(Hashtable)等都在 Java 中有相应地实现。和输入输出类似,集合中的各个类所能完成的操作主要在接口中定义。Set 接口定义不允许有重复数据,长度可变的动态数组由 List 接口定义,Queue 接口定义按照一定次序排成的队列,用来在关键字和值之间建立的映射由 Map 定义。各个接口之间的关系如图 13.1 所示。

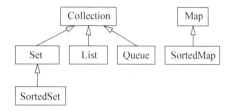

图 13.1 中,SortedSet 表示能够进行排序的不重复数据集,List 能够保存增加数据时的顺序,Map 常用简单值映射复杂值,SortedMap 表示能够

图 13.1 集合类中各个接口之间的关系

按关键字进行排序的 Map。Set、List、Queue 都继承了 Collection 接口,Map 则没有。

1. Collection 中的操作

数据结构是用来存放数据的,存放数据的相关操作和数据库的 CRUD 操作类似,主要有增加、删除、修改、查询等几类操作。相应地,使用时要解决如下几个问题:

(1) 如何存?

(2) 如何拿出来?

(3) 如何修改?

(4) 如何删除?

Collection 接口中定义了部分操作。对于如何存定义了如下方法。

boolean add(E e):增加数据到集合中,返回的 boolcan 值表示是否增加成功。

对于如何删除,定义了如下方法。

boolean remove(Object o):根据 o 的 equals 方法判断集合中的数据是否是要删除的数据,返回值表示是否删除成功。

void clear():删除所有数据。

其他方法如下。

boolean isEmpty():集合中有没有数据。

bollean contains(Object obj):集合中是否有该对象。

int size():有多少个数据。

Object[] toArray():把集合转变成数组。

Iterator iterator():返回一个单向迭代器,可以用来遍历集合中的所有数据。

还定义了和集合的并、交、补、是否子集相对应的操作,如果用 A 和 B 代表两个 Collection。

boolean A. addAll(B):A∪B,并集。

boolean A. retainAll(B):A∩B,交集。

boolean A. removeAll(B)：A−B,差集。

boolean A. containsAll(B)：是否 A⊆B,用来判断 B 是否 A 的子集。

值得注意的是,除 containsAll 方法外,以上集合操作后的结果存放在 A 中。

2. Iterator

除 for…each 可用来遍历数据外,迭代器也可用来遍历集合中的所有元素,是一个一个一直向后(next)的单向迭代器。这是一个接口,有如下方法。

boolean hasNext()：是否还有更多数据。

E next()：得到下一个数据。E 在后有解释。

void remove()：删除游标刚刚经过的那一个数据。

迭代器内部维持一个游标,该游标只能指向第一个数据前、两个数据之间或最后一个数据后。游标位置如图 13.2 所示。初始时刻,游标位置位于"数据 0"前,这时如果调用 hasNext()方法,返回为 true,游标位置并没有实际改变。当调用 next()方法时,游标位置指向"数据 0"和"数据 1"之间,同时返回刚经过的"数据 0"。在调用 next()之前,应该先调用 hasNext()方法,判断是否有更多的数据,只有在有更多数据的时候调用 next()才有意义。remove()方法删除游标刚经过的那个数据。

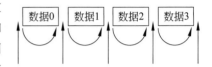

图 13.2　迭代器游标位置示意图

也就是说在调用 remove()之前一定要调用 next()方法,因为只有调用该方法时游标才会经过数据。

有一点需要了解,在用迭代器遍历数据的时候,只能通过迭代器改变集合中数据个数(增、删数据),在任何地方不能调用集合自身的 add()、remove()、clear()等方法会改变集合大小(Size)的方法。如果在遍历时,集合大小不是由迭代器改变,那么遍历操作会抛出异常。

迭代器和 for…each 相比,除可以遍历外,还可以用 remove()方法删除符合条件的数据。假设有如下的场合：集合中放了很多 Student,若需要按学号删除,集合自身的 remove()方法一般不能使用(因为只有学号,而 remove 是根据类的 equals()方法来判断是否是要删除的对象,这样就需要传递一个 Student 类型的对象,比较麻烦)。比较简单的方法是使用迭代器遍历,判断是否有满足条件的数据,有就用迭代器的 remove()方法删除。这一点在例 13.2 中有类似的演示。

13.1　用 Java 实现一个链式堆栈

这里用 Java 实现一个数据结构中的单链堆栈,在这个链中,每个结点需要保存数据,同时指向另一个结点。为了实现后进先出,需要保持 top 结点,用来记录最近插入的数据。用 null 表示链的末尾。具体代码如例 13.1 所示。

例 13.1　用 Java 实现一个单链堆栈 (ch13\StackSelf.java)。

```
1    class Node {
2        int data;
3        Node next;
```

```
4        public Node(int data) {
5          this.data=data;
6        }
7      }
8    public class StackSelf {
9      Node top=null;
10     public StackSelf() {
11     }
12     //有两种情况 1 初始状态 null, top=null,
13     //插入新结点形成 cNode—>null ,top=cNode
14     //2 现有两个结点 bNode—>cNode—>null ,top=bNode
15     //插入新结点 aNode,形成 aNode—>bNode-->cNode—>null,top=aNode
16     public void push(int data) {
17       Node newNode=new Node(data);
18       newNode.next=top;
19       top=newNode;
20     }
21     public void disp() {                    //显示
22       Node nextNode=top;
23       while (nextNode !=null) {
24         System.out.println(nextNode.data);
25         nextNode=nextNode.next;
26       }
27       System.out.println();
28     }
29     public static void main(String[] args) {
30       StackSelf selfStack=new StackSelf();
31       for (int i=0; i<6; i++) {
32         selfStack.push(i);
33       }
34       selfStack.disp();
35     }
36   }
```

以上代码首先声明一个 Node 类,用来保存数据(Int Data)和建立结点之间的关系
(Node Next)。在 push 操作中,建立新的 Node 保存数据,并更新结点之间的关系。上述代
码只是实现了压栈(Push)操作,堆栈的其他操作并没有实现。

13.2　List

常用在数据个数无法确定的情况。该接口有 ArrayList、LinkedList、Vector、Stack 等
实现。其关系如图 13.3 所示。ArrayList 使用数组来实现 List,当数据个数太多,原有的数
组无法容纳时,自动创建一个更长的数组。LinkedList 使用链实现 List。

可以用如下代码创建一个 List:

```
List strs=new ArrayList();
```

或

```
List<String>strs=new LinkedList<String>();
```

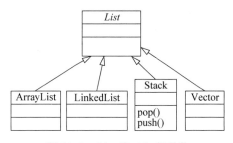

图 13.3　List 接口和实现类

以上两种声明方式都可以,但第二种的声明方式更好。相较于第一种声明,增加了<String>部分,这是参数化的声明方法,指明 List 中只能存放 String 类型的数据,如果存放其他类型的数据,编译无法通过。还可用其他的类型替代 String。

在 jdk api 文档 List 部分,可以看到有 List<E>,这里的 E 是泛型,可以代表任何引用类型。当用以上第二种方法声明时,E 就代表 String,方法参数或返回值出现的 E 也代表 String。当用 List<Integer>时,E 就代表 Integer。

在 Java 8 中,可以简写为

```
List<String> strs=new LinkedList<>();
```

List 中独有的操作有以下几个。

(1) add(int index,E ele):把类型为 E 的数据 ele 放在索引为 index 的位置,后边如有数据,顺次后移。

(2) E get(int index):返回索引为 index 的数据,越界将会抛出 IndexOutOfBounds-Exception。

(3) E remove(int index):删除索引为 index 的数据,后边如有数据,顺次前移。

(4) E set(int index,E ele):把索引为 index 的数据替换成新的数据,并返回原有的数据。

(5) ListIterator<E> listIterator():返回一个双向迭代器。

例 13.2 为一使用 ArrayList 存放 String 类型数据的例子。

例 13.2 List 相关操作(ch13\ListDemo.java)。

```
1    import java.util.*;
2    import static java.lang.System.out;
3    public class ListDemo{
4      public static void main(String[] args){
5      List<String>strs=new ArrayList<>();
6      strs.add("1");              //1
7      strs.add("2");              //1,2
8      strs.add("4");              //1,2,4,
9      strs.add(2,"3");            //1,2,3,4
10     out.println(strs);          //1,2,3,4
11     String str=strs.get(1);     //2
12     out.println(str);           //2
13     strs.set(2,"5");            //1,2,5,4
14     strs.remove(2);             //1,2,4
15     disp(strs);
```

```
16          del(strs,"2");
17        }
18    private static void disp(List<String>strs){
19      out.println("disp by iterator");
20      Iterator iter=strs.iterator();
21      while(iter.hasNext()){
22        out.println(iter.next());
23      }
24    }
25    private static void dispByForEach(List<String>strs){
26      for(String str:strs){
27        out.println(str);
28      }
29    }
30    private static void del(List<String>strs,String value){
31      Iterator iter=strs.iterator();
32      while(iter.hasNext()){
33        if(value.equals(iter.next())){
34          iter.remove();
35          out.println("成功删除");
36          return;
37        }
38      }
39      out.println("没有你要删除的内容");
40    }
41  }
```

以上程序在第2行进行静态导入。在第5行用参数化方法声明一个只能存放 String 的 ArrayList。在第18行的 disp()方法中用迭代器遍历显示其中的所有数据,在第25行的 dispByForEach 方法中则用 for···each 进行遍历。在第30行的 del()方法中演示如何删除, 即遍历,判断是否符合条件,符合就删除。

List 中可以存放重复数据,以上程序并没有演示这一点。在 del()方法中,如果要删除 的数据出现多次的话,只删除了第一个,其他重复数据并没有删除,可以改造该方法,使其能 够删除所有符合条件的数据。List 中一样可用来存放 Student 类这种对象。

Collection 中还有一种把集合转变成数组的方法。toArray()得到的是 Object[]数组, 这样使用时可能需要进行强制类型转换。还有一种方法无需类型转换,可以使用 toArray (E[])来得到声明时所指定类型的数组。可以使用如下的形式(其他可以以此类推):

如果 A 声明的是只放 Integer 类型的集合,则

```
Integer[] eles=A.toArray(new Integer[0]);
```

如果 A 声明的是只放 String 类型的集合,则

```
String[] eles=A.toArray(new String[0]);
```

13.2.1 自动包装和解包

需要注意的是,集合中不能存放原始类型,也就是说参数化的类型不能是原始类型。如

需要存放原始类型,使用对应的包装类作为参数化类型,如存放 int 时用 Integer,long 时用 Long。如下声明即可:

```
List<Integer>ages=new LinkedList<>();
```

向集合中增加数据时应把原始类型转换为对应的包装类,如要把一个 int 转换为一个 Integer,使用 new Integer(int),其他原始类型对应的包装类都有相应的构造方法可以完成转换。

当从集合中取出来时,得到的也是包装类,需要转换为对应的原始类型:从 Boolean 到 boolean 是用 booleanValue()方法,从 Character 到 char 是用 charValue()方法。包装类 Byte、Short、Integer、Long、Float、Double 继承 Number 类,该类定义有 byteValue()、shortValue()、intValue()等 xxxValue()方法。如下代码片段演示了如何向 List 集合中增加 double 数据:

```
List<Double>prices=new ArrayList<>();
prices.add(new Double(1.2));
prices.add(new Double(2.4));
```

这样很烦琐。从 JDK 1.5 开始 Java 提供了自动包装和解包功能:当需要包装类时,自动把原始类型包装成包装类,反之亦然。有了这点,就不用再进行手动转换。如下代码演示了这种变化:

```
Integer i=12;                    //12 是 int,自动包装为 Integer 类
int age=new Integer(16);
```

13.2.2 Stack

Stack 是 List 的一种,可实现后进先出,虽然可使用 add()、remove()等方法,但应尽量使用和堆栈相关的操作:压栈操作为 push,弹栈操作为 pop。在异常章节,如果 ex 是一个异常,那么可以调用 ex.printStackTrace()来显示发生异常时的方法调用堆栈,被调用的方法的栈放在主叫方法的栈上。例 13.3 为一使用堆栈存放 Student 信息的例子。

例 13.3 用 Stack 保存学生信息 (ch13\StackDemo.java)。

```
1    import static java.lang.System.out;
2    import java.util.*;
3    class Student{
4      private long id;
5      public Student(){}
6      public Student(long id){
7        this.id=id;
8      }
9      @Override public String toString(){
10       return ""+this.id;
11     }
12   }
13   public class StackDemo{
```

```
14      public static void main(String[] args){
15        Stack<Student>stack=new Stack<>();
16        stack.push(new Student(1L));
17        stack.push(new Student(2L));
18        stack.push(new Student(3L));
19        stack.push(new Student(4L));
20        while(!stack.empty()){
21          Student stu=stack.pop();
22          out.println(stu);
23        }
24      }
25    }
```

以上代码中在第16～19行利用堆栈的压栈操作来存数据。在第20～23行利用 empty()、pop()方法遍历其中的数据。

13.3　Set

该集合中只能放入不重复的数据,根据对象的 equals 方法判断是否出现重复数据。Set 接口有 HashSet、LinkedHashSet 类实现。同时还有 SortedSet 子接口,实现该接口的类可以对其中的数据进行排序,TreeSet 实现了该接口。用 HashSet、LinkedHashSet 创建 Set 时,用对象的 hashCode()方法决定存放位置。LinkedHashSet 和 HashSet 不同之处在于前者可以保持增加数据时的顺序,HashSet 则不能保持。这些接口和类之间的关系如图 13.4 所示。

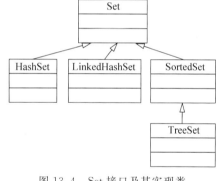

图 13.4　Set 接口及其实现类

可以通过以下的方式声明一个 Set:

```
Set<String>strs=new HashSet<>();
Set<String>strs=new LinkedHashSet<>();
```

Set 接口相对于 Collection 接口,并没有增加新的方法。除了无按索引访问的各种方法外,使用起来和 List 接近。使用该集合可以实现。

(1) 无重复数据。

(2) 对集合中的数据进行排序。

当有这两个要求之一时可考虑使用该接口的实现类。

假如有一个 List,不知道其中是否有重复数据,现在的要求是去除其中可能出现的重复元素。对于这种任务,可以利用 Set 中无重复数据的特点来完成。代码如例 13.4 所示。

例 13.4　去除集合中的重复元素 (ch13\SetDemo.java)。

```
1      import static java.lang.System.out;
2      import java.util.*;
3      public class SetDemo{
```

```
4        public static void demo(){
5          Set<String>strs=new HashSet<>();
6          strs.add("1");
7          strs.add("2");
8          strs.add("3");                              //3个元素
9          out.println(strs.size());                   //3
10         strs.add("2");                              //3个元素
11         out.println(strs.size());                   //3
12       }
13       public static void removeDupEles(){
14         List<String>strs=new ArrayList<>();
15         strs.add("h1");
16         strs.add("h2");
17         strs.add("h3");
18         strs.add("h1");
19         out.println(strs);                          //h1,h2,h3,h1
20         Set<String>strs2=new HashSet<>(strs);
21         out.println(strs2);                         //h1,h3,h2
22         //第二种方法
23         Set<String>strs3=new HashSet<>();
24         strs3.addAll(strs);
25         out.println(strs3);                         //h1,h3,h2
26       }
27       public static void main(String[] args){
28         demo();
29         removeDupEles();
30       }
31    }
```

以上代码在第 4 行的 demo()方法中演示了 Set 中无重复数据的特点,在第 13 行的 removeDupEles()中演示了两种去除 List 中重复数据的方法:一种是第 20 行利用构造方法,把另一个集合的所有数据增加进来;另一种是第 24 行,利用 addAll()方法。

对于第 20 行形式的构造方法,在实现 Collection 接口的类中都有类似的构造方法,这种构造方法接受另一个 Collection 的对象,这样可以方便地在 Collection 实现类之间实现转换。例如 ArrayList 类有 ArrayList(Collection)构造方法,同样 LinkedHashSet 也有 LinkedHashSet(Collection)构造方法。

13.3.1 SortedSet

实现该接口的有 TreeSet 类,可以实现排序,放入该集合中的数据必须实现 Comparable 接口,也就是能够比较大小。像 Integer、Long、Double、String 等都已经实现该接口,可以按照自然顺序进行排序。可以如下使用:

```
SortedSet<String>treeSet=new TreeSet<>();
treeSet.add("hello");
treeSet.add("hell");
```

```
treeSet.add("you");
System.out.println(treeSet);                        //hell,hello,you
```

可以看到以上输出结果已经按照自然顺序排好。

13.3.2 equals()、hashCode()和 Comparable

如果一个类没有实现 Comparable 接口,就无法放入 SortedSet 的实现类中。Comparable 接口主要用来比较大小。该接口是一个泛型接口:Comparable<E>,有一个 compareTo(E)的泛型方法,返回值类型为 int:负数表示本身比传进来的对象小,为 0 表示一样大,正数表示本身比传进来的对象大。

和集合密切相关的方法还有继承自 Object 的 int hashCode()和 boolean equals():hashCode()方法用来得到对象的哈希码,在用哈希码确定数据位置的集合中正是使用该值确定存放位置,例如 HashSet 的名字就反映了该集合类使用了哈希码决定存放位置;equals()方法用来比较两个对象是否相等,Java 中要求如果两个对象相等,那么它们的哈希码必须相同。实现这些方法的具体代码如例 13.5 所示。

例 13.5 实现 equals()、hashCode()、compareTo()方法(ch13\ SortedSetDemo.java)。

```
1      import java.util. * ;
2      import static java.lang.System.out;
3      public class SortedSetDemo{
4        public static void main(String[] args){
5          SortedSet<Student>stus=new TreeSet<>();
6          stus.add(new Student("cs01","zhao"));
7          stus.add(new Student("cs02","zhao"));
8          stus.add(new Student("cs01","qian"));
9          stus.add(new Student("cs02","qian"));
10         stus.add(new Student("cs01","sun"));
11         stus.add(new Student("cs02","sun"));
12         stus.add(new Student("cs01","li"));
13         stus.add(new Student("cs02","li"));
14         out.println(stus);
15       }
16     }
17     class Student implements Comparable<Student>{
18       private String className;                          //班名
19       private String name;
20       public Student(String _className,String _name){
21         this.className=_className;
22         this.name=_name;
23       }
24       public String getName(){
25         return this.name;
26       }
27       public String getClassName(){
```

```
28          return this.className;
29        }
30      @Override public boolean equals(Object otherObj){
31        if(this==otherObj) return true;                              //是同一个对象
32        if(otherObj==null) return false;
33        if(getClass()!=otherObj.getClass()) return false;           //不是同一个类
34        Student otherStu=(Student)otherObj;
35        if(getName().equals(otherStu.getName())
                      &&getClassName().equals(otherStu.getClassName())){
36          return true;
37        }
38        return false;
39      }
40      @Override public int hashCode(){
41          return 13 * getName().hashCode()+17 * getClassName().hashCode();
42      }
43      @Override public String toString(){
44        return this.className+" "+this.name;
45      }
46      @Override public int compareTo(Student otherStu){
47          int classNameRes = getClassName().compareTo(otherStu.getClassName
());
48          if(classNameRes!=0)return classNameRes;
49          int nameRes=getName().compareTo(otherStu.getName());
50          return nameRes;
51      }
52    }
```

代码运行结果如下：

[cs01 li, cs01 qian, cs01 sun, cs01 zhao, cs02 li, cs02 qian, cs02 sun, cs02 zhao]

以上代码中，Student 类有 className 和 name 两个属性，实现的 equals()方法比较这两个属性是否相等。可以根据实际需要比较对象的属性，不一定要比较所有的属性。在equals()方法中，一般要经过如下几个步骤。

（1）是不是指向同一个对象，如果是返回 true。

（2）传进来的参数是不是 null，如果是 null 返回 false。进行这一步的原因是后边步骤可能会调用传进来对象的方法或访问其属性，如果不判断是否为 null，就会发生NullPointerException。

（3）判断是不是同一个类，比较 Student 和 Motor 类是没有意义的。不是同一类返回false；如果是，对传入的 Object 类型的参数强制类型转换。

（4）根据确定的对象相等的标准比较属性。

按照上述步骤：在第 31 行，比较是不是指向同一个对象；在第 32 行，比较传进来的对象是否是 null；在第 33 行用 getClass()比较是否同一个类；到这里没有返回，说明传进来的参数也是 Student，在第 34 行进行强制类型转换；第 35 行比较属性，判定是否相等。

第 40 行是一种简单的计算哈希码的方法,利用 String 类已定义的 hashCode 来计算。实际开发中计算的哈希码要能够避免碰撞,这里只做演示之用,实际开发中可以使用第三方类库来完成此项任务。例如 Apache 软件基金会下的 commons-lang 项目中就有 HashCodeBuilder 类用来计算哈希码。还有 ToStringBuilder、EqualsBuilder、CompareToBuilder。具体用法阅读 HashCodeBuilder 相关知识。

第 46 行所用的 compareTo 方法来自于 Comparable<Student>接口,所以要注意该方法的参数类型。这里用 String 类已定义的 compareTo 方法,先比较班级名,然后比较姓名。

在 SortedSetDemo 类中使用 TreeSet 对 Student 类进行了排序。如果仅仅是排序,可以不用修改 Student 代码,也就是不用实现 Comparable 接口。使用 lambda 表达式和方法引用,增加

```
import static java.util.Comparator.*;
```

然后第 5 行代码变为

```
new TreeSet<Student>(comparing(Student::getClassName).thenComparing
(Student::getName));
```

先按班级比较,班级相同再按姓名比较。

13.3.3 Comparator

需要对类进行排序的时候,并不是所有的情况下该类都实现了 Comparable 接口,如使用的是第三方的类库,而该类并没有实现该接口,这时就可使用 Comparator 来完成对象之间的比较。Comparator 还有另一个用处,就是在一个类已实现 Comparable 接口的情况下,用 Comparator 实现用不同的排序规则进行排序。如对于 Student 类来说,如已实现 Comparable 接口,按照名字升序排序,可使用 Comparator 实现按照名字降序排序,Student 类的源代码并不需要更改。TreeSet 中可使用 TreeSet(Comparator)来指定所使用的比较器,comparator()方法可返回当前 TreeSet 使用的比较器。

Comparator 接口中有一个 compare(T o1,T o2)方法,用来比较两个对象,返回值为负值时表示 o1 小于 o2,为正值时表示 o1 大于 o2,为 0 时表示 o1 等于 o2。例 13.6 为一个根据 Student(学生)的 name(姓名)进行排序的比较器(注意其中泛型参数的替换),Student 类来自例 13.5,例 13.7 为使用该比较器进行排序的例子。

例 13.6 自定义比较器(ch13\StuNameComparator.java)。

```
1    import java.util.*;
2    public class StuNameComparator implements Comparator<Student>{
3      @Override public int compare(Student stu1,Student stu2){
4        return -stu1.getName().compareTo(stu2.getName());
5      }
6    }
```

例 13.7 使用自定义比较器进行排序(ch13\SelfComparatorTest.java)。

```
1    import java.util.*;
```

```
2    public class SelfComparatorTest{
3      public static void main(String[] args){
4        TreeSet<Student>stus=
             new TreeSet<>(new StuNameComparator());
5        stus.add(new Student("cs01","zhao"));
6        stus.add(new Student("cs02","zhao"));
7        stus.add(new Student("cs01","qian"));
8        stus.add(new Student("cs02","qian"));
9        stus.add(new Student("cs01","sun"));
10       stus.add(new Student("cs02","sun"));
11       stus.add(new Student("cs01","li"));
12       stus.add(new Student("cs02","li"));
13       System.out.println(stus);
14     }
15   }
```

在第 4 行指定使用 StuNameComparator 比较器进行排序,而不使用 Student 自身提供的排序规则。

使用 lambda 表达式和方法引用改写,第 4 行变为

```
new TreeSet<Student>(comparing(Student::getName).reversed());
```

13.4　Map

常用来建立键(key)与值(value)之间的映射,用 key 来映射到 value,每个键只能出现一次。现实生活中,可以把新华字典中的单个汉字当作 key,对应的解释就是 value。还可以学号为 key,学号对应的 Student 为 value。HashMap、Hashtable 实现 Map 接口,后者多用在多线程环境中。LinkedHashMap 可以保持增加数据时的顺序。Properties 常用来保持配置信息,提供了方便的方法用来保存配置信息到文件中,以及从文件中读入配置项。SortedMap 表示该映射可进行排序,实现类是 TreeMap。这些接口和类之间的关系如图 13.5 所示。

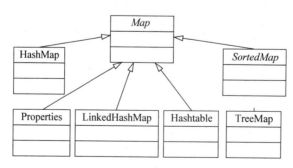

图 13.5　Map 接口及实现类之间的关系

Map 中的方法如下。

(1) V put(K key,V value):K 和 V 是泛型,代表任意类型。增加一个键为 key,值为

value 的映射。如果已经存在一个键为 key 的映射,则替换以前的映射。返回值有不同的含义:有 key 对应的映射,返回以前对应的 value,这个 value 可能为 null,因为可建立 value 为 null 的映射;无 key 对应的映射,返回 null。

(2) V remove(Object key):根据键删除映射,同时返回键对应的值。如果没有该键的映射,则返回 null。

(3) void clear():删除所有数据。

(4) boolean isEmpty():还有没有数据。

(5) int size():有多少个数据。

(6) Set<Map.Entry<K,V>> entrySet():返回所有键—值对构成的 Set。键和值构成的键—值对由 Map.Entry 代表,Set 中的元素就是 Map.Entry。Entry 是 Map 接口中的内部接口,使用时用 Map.Entry,代表一个键—值对,用 getKey()得到键,getValue()得到值。

(7) Set<K> keySet():返回所有键构成的 Set。

(8) Collection<V> values():返回所有值构成的集合。

(9) boolean containsKey(Object key):通过 key 的 equals()方法判断是否有该键建立的键—值对。

(10) boolean containsValues(Object value):通过 value 的 equals()方法判断是否有值为该值的键—值对。

Map 中的基本操作如例 13.8 所示。其中使用的 Student 类来自于例 13.5。

例 13.8 Map 基本操作(ch13\MapDemo.java)。

```
1    import java.util.*;
2    import static java.lang.System.out;
3    public class MapDemo {
4      public static void main(String[] args) {
5        Map<String,Student>stus=new HashMap<>();
6        stus.put("zhao",new Student("cs01","zhao"));
7        stus.put("qian",new Student("cs01","qian"));
8        stus.put("sun",new Student("cs01","sun"));
9        stus.put("li",new Student("cs01","li"));
10       stus.put("zhou",new Student("cs01","zhou"));
11       dispKeys(stus);
12       dispValues(stus);
13       dispEntries(stus);
14       put(stus);
15     }
16     public static void put(Map<String,Student>stus){
17       out.println("查询、修改、删除");
18       out.println(stus.get("zhou"));                    //显示键对应的值
19       //由于已经有"zhou"对应的值,原来的映射被替换
20       stus.put("zhou",new Student("cs01","zhou wu"));
21       out.println(stus.get("zhou"));                    //显示键对应的值
22       out.println(stus.containsKey("zhou"));            //是否有该键
```

```
23        Student stu2=stus.remove("zhou");                    //删除键对应的映射
24        out.println(stus.containsValue(new Student("cs01","li")));
25      }
26    public static void dispKeys(Map<String,Student>map){
27      out.println("通过得到所有键得到键对应的值");
28      Set<String>keys=map.keySet();
29      for(String key:keys){
30        out.println(key+"="+map.get(key));
31      }
32    }
33    public static void dispValues(Map<String,Student>map){
34      out.println("得到所有值");
35      Collection<Student>stus=map.values();
36      for(Student stu:stus){
37        System.out.println(stu);
38      }
39    }
40    public static void dispEntries(Map<String,Student>map){
41      //得到所有的键值对映射,Map.Entry
42      out.println("得到所有的键值对");
43      Set<Map.Entry<String,Student>>entries=map.entrySet();
44      for(Map.Entry<String,Student>entry:entries){
45        out.println(entry.getKey()+"="+entry.getValue());
46      }
47    }
48  }
```

以上代码在第 16 行的 put()方法中演示了如何查询、删除和修改,在第 26 行的 dispKeys()方法中演示如何得到所有的键。在第 33 行的 dispValues()方法中演示如何得到所有的值,在第 40 行的 dispEntries()方法中演示如何得到所有键—值对,再通过 Map. Entry 得到具体值。

可以用 Map 实现数据库功能,具体如例 13.9 所示,使用的 Student 类来自于例 13.5。如果用数据库实现,假如其中存在一个 Student 表,以下操作对应的 SQL 语句写在文档注释中。

例 13.9 用 Map 实现数据库功能(ch13\UseMapAsDb.java)。

```
1   import java.util.*;
2   import static java.lang.System.out;
3   public class UseMapAsDb {
4     private Map<String,Student>stus;
5     UseMapAsDb(){
6      stus=new HashMap<>();
7      stus.put("zhao",new Student("cs01","zhao"));
8      stus.put("qian",new Student("cs01","qian"));
9      stus.put("sun",new Student("cs01","sun"));
10     stus.put("li",new Student("cs01","li"));
```

```
11        stus.put("zhou",new Student("cs01","zhou"));
12    }
13    /** select * from student where name=? */
14    public Student findByName(String name){
15      if(!stus.containsKey(name)){
16        out.println("查无此人");
17        return null;
18      }
19      Student stu=stus.get(name);
20      return stu;
21    }
22    /** delete from student where name=? */
23    public Student delByName(String name){
24      return stus.remove(name);
25    }
26    /** select * from student */
27    public void dispAll(){
28      for(String name:stus.keySet())
29        out.println(stus.get(name));
30    }
31    /** insert into student values(...) */
32    public void add(Student stu){
33      stus.put(stu.getName(),stu);
34    }
35    public static void main(String[] args) {
36      UseMapAsDb demo=new UseMapAsDb();
37      Student stu=demo.findByName("li");
38      out.println(stu);
39      demo.findByName("wu");
40      demo.delByName("sun");
41      demo.dispAll();
42    }
43  }
```

13.4.1　SortedMap

实现该接口的有 TreeMap 类,可以实现按键排序,所以键必须实现 Comparable 接口,例 13.8 中的第 5 行声明为如下形式即可(因为 String 已经实现该接口):

```
SortedMap<String,Student>treeMap=new TreeMap<>();
```

修改后可以观察运行的结果,同样可以修改例 13.9 中 Map 的声明形式。

13.4.2　Properties

键和关键字都是 String 的一种映射,常用来保存程序的配置信息,如国际化的字符串信息：在内地显示简体中文信息，在香港显示繁体中文信息，在泰国显示泰文信息。可以用如下方法显示当前虚拟机的配置信息：

```
System.out.println(System.getProperties())
```

特有的方法如下：

（1）String getProperty(String key)：得到键对应的值，该键不存在时返回 null。

（2）Object setProperty(String key,String value)：设置键对应的值，返回值含义同 Map 的 put(K,V)。

（3）void store(OutputStream out,String comments)：输出所有的键－值对，comments 代表注释。

（4）void store(Writer writer,String comments)：用 Writer 输出所有的键－值对。

（5）void load(InputStream in)：从 InputStream 中读入。

（6）void load(Reader reader)：从 Reader 读取。

以下程序（例 13.10）演示了如何查询、设置值，然后保存和读取该配置信息。

例 13.10 用 Properties 保存和读取配置文件(ch13\PropsDemo.java)。

```
1       import java.util.*;
2       import java.io.*;
3       import static java.lang.System.out;
4       public class PropsDemo{
5         public static void main(String[] args){
6           Properties props=new Properties();
7           props.setProperty("cn","中国");
8           props.setProperty("hk","香港");
9           props.setProperty("sg","新加坡");
10          out.println(props.getProperty("sg"));
11          store(props);
12          load();
13        }
14        public static void store(Properties props){
15          try{
16            FileWriter fw=new FileWriter("props.properties");
17            props.store(fw," abbreviation");
18            fw.close();
19          }catch(IOException ioe){
20            ioe.printStackTrace();
21          }
22        }
23        public static void load(){
24          try{
25            FileReader fr=new FileReader("props.properties");
26            Properties props=new Properties();
27            props.load(fr);
28            fr.close();
29            out.println("得到的配置信息为:"+props);
```

```
30          }catch(IOException ioe){
31            ioe.printStackTrace();
32          }
33        }
34      }
```

以上程序在第 16 行输出配置文件内容,文件名的后缀为. properties,可以为任何值。不过,习惯上用这个后缀名。用记事本打开就可看到其中的内容,内容如下(文件内容可能不尽相同):

```
#abbreviation
#Fri Aug 21 09:23:33 CST 2009
hk=香港
sg=新加坡
cn=中国
```

其中,第 1 行为注释,第 2 行为输出的时间,它由系统自动产生,第 3 行往后就是配置的内容,用"键＝值"的形式表示。

使用配置文件,可以把一些配置信息放在文件中,程序运行时直接从配置文件中读取。配置改变后,不用重新编译程序,程序读取变化后的配置文件得到变化后的信息。以从 DriverManger 中得到数据库连接为例,该类有 getConnection(String url,Properties info)方法,创建连接时,直接从配置文件中读取配置信息。必须使用预定义的键名,具体的名字可从该方法的 jdk 文档中查询。JDBC 配置(ch13\db-config. properties)如下:

```
driver=org.hsqldb.jdbcDriver
url=jdbc:hsqldb:hsql://localhost/
user=sa
password=
```

使用该配置文件创建连接的程序如例 13.11 所示。

例 13.11 从 Properties 读取数据库配置(ch13\PropsAppDemo. java)。

```
1     import java.util.*;
2     import java.io.*;
3     import java.sql.*;
4     import static java.lang.System.out;
5     public class PropsAppDemo {
6       private static Connection con;
7       public static void main(String[] args) throws Exception{
8         con=connectionByProp();
9         disp(con);
10        con.close();
11      }
12      public static Connection connectionByProp() throws Exception{
13        Properties props=new Properties();
14        props.load(new FileInputStream("db-config.properties"));
15        Class.forName(props.getProperty("driver"));
```

```
16        String url=props.getProperty("url");
17        Connection con=DriverManager.getConnection(url,props);
18        return con;
19    }
20    public static void disp(Connection con) throws Exception{
21        Statement stmt=con.createStatement();
22        ResultSet rs=stmt.executeQuery("select * from stu");
23        while(rs.next()){
24          out.println(rs.getString("name"));
25        }
26        rs.close();
27        stmt.close();
28    }
29 }
```

在第 12 行的 connectionByProp()方法中,创建数据库所需的几个信息都从配置文件 dbconfig. properties 中读取。如果要连接其他数据库,只要更改配置文件就行,不用重新编译类。第 20 行的 disp()方法中进行的查询需要根据实际情况修改 SQL 语句,也可把该语句写在配置文件中。

13.5 Stream

13.5.1 什么是 Stream

Java 8 中增加了 Stream 操作。Stream 指的是一个数据序列,可以执行串行或并行操作。这里的 Stream 和第 9 章中的输入输出流不一样。还有 IntStream、LongStream、DoubleStream 这些原始数据流,分别用来处理 int、long、double 数据类型。该类在 java. util. stream 中。

常见的有以下 3 种方法得到一个 Stream:

(1) Stream. of(T... values)方法,得到的为 Stream<T>。例如:

```
Stream<Integer>s=Stream.of(1,2,3,4);
```

(2) Arrays. stream()方法,当该方法接收的是原始类型数组时,返回的是相应的原始数据流。例如 Arrays. stream(int[])返回的就是一个 IntStream。如果参数是一个类数组 T[],返回的是一个 Stream<T>。以下代码把一个 int[]转为一个 Stream:

```
int[] a={1,2,3,4};
IntStream s=Arrays.stream(a);
```

(3) Collection 接口中有一个 stream()方法,返回一个 Stream<T>。List、Set、Map 实现该接口,可使用该方法。

13.5.2 常用方法

这里仍使用 Student 作为例子,为了简单起见,有 3 个属性:id、name、math,并且有各自的 Setter()、Getter()方法,有 Student(long id,String name,double math)构造方法进行初始化。具体可见 ch13\Student.java。有如下一个 Student[]

```
Student[] stus={new Student(1,"zhao",69),new Student(3,"qian",81),
                new Student(2,"zhao",72),new Student(4,"zhao",90)};
```

可用 Arrays.stream()方法把该数组转换为一个 Stream,如下:

```
Stream<Student> stusStream=Arrays.stream(stus);
```

(1) void forEach(Cosumer<T>),遍历,执行的操作用 Cosumer 定义。
显示所有学生信息代码如下:

```
stusStream.forEach(System.out::println);
```

或只显示数学成绩:

```
stusStream.forEach(stu->{
    System.out.println(stu.getMath());
});
```

(2) Stream<T> filter(Predicate<T>),过滤,条件由 Predicate 定义。
只显示数学成绩大于 80 的学生信息:

```
stusStream.filter(stu->stu.getMath()>80).forEach(System.out::println);
```

(3) Stream<R> map(Function<T,R>),转换,把 T 转换为 R。
只显示学生姓名:

```
stusStream.map(Student::getName).forEach(System.out::println);
```

(4) sorted(Comparator),排序。
按学号排序:

```
stusStream.sorted(comparing(Student::getId)).forEach(System.out::println);
```

(5) collect(Collector),可变递归。常用的是 Collectors 中的 toList(),可以把数据存在一个 List 中,toSet()可以把数据存在一个 Set 中。
得到所有学生的 name:

```
List<String> names=stusStream.map(Student::getName).collect(toList());
```

由于多数操作返回的都是 Stream,可以用以下代码显示数学成绩大于 80 学生姓名:

```
stusStream.filter(stu->stu.getMath()>80)
          .map(Student::getName)
          .collect(toList())
          .forEach(System.out::println);
```

需要注意的是,最后的 forEach()方法来自于 List,不是 Stream 的 forEach()方法。
Stream 的操作分为两类,中间操作和终止操作。返回 Stream 的方法是中间操作,一般是惰性操作,并没有马上执行。Stream 中的大部分方法返回 Stream,这样可以连续调用。

返回不是 Stream 的方法,这些方法是终止操作,比如 forEach()、collect()这些方法。执行这些方法时,惰性操作才会得到执行。

Stream 只能遍历一次,终止操作执行后就不能再操作该 Stream。对同一个 Stream,连续调用 forEach()两次就会显示异常:流已经关闭。

本 章 小 结

程序＝数据结构＋算法,本章介绍的是数据结构的 Java 实现,如何保存各种数据,包括链表 List、集合 Set、映射 Map。介绍了一些通用的操作,主要是 CRUD 相关的方法。本章使用了很多 Lambda 表达式方面的内容。

习 题 13

1. 为例 13.2 中增加弹栈(pop)操作。

2. 验证利用 Iterator 遍历 List 时,通过 List 的 add()、remove()方法改变集合的大小会发生异常。

3. 改造例 13.2 中的 del 方法,使其可删除所有重复值。

4. 在 List 中保存 Student(有学号、姓名信息),试验用 List 的 remove(Object)方法删除指定学号的学生。

5. 阅读 Java 中利用配置文件实现国际化的方法,并在程序中使用。

6. 完善例 13.9 的内容,能够按班级显示该班级所有学生的信息。

7. 在一个方法中把保存在 List 中的多个 Student 保存到数据库中,在另一个方法中查询所有学生,得到结果后重新组装成 Student,并把组装的 Student 放在 List 中返回,在其他方法中显示该返回结果。

8. 定义 Student 类,该类不实现 Comparable 接口,定义一个 Comparator 来比较两个 Student 对象所在班级名称和名字,班级名相同时用名字进行排序,使用 TreeSet 观察排序的结果。

9. 浏览 Comparator 的 API 文档,了解其中的静态方法、default()方法,并使用。

第 14 章 Java 相关框架 *

这里主要介绍 Java 开发中非常流行的两个框架：Spring 和 Hibernate。学习这章的知识需要会使用 Eclipse，在附录 F 中有使用指南。

这里的例子如果使用到数据库，使用的是 Hsqldb 数据库，运行程序时应保证 Hsqldb 数据库处于运行状态。

Spring 部分的源代码在 ch14 \ spring 目录下，Hibernate 部分的源代码在 ch14 \ hibernate 目录下。

14.1 Spring

Spring 是一个轻量级的 JEE 框架，有非常强大的功能，在 JEE 开发中应用广泛，这里主要介绍其中的依赖注入（Dependency Injection，DI），或称为依赖反转、逆转控制（Inverse of Control，IoC）功能，以及在数据库方面的功能。可从 http://repo.springsource.org/libs-release-local/org/springframework/下载，在本书写作中，最新稳定版本为 4.3.10。解压后就可使用。Spring 框架包含众多功能，放在不同的 JAR 文件中，这样使用时只添加需要的 JAR 文件就可，不需要添加所有 JAR 文件。在这些 JAR 文件中，spring-beans 中是用来解决类与类之间关系（对应的为 springframework. beans-版本号. jar，这里简称为 beans，下同）；JDBC 中是和 JDBC 相关的功能；在 tx 中是和事务相关的功能。在 http://projects.spring.io/spring-framework/有相关文档链接，API 中是 Spring 的 java api 文档，Reference 中是 Spring 开发的参考手册，对如何使用 Spring 有详细的介绍。

14.1.1 DI

在开发中，存在大量的类，这些类之间可能存在着使用与被使用的关系，如何建立二者的关系？有两种常用方法（这里假如类 A 使用类 B，类 C 使用类 A）：一种是 C 调用 A 前，把类 B 创建好，把创建的实例作为参数传给 A；另一种是 A 自己创建 B 的实例，C 不用管。这两种方法都存在一个问题：类与类之间联系太过紧密，要让 A 使用 B 的一个不同实例必须要修改源代码。如原先把数据保存在文件中，现在要保存在数据库中，就要使用不同的类，也就要修改代码。在软件设计中希望类与类之间是松耦合，类的方法之间是紧耦合。而在上述例子中，要么 C，要么 A，要知道如何创建类 B，类之间是紧耦合。DI 的中心思想是由容器创建类，并建立类与类之间的关系。

在例 9.3 和例 9.4 列出指定扩展名的文件，把程序改为如例 14.1 所示形式。

例 14.1 过滤器（ch14\spring\io\FileExtFilter.java）。

```
1       package io;
2       import java.io.*;
3       public class FileExtFilter implements FilenameFilter{
```

```
4       private String ext;
5       public FileExtFilter(){}                              //Spring 要求必须有无参构造方法
6       public void setExt(String _ext){this.ext=_ext;}
7       @Override public boolean accept(File dir,String name){
8         if(new File(dir,name).isDirectory()) return false ;
9         if(name.endsWith(ext)) return true;
10        return false;
11      }
12    }
```

在第 6 行,利用 Setter()方法为变量赋值,指定扩展名。

例 14.2 使用过滤器列出指定扩展名的文件(ch14\spring\io\FileExtFilter.java)。

```
1     package io;
2     import java.io.*;
3     public class ListExtFiles {
4       FilenameFilter filter;
5       ListExtFiles(FilenameFilter _filter){this.filter=_filter;}
6       public void list(File aFile) {
7         if (!aFile.isDirectory()) {  return;  }
8         String[] files=aFile.list(filter);
9         if (files==null)  return;
10        for (String name : files) {
11          System.out.println(name);
12        }
13      }
14    }
```

该类在第 8 行要用到 FileExtFilter 来显示满足条件的文件。在第 5 行的构造方法中传入要使用的过滤器。

在 Eclipse 中使用 Spring 建立类与类之间关系的步骤如下。

(1) 新建工程并增加类库:在 Eclipse 中新建工程,并在类库中增加:beans、context、core、expression 等 JAR 文件,以及 commons-logging.jar 文件(可从百度搜索下载)。

(2) 把例 14.1 和例 14.2 代码加入工程中,注意第一行的包声明。

(3) 在 XML 文件中定义如何创建类以及类间的关系:Spring 利用 XML 文件定义如何创建类,如为变量赋值。在工程中新建 beans.xml 文件(该文件在学习源文件 ch14\spring\io 目录下),在工程的 src\io 目录下。XML 文件头部如下:

```
<?xml version="1.0" encoding="UTF-8"?>
<beans xmlns="http://www.springframework.org/schema/beans"
       xmlns:xsi="http://www.w3.org/2001/XMLSchema-instance"
       xsi:schemaLocation="http://www.springframework.org/schema/beans
           http://www.springframework.org/schema/beans/spring-beans-.xsd">
<!--定义 bean-->
</beans>
```

有该头部后,就可在 beans 中间定义 bean,创建 FileExtFilter 实例的代码如下:

```
<bean id="filter" class="io.FileExtFilter">
  <property name="ext" value=".xml"/>
</bean>
```

在 id 中为该 bean 起的名字,必须唯一,class 中为类的全名。property 用来为变量设置值,name 中指定要设置值的变量名,value 中给出值。Spring 通过调用相应的 Setter 方法来为变量赋值。还可以通过构造方法为变量赋值,如下为创建 ListExtFiles 实例的代码:

```
<bean id="listExtFiles" class="io.ListExtFiles">
    <constructor-arg ref="filter"/>
</bean>
```

在 constructor-arg 中为构造方法中的变量赋值,要赋的值是另一个 bean,已定义过,所以这里使用 ref 来引用已定义过的 bean,其中为要引用的 bean 的 id。

(4) 使用 Spring 容器创建类,新建类 io. SpringDemo,代码如例 14.3 所示。

例 14.3 DI 功能演示程序(ch14\spring\io\SpringDIDemo. java)。

```
1    package io;
2    import java.io.*;
3    import org.springframework.context.*;
4    import org.springframework.context.support.*;
5
6    public class SpringDIDemo {
7      public static void main(String[] args) {
8        ApplicationContext context
              =new ClassPathXmlApplicationContext("classpath:io/beans.xml");
9        ListExtFiles listExtFiles=context.getBean("listExtFiles",ListExtFiles.
          class);
10       listExtFiles.list(new File("src/io"));
11     }
12   }
```

在第 8 行,加载配置文件,创建 Spring 容器。"classpath:"表示从类路径中找一个 XML 文件,后边为 XML 文件所在的相对路径。在第 9 行,通过 getBean 方法得到 Spring 创建的类,其中"listExtFiles"为 XML 文件中定义的 bean 的 id,ListExtFiles. class 为该 id 对应的类。在第 10 行,调用 list 方法,显示符合指定条件的文件名。

运行该程序后,显示扩展名为.xml 的文件名。如想显示.java 文件,只需更改 XML 文件中 id 为 filter 的 bean 配置,不需要更改代码。

这里可能看不出 Spring DI 的好处,因这个程序比较简单。越复杂的程序越能显出 Spring DI 带来的易用性。

14.1.2 JDBC

Spring 中提供的 JDBC 模板大大简化了 JDBC 相关的操作。这里首先要明确命名参数

的概念,在用 PreparedStatement 执行 SQL 语句时,可以用问号代表占位符,例如:

```
select * from stu where id=?
```

在这种方法中,设置参数时,需要知道每个占位符的索引。在 Spring 中,提供了一种更为方便的形式来作为占位符,这就是命名参数,例如:

```
select * from stu where id=:id
```

":"后就是参数的名字,设置参数时使用 Map 来传递参数,Map 中的 key 为命名参数的名字,对应的 value 为该占位符对应的值。

可以执行有命名参数 SQL 语句的类为 NamedParameterJdbcTemplate,该类有如下构造方法。

NamedParameterJdbcTemplate(javax. sql. DataSource):根据 DataSource(数据源)创建对象。

有如下方法。

(1) List<T> query(String sql, Map paramMap, RowMapper<T> rowMapper):用来执行 select 语句,SQL 语句中的参数值在 paramMap 中指定,rowMapper 用来把 ResultSet 中每行数据转换为一个对象。

(2) T queryForObject(String sql, Map paramMap, RowMapper<T> rowMapper):用来执行只会返回一个对象的 SQL 语句。

(3) int update(String sql, Map paramMap):执行 create、update、delete、insert 这些 SQL 语句,返回影响的行数。

RowMapper<T>为一个接口,其中有如下方法。

T mapRow(ResultSet rs, int row):把 rs 中当前行(第 row 行)转为一个 T 类型的对象。

这里以对 Stu 类进行操作为例(为简单起见,这里的属性未声明为 private,而是 public),代码如例 14.4 所示。

例 14.4 学生类 Stu(ch14\spring\dao\Stu. java)。

```
1    package dao;
2    public class Stu {
3      public long id;
4      public String name;
5      public double math,os,java;
6      public Stu(){}                      //要有无参构造方法
7      public Stu(long _id,String _name,double _math,double _os,double _java){
8        this.id=_id;this.name=_name;this.math=_math;this.os=_os;this.java=_
         java;
9      }
10     @Override public String toString(){
11       return String.format("%4s %6s %6s %6s %6s",id,name,math,os,java);
12     }
13   }
```

使用 NamedParameterJdbcTemplate 进行数据库操作的步骤如下。

(1)增加新类库:在 14.1.1 节新建的工程中增加 hsqldb. jar 到工程的类库中,以及

Spring 的 jdbc、tx 两个 jar 文件。

（2）创建表：启动 Hsqldb 服务器，并打开 Hsqldb 的图形管理界面，在其中运行如下 SQL 语句：

```
create table stu (id bigint, name varchar (200), math decimal, os decimal, java
decimal)
```

（3）声明操作数据库的接口：这里要进行的数据库操作有查询所有学生、按学号查询、增加学生信息，为此，定义如例 14.5 所示接口。

例 14.5 学生类相关 JDBC 操作接口（ch14\spring\dao\StuDao.java）。

```
1    package dao;
2    import java.util.*;
3    public interface StuDao {
4      public List<Stu>getAll();
5      public Stu queryById(long id);
6      public void insert(Stu stu);
7    }
```

（4）实现 getAll 方法：在 getAll 中要得到所有学生信息，应调用 query（String，Map，RowMapper）方法，要执行的 SQL 语句如下：

```
final static String GET_ALL_SQL="select * from stu";
```

该语句不需要传递参数，所以第二个参数为 new HashMap()，其中并没有设置参数值。RowMapper 用来把结果集中的一行转换为一个类，例 14.6 定义了一个 RowMapper。

例 14.6 转换结果集中一行为 Stu(ch14\spring\dao\StuRowMapper.java)。

```
1    package dao;
2    import java.sql.*;
3    import org.springframework.jdbc.core.RowMapper;
4    public class StuRowMapper implements RowMapper<Stu>{
5      @Override public Stu mapRow(ResultSet rs, int row) throws SQLException {
6        Stu stu=new Stu();
7        stu.id=rs.getLong("id");
8        stu.name=rs.getString("name");
9        stu.math=rs.getDouble("math");
10       stu.os=rs.getDouble("os");
11       stu.java=rs.getDouble("java");
12       return stu;
13     }
14   }
```

以上代码中，首先在第 6 行创建一个新的 Stu 类，然后分别从结果集中得到 id、name、math、os、java，并分别赋值给这个新的 Stu 对象，这样就把结果集中的一行转换为 Stu 对象。其中的结果集由 Spring 传递过来。准备好这几个参数后，就可执行查询：

```
namedJdbcTemplate.query(GET_ALL_SQL, new HashMap(),new StuRowMapper());
```

（5）实现 queryById 方法：该方法应该只返回一个对象，为此，应使用 queryForObject（String，Map paramMap，RowMapper<T>）。其中 RowMapper 已有。其他两个参数中要执行的 SQL 语句为（这里使用了命名参数）：

```
final static String GET_FOR_ID="select * from stu where id=:id";
```

要传递名为 id 的参数对应的值，为此，准备如下参数：

```
Map argsMap=new HashMap();
argsMap.put("id",id);
```

insert 方法类似 queryForObject。StuDaoImp 实现了该接口，全部代码如例 14.7 所示。

例 14.7　StuDaoImp 类全部代码（ch14\spring\dao\StuDaoImp.java）。

```
1      package dao;
2
3      import java.sql.*;
4      import java.util.*;
5      import javax.sql.DataSource;
6      import org.springframework.jdbc.core.*;
7      import org.springframework.jdbc.core.namedparam.*;
8
9      public class StuDaoImp implements StuDao{
10       NamedParameterJdbcTemplate namedJdbcTemplate;
11
12       public void setDataSource(DataSource dataSource) {
13          namedJdbcTemplate=new NamedParameterJdbcTemplate(dataSource);
14       }
15
16       final static String GET_ALL_SQL="select * from stu";
17       @Override public List<Stu>getAll() {
18          return namedJdbcTemplate.query(GET_ALL_SQL,
                            new HashMap(),new StuRowMapper());
19       }
20
21       final static String GET_FOR_ID="select * from stu where id=:id";
22       @Override public Stu queryById(long id) {
23          Map argsMap=new HashMap();
24          argsMap.put("id",id);
25          return namedJdbcTemplate.queryForObject(GET_FOR_ID,
                            argsMap, new StuRowMapper());
26       }
27       final static String INSERT_SQL="insert into stu(id,name,math,os,java)
                            values(:id,:name,:math,:os,:java)";
28       @Override public void insert(Stu stu) {
29          Map argsMap=new HashMap();
30          argsMap.put("id", stu.id);
```

```
31          argsMap.put("name", stu.name);
32          argsMap.put("math", stu.math);
33          argsMap.put("os", stu.os);
34          argsMap.put("java", stu.java);
35          namedJdbcTemplate.update(INSERT_SQL,argsMap);
36      }
37  }
```

以上代码在第 12～14 行创建 NamedParameterJdbcTemplate，需要一个 DataSource。在第 28 行的 insert 方法中，为命名参数提供值，然后在第 35 行执行。

（6）在 XML 中定义配置：为 NamedParameterJdbcTemplate 定义 DataSource。Spring 中提供了一个最简单的 DataSource—SimpleDriverDataSource，可以用在这里进行演示（不适合用在实际开发中），指定 JDBC 所需的 4 个参数即可。

在工程 src\dao 目录下新建 dao.xml 文件（该文件在源文件 ch14\spring\dao 目录下）。xml 文件头部如下：

```
<?xml version="1.0" encoding="UTF-8"?>
<beans xmlns="http://www.springframework.org/schema/beans"
    xmlns:xsi="http://www.w3.org/2001/XMLSchema-instance"
    xmlns:context="http://www.springframework.org/schema/context"
    xsi:schemaLocation="
        http://www.springframework.org/schema/beans
        http://www.springframework.org/schema/beans/spring-bean.xsd
        http://www.springframework.org/schema/context
        http://www.springframework.org/schema/context/spring-context.xsd">
<!--定义 bean -->
</beans>
```

有该头部后，就可在 beans 中间定义 bean，创建 SimpleDriverDataSource 实例的代码如下：

```
<bean id="dataSource" class="org.springframework.jdbc.datasource.
SimpleDriverDataSource">
    <property name="driverClass" value="org.hsqldb.jdbcDriver"/>
    <property name="url" value="jdbc:hsqldb:hsql://localhost/"/>
    <property name="username" value="sa"/>
    <property name="password" value=""/>
</bean>
```

有了 DataSource 后，就可创建 StuDaoImp，xml 中代码如下：

```
<bean id="stuDao" class="dao.StuDaoImp">
    <property name="dataSource" ref="dataSource"/>
</bean>
```

（7）使用 Spring JDBC 模板，新建类 dao.SpringDaoDemo，代码如例 14.8 所示。

例 14.8 使用 Spring JDBC 模板（ch14\spring\dao\SpringDaoDemo.java）。

```
1    package dao;
2    import static java.lang.System.out;
3    import java.util.List;
4    import org.springframework.context.*;
5    import org.springframework.context.support.*;
6    public class SpringDaoDemo {
7      public static void main(String[] args) {
8        ApplicationContext context=
              new ClassPathXmlApplicationContext("classpath:dao/dao.xml");
9        StuDao stuDao=context.getBean("stuDao",StuDaoImp.class);
10       Stu aStu=new Stu(1L,"wang",90,90,90);
11       Stu bStu=new Stu(2L,"li",91,91,91);
12       Stu cStu=new Stu(3L,"chen",92,92,92);
13       stuDao.insert(aStu);
14       stuDao.insert(bStu);
15       stuDao.insert(cStu);
16       List<Stu>stus=stuDao.getAll();
17       for(Stu stu:stus){
18         out.println(stu);
19       }
20       Stu stu=stuDao.queryById(2L);
21       out.println(stu);
22     }
23   }
```

在第 8 行加载 dao.xml 文件,在第 9 行得到由 Spring 创建的类,在第 10~15 行,向数据库中增加记录,在第 16~19 行显示所有记录,在第 20~21 行按学号查询,并显示结果。

14.1.3 事务支持

Spring 中提供的 JDBC 事务支持,大大简化了事务相关的操作。验证事务操作的步骤如下。

(1) 向 14.1.2 节的工程类库中增加 Spring 的 aop 功能。

(2) 向工程中增加例 14.9 和例 14.10 所示的代码。

例 14.9 数据库操作接口 Tx(ch14\spring\tx\Tx.java)。

```
1    package tx;
2
3    import java.util.*;
4    import org.springframework.transaction.annotation.Transactional;
5    import dao.Stu;
6    public interface Tx {
7      public List<Stu>getAll();
8      public void insert();
9      public void clear();
10   }
```

以上第 7 行定义的方法用来显示数据库中所有的学生信息,第 8 行定义的方法为在数据库中增加新学生,第 9 行定义的方法为清除数据库中所有数据。

例 14.10 数据库操作实现 TxImp(ch14\spring\tx\TxImp.java)。

```
1    package tx;
2
3    import static java.lang.System.out;
4    import java.sql.*;
5    import java.util.*;
6    import javax.sql.DataSource;
7    import org.springframework.context.*;
8    import org.springframework.context.support.*;
9    import org.springframework.jdbc.core.*;
10   import org.springframework.jdbc.core.namedparam.*;
11   import org.springframework.transaction.annotation.*;
12   import dao.*;
13   public class TxImp implements Tx{
14     NamedParameterJdbcTemplate namedJdbcTemplate;
15     public void setDataSource(DataSource dataSource) {
16       namedJdbcTemplate=new NamedParameterJdbcTemplate(dataSource);
17     }
18     @Override public List<Stu>getAll() {
19       return namedJdbcTemplate.query("select * from stu", new HashMap(),
                       new StuRowMapper());
20     }
21     //@Transactional
22     @Override public void insert() {
23       String sql="insert into stu(id,name,math,os,java) values(32,32,90,90,90)";
24       namedJdbcTemplate.update(sql,new HashMap());
25       if(true) throw new RuntimeException("测试事务是否发生作用");
26       sql="insert into stu(id,name,math,os,java) values(33,33,90,90,90)";
27       namedJdbcTemplate.update(sql,new HashMap());
28     }
29     @Override public void clear(){
30       //删除原有数据,观察结果
31       namedJdbcTemplate.update("delete from stu",new HashMap());
32     }
33   }
```

第 21 行为事务注释,有该注释表示方法应在事务中运行。在第 22~28 行中执行多条 insert 语句,其中在第 25 行故意抛出一个异常,这样在异常前执行一个 insert 语句,插入学号为 32 的学生信息,在异常后也执行一个 insert 语句,插入学号为 33 的学生信息。如果没有事务处理的话(也就是注释第 21 行),可以增加 32 号学生的信息,无法增加学号为 33 的学生的信息。有事务处理时(没有注释第 21 行),学号为 32 和学号为 33 的学生的信息都无法增加。

（3）在 src\tx 目录下定义 bean 配置文件(ch14\spring\tx\tx.xml),内容如下：

```xml
1    <?xml version="1.0" encoding="UTF-8"?>
2    <beans xmlns="http://www.springframework.org/schema/beans"
3      xmlns:xsi="http://www.w3.org/2001/XMLSchema-instance"
4      xmlns:aop="http://www.springframework.org/schema/aop"
5      xmlns:tx="http://www.springframework.org/schema/tx"
6      xsi:schemaLocation="
7            http://www.springframework.org/schema/beans
8            http://www.springframework.org/schema/beans/spring-beans.xsd
9            http://www.springframework.org/schema/tx
10           http://www.springframework.org/schema/tx/spring-tx.xsd
11           http://www.springframework.org/schema/aop
12           http://www.springframework.org/schema/aop/spring-aop.xsd">
13     <bean id="dataSource"
14       class="org.springframework.jdbc.datasource.SimpleDriverDataSource">
15       <property name="driverClass" value="org.hsqldb.jdbcDriver" />
16       <property name="url" value="jdbc:hsqldb:hsql://localhost/" />
17       <property name="username" value="sa" />
18       <property name="password" value="" />
19     </bean>
20     <bean id="txManager"
21       class="org.springframework.jdbc.datasource.DataSourceTransactionManager">
22       <property name="dataSource" ref="dataSource" />
23     </bean>
24     <tx:annotation-driven transaction-manager="txManager" />
25     <bean id="txImp" class="tx.TxImp">
26       <property name="dataSource" ref="dataSource" />
27     </bean>
28   </beans>
```

以上代码在第 20～23 行定义了事务管理器,第 24 行定义了可以在类中增加 @Transactional 的方式来实现事务,其中的 transaction-manager 指明了使用的事务管理器。@Transactional 放在 public 方法前表明一个方法为事务方法;放在类声明前表示类中所有方法为事务方法。这是不同于 bean 的配置。XML 文件头也增加了 tx 和 aop 声明。

（4）在工程中增加例 14.11 的代码。

例 14.11 使用 Spring 事务(ch14\spring\tx\TxDemo.java)。

```java
1    package tx;
2
3    import static java.lang.System.out;
4    import java.util.List;
5    import org.springframework.context.*;
6    import org.springframework.context.support.*;
7    import dao.Stu;
```

```
8     public class TxDemo {
9       public static void main(String[] args) {
10        ApplicationContext context=
              new ClassPathXmlApplicationContext("classpath:tx/tx.xml");
11        Tx demo=context.getBean("txImp", Tx.class);
12        try{
13          demo.clear();
14          demo.insert();
15        }catch(Exception ex){ex.printStackTrace();}
16        List<Stu>stus=demo.getAll();
17        for (Stu stu : stus) {
18          out.println(stu);
19        }
20      }
21    }
```

运行以上程序时,通过是否注释例 14.10 中的第 21 行代码来分别测试无事务和有事务时的情况。

14.2 Hibernate

Hibernate 是一个非常流行的 ORM(Object/Relation Mapping)框架,ORM 表示直接把对象中的数据保存在数据库中或是直接把数据库中的数据组成对象。在目前为止的 JDBC 操作中,当把一个对象保存在数据库中时,要把对象中的数据组成一个 SQL 语句,从而完成把对象中的数据保存在数据库中。ORM 框架不需要手动转换,可以根据对象中属性和数据库对应表中列之间的映射关系自动完成对象数据和数据库表之间的转换。可从www.hibernate.org 下载 Hibernate ORM,在本书写作中,最新版本为 5.2.10。解压后就可使用,在 lib 目录下,有多个子目录,其中有 JAR 文件,required 目录下的 JAR 文件为运行Hibernate 程序时必需的。documentation 中是 Hibernate 的文档,javadocs 中是 Hibernate的 Java 的 API 文档。这里介绍使用 Hibernate 的步骤。

(1)新建工程并增加类库:新建工程,并在工程的类路径中增加 lib\required 目录下的所有 jar 文件以及 hsqldb.jar。

(2)运行 Hsqldb 数据库:这里使用 Hsqldb 数据库,运行程序时应保证 Hsqldb 数据库服务器处于运行状态。

(3)新建 Stu 类:具体代码如例 14.12 所示(为了节省篇幅,这里只显示了 id 属性的Setter 和 Getter 方法,其他类似,这里不再显示)。

例 14.12 Stu 类(ch14\hibernate\domain\Stu.java)。

```
1     package domain;
2
3     public class Stu {
4       public long id;
```

```
5        public String name;
6        public double math,os,java;
7        public Stu(){}
8        public Stu(long _id,String _name,double _math,double _os,double _java){
9            this.id=_id;this.name=_name;this.math=_math;this.os=_os;this.java=_java;
10       }
11       public long getId() {
12          return id;
13       }
14       public void setId(long id) {
15          this.id=id;
16       }
17       //省略 id、name、math、os、java 属性的 Setter 和 Getter 方法
18       @Override public String toString(){
19          return String.format("%4s %6s %6s %6s %6s",id,name,math,os,java);
20       }
21    }
```

（4）定义对象属性和表中列之间的对应关系：在 domain 目录中新建 Stu. hbm. xml，其中内容如例 14.13 所示。

例 14.13 对象属性和表中列之间的映射关系（ch14\hibernate\domain\Stu. hbm. xml）。

```
1    <?xml version="1.0"?>
2    <!DOCTYPE hibernate-mapping PUBLIC
3    "-//Hibernate/Hibernate Mapping DTD 3.0//EN"
4    "http://www.hibernate.org/dtd/hibernate-mapping-3.0.dtd">
5    <hibernate-mapping package="domain">
6    <class name="Stu" table="stu">
7    <id name="id" type="long" column="id">
8        <generator class="assigned"/>
9    </id>
10   <property name="name" column="name" type="string"/>
11   <property name="math" column="math" type="double"/>
12   <property name="os" column="os" type="double"/>
13   <property name="java" column="java" type="double"/>
14   </class>
15   </hibernate-mapping>
```

在以上 XML 代码中，在第 5 行定义了是为哪个包中的类定义映射关系。然后在第 6～14 行定义类中属性和表中列之间的映射。

① 在第 6 行用 class 标记的 name 属性给出了类名，在 table 中给出了对应的表。

② 在第 7～9 行用 id 标记定义了该表的主键：第 7 行给出了作为主键的属性名，column 给出了对应的列名；还用 type 指定了该属性的 Java 类型。在第 8 行定义了主键的产生方式，assigned 表示该主键由用户赋值，还有其他产生方法可用。

③ 在第 10 行用 property 标记指定了类中 name 属性和列名之间的对应关系：标记的

name 属性用来指定类中的变量,column 中给出了对应的列名。这里 type 指定的为 string,注意这里用的是第一个字母是小写的 string,不是 String。string 是 Hibernate 定义的类型,也可以使用 java.lang.String"。在第 11～13 行定义了其他 3 个属性和列名之间的对应关系。

(5) 定义 Hibernate 的配置文件:在工程的 src 目录下新建 hibernate.cfg.xml 文件,在其中定义要连接的数据库信息等,具体如下:

例 14.14 Hibernate 配置文件(ch14\hibernate\hibernate.cfg.xml)。

```
1    <?xml version='1.0' encoding='utf-8'?>
2    <!DOCTYPE hibernate-configuration PUBLIC
3    "-//Hibernate/Hibernate Configuration DTD 3.0//EN"
4    "http://www.hibernate.org/dtd/hibernate-configuration-3.0.dtd">
5    <hibernate-configuration>
6      <session-factory>
7      property name="connection.driver_class">org.hsqldb.jdbcDriver</property>
8       <property name="connection.url">jdbc:hsqldb:hsql://localhost/</property>
9       <property name="connection.username">sa</property>
10      <property name="connection.password"></property>
11      <property name="connection.pool_size">1</property>
12      <property name="dialect">org.hibernate.dialect.HSQLDialect</property>
13      <property name="current_session_context_class">thread</property>
14      <property name="cache.provider_class">
                org.hibernate.cache.NoCacheProvider</property>
15      <property name="show_sql">true</property>
16      <property name="hbm2ddl.auto">update</property>
17      <mapping resource="domain/Stu.hbm.xml" />
18     </session-factory>
19   </hibernate-configuration>
```

以上代码在第 7～10 行定义了数据库连接的参数。在第 11 行指定了连接池的大小(因为创建连接是一个比较费时的过程,可以预先创建几个连接放在连接池中,要使用时直接从连接池中取用,使用后放回。这里的大小指的就是能预先创建连接的最大数目)。在第 12 行指定使用的是什么数据库。在第 13 行指定 Hibernate 管理 session 的方式,这里选自动。第 14 行指定不使用缓存。第 15 行指定显示 Hibernate 执行的 SQL 语句。第 16 行指定数据库中表结构的创建方式,这里选的是 update,每次运行程序时更新表结构。在第 17 行指定了要处理哪些映射文件。如果有更多的映射文件,可以增加,例如:

```
<mapping resource="domain/Book.hbm.xml" />
```

以上配置文件中,使用时只要更改第 7～10 行的数据库配置、第 17 行指定的映射文件就可,其他不用更改。

(6) 定义 Hibernate 辅助文件 HibernateUtil:具体如例 14.15 所示。

例 14.15 Hibernate 辅助文件(ch14\hibernate\util\HibernateUtil.java)。

```
1    package util;
```

```
2      import org.hibernate.SessionFactory;
3      import org.hibernate.boot. * ;
4      import org.hibernate.boot.registry. * ;
5      public class HibernateUtil {
6        private static final SessionFactory sessionFactory=buildSessionFactory();
7        private static SessionFactory buildSessionFactory() {
8        StandardServiceRegistry standardRegistry=new StandardServiceRegistry_
         Builder().configure().build();
9         return new MetadataSources (standardRegistry).buildMetadata ().build_
          SessionFactory();
10       }
11
12       public static SessionFactory getSessionFactory() {
13          return sessionFactory;
14       }
15     }
```

（7）使用 Hibernate 进行 CRUD 操作，代码如例 14.16 所示。documentation \ quickstart 下也有。

例 14.16 使用 Hibernate 进行 CRUD 操作（ch14\hibernate\HibernateDemo.java）。

```
1      import java.util. * ;
2      import org.hibernate. * ;
3      import domain.Stu;
4      import util.HibernateUtil;
5      public class HibernateDemo {
6        public static void main(String[] args) {
7          delAll();
8          save();
9          List stus=getAllStus();
10         for(Object stu:stus){
11           System.out.println(stu);
12         }
13         Stu aStu=getById(1L);
14         System.out.println(aStu);
15         Stu bStu=update(1L);
16         System.out.println(bStu);
17         del(1L);
18       }
19       public static void save() {
20         Session session=HibernateUtil.getSessionFactory().getCurrentSession();
21         session.beginTransaction();
22         Stu aStu=new Stu(1L,"li",91,92,93);
23         session.save(aStu);
```

```
24            Stu bStu=new Stu(2L,"chen",91,92,93);
25            session.save(bStu);
26            session.getTransaction().commit();
27        }
28      public static List getAllStus(){  //第 29~30 行同第 20~21 行,第 32 行同第 26 行
31          List stus=session.createQuery("from Stu").list();              //Stu 是类名
33          return stus;
34        }
35      public static Stu getById(long id){    //第 36~37 行同第 20~21 行,第 39 行同第
                                                        26 行
38          Stu stu=(Stu)session.get(Stu.class, id);
40          return stu;
41        }
42      public static Stu update(long id){      //第 43~44 行同第 20~21 行,第 47 行同第
                                                        26 行
45          Stu stu=(Stu)session.get(Stu.class, id);
46          stu.setJava(100);
48          return stu;
49        }
50      public static void del(long id){  //第 51~52 行同第 20~21 行,第 55 行同第 26 行
53          String hql="delete Stu s where s.id="+id;                 //Stu 是类名
54          session.createQuery(hql).executeUpdate();
56        }
57      public static void delAll(){         //第 58~59 行同第 20~21 行,第 61 行同第 26 行
60          session.createQuery("delete Stu").executeUpdate();          //Stu 是类名
62        }
63    }
```

在以上代码的第 19～27 行 save 方法中,第 20 行得到用来保存对象的 Session,在第 21 行开始事务,在第 26 行提交事务。在第 25 行直接保存 Stu 对象,而不是使用的 SQL 语句。运行程序时可在命令行窗口观察 Hibernate 生成的 SQL 语句。

Hibernate 有自己的面向对象操作语句:第 31 行使用"from Stu"得到所有的学生信息;在第 53 行使用 delete 语句删除指定学号的学生。在第 60 行使用 delete 语句删除所有的记录。

在第 38 行使用 Session 的 get 方法,得到指定学号的学生信息。要想更新学生信息,在第 45 行得到要更新的学生,然后更改值,这样第 47 行提交事务时 Hibernate 就会发现对象已被更改,会自动保存更新后的对象,不用显式调用保存对象的方法。

本 章 小 结

本章介绍了 Java 编程方面流行的两个框架,Spring 和 Hibernate。主要介绍的是 JDBC 方面的功能,这两个框架还有其他更强大的功能。Spring 和 Hibernate 都可以大大简化

JDBC 编程的复杂度。

习 题 14

1. 使用 Spring 为例 14.1 中的 StuDAO 增加删除功能。
2. 验证 Hibernate 中的事务处理。

第二部分　实　　验

实验Ⅰ JDK 安装、配置及 Java 程序的编译和运行

【实验目的】

（1）熟悉 JDK 的安装、配置。

（2）学会如何编辑、编译、运行 Java 程序。

【实验内容】

（1）安装 JDK，并设置编译、运行 Java 程序需要的环境。

（2）编写一个简单的程序，输出"Welcome to java world"。

（3）计算一个整数各位数字之和。

（4）编程求解 234 是否是一个水仙花数。所谓"水仙花数"是指一个 3 位数，其各位数字立方和等于该数。

（5）求数组的和、平均值。

实验Ⅱ Java 基本语法

【实验目的】

（1）熟悉 Java 语言中的数据类型、变量声明、数组、运算符号、流程控制语句。

（2）学会定义类和方法，利用方法传递参数，得到方法的返回值。

【实验内容】

编写能够满足如下条件的程序。

（1）计算两个 3×3 矩阵相乘，矩阵为 int[][]或 double[][]都可以。声明一个方法，该方法接收参数，并返回计算的结果。

（2）声明一个类，定义一个方法以计算一维数组中的最大值并返回该值，参数为 int[]或 double[]。在 main()方法中调用该方法，传递不同长度的数组，得到返回值并输出。

（3）用公式 $\frac{\pi}{4} \approx 1 - \frac{1}{3} + \frac{1}{5} - \frac{1}{7} + \cdots$ 求 π 的近似值，直到最后一项绝对值小于 10^{-6}。

（4）（选做）求 100～200 的全部素数。

（5）（选做）输出 100～999 的"水仙花数"。

（6）（选做）求 Fibonacci 数列的前 40 个数。即 $F_1 = 1, F_2 = 1, F_n = F_{n-1} + F_{n-2} (n \geq 3)$。

（7）（选做）在一个方法中实现从一个数组中找到该数组的最大值和次大值并返回。

（8）（选做）一个数如果恰好等于它的因子之和,这个数就是完数。例如 6 的因子为 1、2、3,而 6＝1＋2＋3,因此 6 是一个完数。编程求出 1000 之内的所有完数。

实验Ⅲ　Java 的类继承机制、接口

【实验目的】

（1）实现 Java 的类继承机制。

（2）体会继承的好处：重用和封装。

【实验内容】

编写能够满足如下条件的程序。

（1）声明类。

① 声明一个 Person 类,有 name(String 类型)、age(int 类型)、sex(char 类型)属性。通过构造方法进行赋值。

一个 show 方法,返回 String 类型,内容如下：

某某　男（女）年龄

② 声明一个 Student 类,继承 Person 类,增加 id(int,学号)属性,通过构造方法,利用 super 调用父类构造方法来进行变量赋值。Override 父类的 show 方法,返回 String 类型,内容如下：

某某　男（女）年龄　学号

提示：利用 super 调用父类的 show()方法得到除学号部分的 String,然后加上学号的信息。

③ 声明一个 Teacher 类,继承 Person 类,增加 course(String,所教课程)属性,通过构造方法,利用 super 调用父类构造方法来进行变量赋值。Override 父类的 show()方法,返回 String 类型,内容如下：

某某　男（女）年龄　所教课程

提示：利用 super 调用父类的 show()方法得到除所教课程部分的 String,然后加上所教课程的信息。

④ 声明 PersonApp 类,在其中的 main()方法中分别声明 Person、Student、Teacher 类型的变量,并通过构造方法初始化,然后显示各自的信息。

（2）声明一个 Shape 接口,其中有计算面积(area)、周长(perimeter)的方法,有以下几个实现：Circle(圆)、Rectangle(矩形)、Triangle(三角形),都有计算面积、周长的方法。

实验Ⅳ　Java 的输入机制

【实验目的】

（1）掌握如何用 Java 操作文件。

（2）了解 Java 中的输入机制：如何从控制台输入，如何用 InputStream()和 Reader()显示文件中的内容。

【实验内容】

编写能够满足如下条件的程序。

（1）递归遍历目录，显示其中的文件名。

（2）用 InputStream 的子类读入一个英文文本文件，并用 System.out 显示其中的内容。

（3）用 Reader 的子类读入一个一个字符文件，并用 System.out 显示其中的内容。

（4）从控制台输入 Student 类的信息，包括学号、姓名、年龄，如输入错误，提示用户重新输入。创建该类，并在 toString()方法中显示个人信息。

（5）增加（1）中的功能，显示文件的大小，显示目录中包含的所有文件的大小。注意显示文件大小的单位（千字节或兆字节）。

实验Ⅴ　Java 的输出机制

【实验目的】

（1）掌握 Java 中的输出机制，会使用 OutputStream()、Writer()输出。

（2）能够结合输入、输出复制文件内容。

【实验内容】

编写能够满足如下条件的程序。

（1）把从控制台输入的内容写入文件中。

（2）用 InputStream()和 OutputStream()复制一个图片。

（3）用 Reader()和 Writer()复制一个 txt 文件。

实验Ⅵ 综合性程序设计——简单学生 信息管理系统（序列化版）*

【实验目的】

（1）综合运用输入输出的知识,用序列化方法保存、读入数组内容。

（2）设计实现一个简单的信息管理系统。

【实验内容】

编写能够满足如下条件的程序。

（1）声明 Student 类,该类实现 Serializable 接口以表明该类可以进行序列化。该类有姓名、学号(long),math、os、java 用来存放对应的成绩,在构造方法中进行姓名、学号、课程成绩的赋值。Override 由 Object 继承来的 toString()方法以便以友好格式显示自己的属性,格式如下:

张三 12 os:90 java:90 math: 90

（2）建立一个类,利用数组来存储多个 Student,写完一个方法,在 main()中写一段测试代码,运行以保证目前所做工作的正确性,正确后再继续写其他代码。有以下方法。

① add(Student stu):增加新的学生,人满时显示人满或是 new 一个更长的数组,把现有的 Student 复制到新数组。

② dispAll():可以显示所有的学生信息。

测试 add 是否正确:调用 add()方法增加一个 Student,然后调用 dispAll()方法显示所有学生信息,以表明已经增加该学生。

③ findById(long id):可以按照学号来查找,然后显示符合条件的学生信息,查无此人的话显示错误信息。

④ findByName(String name):可以按照姓名查找学生,找到后显示其信息,查无此人显示错误信息。判断姓名是否相等用 String 类的 equalsIgnoreCase()方法。

⑤ delById(long id):可以按照 id 删除学生的信息,然后显示找到该人。若查无此人,显示相应的错误信息。数组中被删除的学生位置变为 null。

⑥ save():利用 ObjectOutputStream()来把数组写入文件中,需要考虑在什么时候调用该方法。

⑦ load():利用 ObjectInputStream()来进行反序列化,得到以前保存的内容,注意要考虑如果以前没有保存内容时的情况,可显示错误信息。

（3）（选做）在控制台显示一个菜单,并实现相应的功能。菜单如下:

1 显示所有学生信息　2 按学号查找　3 按姓名查找

4 按学号删除　5 保存　6 读入　7 退出

请输入数字(1~7)

用 switch…case 判断输入的内容。当输入 2 或 4 时,显示:

请输入学号:

当输入 3 时,显示:

请输入姓名:

(4)(选做)在题(3)的菜单中增加"添加学生"的功能,当选中该项时,分别显示信息,提示输入姓名、学号、各科的成绩,然后把该学生信息存入数组中,并显示所有学生信息以证明信息已输入。

实验Ⅶ 综合性程序设计——简单学生 信息管理系统(GUI 版)

【实验目的】

(1)熟悉 GUI 的常用组件,掌握 Java 的事件处理机制。

(2)综合运用 GUI 和 IO 的知识。

【实验内容】

编写能够满足如下条件的程序。

(1)利用文件来存储用户名、密码,实现一个登录验证的程序,验证用户输入的用户名、密码是否正确,正确显示学生信息浏览主窗口,不正确弹出对话框提示错误,并要求用户重新输入。

(2)在主窗口上有一个菜单,菜单项有"新建""浏览",界面如图Ⅶ.1 所示。

(3)在"新建学生信息"窗口中,输入实验Ⅵ学生类中的 ID、NAME、OS、MATH、JAVA 信息。单击"保存"按钮,用文件存储学生信息,如图Ⅶ.2 所示。

(4)在"浏览学生信息"窗口中,用前一个、后一个浏览所有学生信息,如图Ⅶ.3 所示。

图Ⅶ.1 主窗口

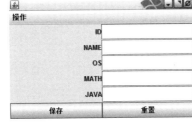
图Ⅶ.2 新建学生信息窗口

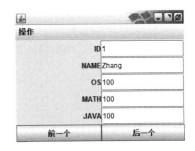
图Ⅶ.3 浏览学生信息窗口

(5)(选做)在图Ⅶ.3 中增加修改按钮,修改学生信息,并保存在文件中;增加删除按钮,删除当前学生的信息。

实验Ⅷ　综合性程序设计——简单学生信息管理系统(数据库版)

【实验目的】

(1) 了解 JDBC 的作用,掌握通过 JDBC 访问数据库的方法。

(2) 能够实现对数据库中数据的添加、删除、修改和查询。

【实验内容】

声明如实验Ⅵ中的 Student 类,编写能够满足如下条件的程序。

(1) 建立一个类,利用数据库来存储多个 Student,写完一个方法在 main()中写一段测试代码,运行以保证目前所做工作的正确性。有以下方法。

① add(Student stu):可以向其中增加新的学生,并保存在数据库中。

测试 add()方法是否正确:用 add()方法向数据库增加一个新的学生,然后在数据库的图形管理界面中查询,确认是否增加。

② dispAll():可以显示所有的学生信息。

③ findById(long id):可以按照学号来查找,并显示符合条件的学生信息,查无此人的话显示错误信息。

④ findByName(String name):可以按照姓名查找学生,找到后显示其信息,查无此人显示错误信息。

⑤ delById(long id):可以按照 ID 删除学生的信息,然后显示找到此人。若查无此人,显示相应的错误信息。

(2) (选做)在控制台显示菜单,并实现相应的功能。菜单如下:

1 显示所有学生信息　2 按学号查找　3 按姓名查找

4 按学号删除　5 按成绩排序　6 退出

请输入数字(1~6)

用 switch…case 判断输入的内容。当输入 2 或 4 时,显示:

请输入学号:

当输入 3 时,显示:

请输入姓名:

当输入 5 时,显示:

1 按 MATH 成绩 2 按 OS 成绩 3 按 JAVA 成绩,请输入(1~3)

(3) (选做)在题(2)的菜单中增加"添加学生"的功能,当选中该项时,分别显示信息,提示输入姓名、学号、各科的成绩,保存该学生信息,并显示所有学生信息以证明信息已输入。

(4) (选做)在 JComboBox 中显示所有的班级,在 JList 中显示该班的学生学号、姓名,双击时弹出对话框,显示该学生的信息。

实验 Ⅸ 综合性程序设计——简单学生 信息管理系统(集合版)*

【实验目的】

（1）掌握常用集合类的使用方法。

（2）综合运用集合、IO 的知识。

【实验内容】

声明如实验Ⅵ的 Student 类，在 Map 中用班级名作为 key，用 List 存放该班的所有学生，编写能够满足如下条件的程序。

（1）增加新班级、新学生信息功能。

（2）按班级查询该班所有学生(显示姓名、成绩等)。

（3）显示班级统计信息：班级名、人数、各课平均成绩。

（4）按课程显示该课程统计信息：最高分、最低分、平均分、分数段人数及比率统计(分为 0~39、40~59、60~69、70~79、80~89、90~100)。

（5）（选做）由用户指定排序依据(按 NAME、ID、JAVA 成绩、MATH 成绩、OS 成绩)，显示排序后结果。

（6）（选做）班级、学生信息保存在 Excel 文件中，用 jxl 存、取，实现数据的保存、读入。

（7）（选做）把 List 改为 Set，Student 实现 hashCode()、equals()方法，实现班级内不会出现学号相同的学生。

（8）（选做）把以上程序改为在控制台显示菜单方式。

附　　录

附录 A　进行输入和输出

要想进行输入，需要 4 个步骤。

（1）在 Java 文件类声明前加上

```
import java.util.*;
```

（2）在 main()方法前进行如下声明：

```
private static Scanner scanner=new Scanner(System.in);
```

（3）进行实际的输入；如要输入整数，使用 scanner. nextInt( )；要输入 long，用 nextLong()；要输入 float，用 nextFloat()；要输入 double，用 nextDouble()；要输入 String，用 nextLine()。

（4）在输入完成后，在 main 方法结束前使用

```
scanner.close();
```

关闭流。

输出时，使用

```
System.out.println(参数);
```

如果不想换行，使用

```
System.out.print(参数);
```

具体如何输入输出如例 A. 1 所示。

例 A. 1　先从命令行输入数组元素，然后输出（appendix\ ScannerDemo. java）。

```
1    import java.util.*;
2    public class ScannerDemo {
3      //初始化进行输入的对象
4      private final static Scanner scanner=new Scanner(System.in);
5      public static void main(String[] args) {
6        int[] a=new int[5];
7        for(int i=0;i<a.length;i++){
8          System.out.print("请输入第"+i+"个数:");
9          a[i]=scanner.nextInt();
10       }
11       for(int i=0;i<a.length;i++){
12           System.out.print(a[i]+"  ");
13       }
14       System.out.println();                //输出一个换行
15       double[] scores=new double[5];
```

```
16          for(int i=0;i<a.length;i++){
17              System.out.print("请输入第"+i+"个学生的 java 成绩:");
18              scores[i]=scanner.nextDouble();
19          }
20          scanner.close();
21      }
22  }
```

附录 B　SQL 语句简单介绍

B.1　Java 中数据类型和 SQL 类型的对应关系

对应关系如表 B.1 所示。

表 B.1　常用 Java 类型和 SQL 类型的对应关系

Java 类型	SQL 类型	说　　明
int	int	
long	bigint	
String	varchar(200)	200 代表最多有多少个字符
double	decimal	

下面介绍的 SQL 可在 Hsqldb 数据库的图形管理界面中进行验证,如何使用 Hsqldb 可见附录 C。

B.2　SQL 中对表的操作

1. 创建表

格式如下:

```
create table 表的名字(
  列名 1 SQL 类型,
  列名 2 SQL 类型,
  …
  最后一列列名 SQL 类型(SQL 类型后不要逗号)
)
create table student(id bigint,name varchar(200))
```

这条 SQL 语句中易错的地方是会在 varchar(200)后加",",这是最后一列,不需要加。

2. 删除表

格式如下:

```
drop table 表名
drop table student
```

这条 SQL 语句要慎重使用,否则会把整个表删除。

B.3　SQL 中对表中记录的操作

SQL 中对表中记录的操作主要是 C、R、U、D 这 4 种基本操作,也叫增、查、改、删,分别代表:C(create)向表中增加记录;R(read)显示表中的记录;U(update)修改表中的记录;

D(delete)删除表中的记录。下边分别介绍这几种操作。

1．增（insert）

创建表后，就可向表中插入记录。插入表中所有列的值用下面语句。

格式 1：

```
insert into 表名 values(第 1 列的值,第 2 列的值,第 3 列的值,…)
```

字符串用单引号，列值的顺序和 create 时的顺序一致。

```
insert into student values(1,'wang wu')
```

格式 2（只插入部分列的值）：

```
insert into 表名(列名 1,列名 2) values(第 1 列的值,第 2 列的值)
insert into student(name) values('sun')
```

2．查（select）

插入值后，可以验证记录是否已经插入。

显示表中所有列的值用语句：

```
select * from 表名
select * from student
```

显示表中部分列的值用语句：

```
select 列名 1,列名 2 from 表名
select name from student
```

还可以按条件查询，精确查找时用"＝"，如：

```
select * from student where id=2
select * from student where name='li si'
```

模糊查找，适合用于对 varchar 类型的列进行查找，例如：

```
select * from student where name like '%si'
```

其中"％"代表一个或多个字符。

3．删（delete）

删除所有行可以用语句：

```
delete from 表名
delete from student
```

也可以按条件删除部分行：

```
delete from 表名 where 条件
delete from student where id=2
```

4．改（update）

修改表中所有行的某一列或几列，用语句：

```
update 表名 set 列1=列1的新值,列2=列2的新值
update student set os=91,java=92
update student set math=93
```

按条件修改时使用语句:

```
update 表名 set 列1=列1的新值,列2=列2的新值 where 条件
update student set os=91,java=92 where id=1
update student set math=93 where id=2
```

附录 C　Hsqldb 使用指南

Hsqldb 是一个用 Java 实现的开源数据库,运行的时候仅仅需要一个 JAR 文件即可,可以从 http://www.hsqldb.org 下载,下载 ZIP 文件后解压,服务器程序和 JDBC 驱动程序都在 lib 目录下 hsqldb.jar 中,出版时最新版本为 2.4.0。随书文件 lib\hsqldb_lib 目录下有 JAR 文件。

要运行 JDBC 程序,把位于 lib 目录下的 hsqldb.jar 文件和自己写的 Java 程序放在同一个目录下。然后需要打开 3 个命令行窗口:打开第一个命令行窗口,改变目录到程序所在的目录,然后输入 start,按 Enter 键后打开第二个命令行窗口。在第一个窗口中再次输入 start,按回车键后打开第三个窗口。在程序运行时,需要这 3 个窗口同时存在。

C.1　启动 Hsqldb 数据库服务器

要运行 JDBC 程序或练习 SQL 语句,首先需要启动服务器,在第一个命令行窗口用如下命令行启动数据库服务器:

```
java -cp .;hsqldb.jar org.hsqldb.server.Server
```

程序运行后如图 C.1 所示,如果没有异常提示,并处于运行状态(光标一直在闪烁),说明正常启动。

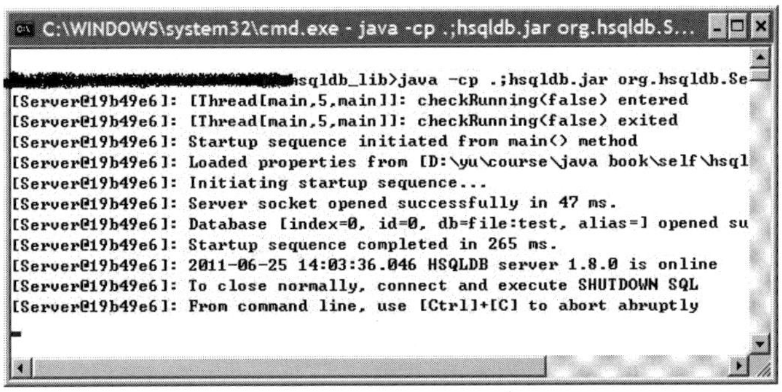

图 C.1　运行服务器

如何停止服务器可以看提示:按 Ctrl+C 键或是在图 C.3 中运行 shutdown。运行 JDBC 程序或用图形界面管理数据库,都需要该服务器处于运行状态,所以不要关闭。

启动服务器后可以通过 Java 程序或图形界面执行 SQL 命令。

C.2　用图形界面管理 Hsqldb 数据库服务器

在第二个命令行窗口,运行如下命令:

```
java -cp .;hsqldb.jar org.hsqldb.util.DatabaseManagerSwing
```

在打开的对话框中，Type 对应的下拉列表中选择 HSQL Database Engine Server 选项，如图 C.2 所示。

单击 OK 按钮后，显示 Hsqldb 自带的图形管理界面，如图 C.3 所示。左侧显示当前数据库中的表，右侧上边可以书写用来执行的 SQL 语句，输入后单击工具栏上的 Execute SQL 按钮就会执行 SQL 语句。例如执行 shutdown，可以停止 Hsqldb 数据库服务器。在右侧下边的窗口中显示执行结果。最近成功执行的 SQL 语句会在 Recent 菜单中出现。

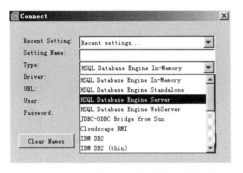

图 C.2　Type 下拉列表中选择合适的选项

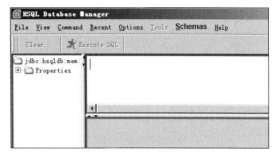

图 C.3　图形界面

如果单击图 C.2 中的 OK 按钮后，有如图 C.4 所示的错误提示，是因为图形界面程序要连接数据库服务器，而服务器停止运行造成连接不上引起的。可新开一命令行窗口，启动服务器。

图 C.4　错误提示

C.3　编译、运行 JDBC 程序

编写用 JDBC 访问数据库的程序，例如 JdbcDemo.java。如果要使用的表不存在，应在程序中执行 SQL 语句创建表，当然，只需要创建一次。在第 3 个命令行窗口，用如下命令编译（该 Java 文件应和 hsqldb.jar 在同一个目录）：

```
javac JdbcDemo.java
```

用如下命令运行：

```
java -cp .;hsqldb.jar JdbcDemo
```

C.4　几个 SQL 语句的例子

1. 创建表
举例如下：

```
create table student(
```

```
    id bigint,
    name varchar,
    os decimal,
    math decimal,
    java decimal
)
```

2. 插入数据

举例如下：

```
insert into student values(1,'zhangsan', 89,78,67)
insert into student values(2,'li si', 92,74,86)
insert into student values(3,'wang wu', 89,78,67)
insert into student values(4,'liu liu', 89,78,67)
```

3. 列值自增

```
create table weibo (id bigint generated by default as identity,content varchar
(200))
```

以上 SQL 语句中，定义表 weibo 的 id 列为自动产生、自动增长。一般这种列用作主键，可以增加"primary key not null"来定义该列为主键，如下：

```
create table weibo
(id bigint generated by default as identity primary key not null,content varchar
(200))
```

为 weibo 插入数据时，因为 id 列为自动产生，不需要为该列提供值，insert 语句如下：

```
insert into weibo (content) values('休息中')
```

C.5 几个 JDBC 的例子

1. 简单使用

在例 C.1 中，完成了如下功能：

(1) 创建表；

(2) 向表中增加新记录；

(3) 查询表中的值。

例 C.1 JDBC 简单使用（appendix\JdbcDemo2.java）。代码如下：

```
1    import java.sql.*;
2
3    public class JdbcDemo2 {
4      String driver="org.hsqldb.jdbcDriver";
5      String url="jdbc:hsqldb:hsql://localhost";      //连接到本机上默认的数据库
6      String user="sa";
7      String pass="";
8      private Connection con;
```

```
9
10    public void init() throws Exception {
11      if (con !=null)
12        return;                                      //已经初始化
13      Class.forName(driver);                         //装载驱动
14      con=DriverManager.getConnection(url, user, pass);    //建立和数据库之间的连接
15    }
16
17    public void close() throws Exception {
18      if (con !=null)
19        con.close();
20    }
21
22    /** 创建 student 表,表中有 id,name,math,os,java 五列 */
23    public void initTable() throws Exception {
24      String sql="create table student(id bigint,name varchar(120),";
25      sql+="os decimal,math decimal,java decimal)";
26      Statement stmt=con.createStatement();
27      stmt.executeUpdate(sql);                        //创建表,只执行一次
28      //在表中插入数据以备使用
29      sql="insert into student values(1,\'zhangsan\', 89,78,67)";
30      stmt.executeUpdate(sql);
31      sql="insert into student values(2,\'li si\', 92,74,86)";
32      stmt.executeUpdate(sql);
33      sql="insert into student values(3,\'wang wu\', 89,78,67)";
34      stmt.executeUpdate(sql);
35      sql="insert into student values(4,\'liu liu\', 89,78,67)";
36      stmt.executeUpdate(sql);
37      stmt.close();
38    }
39
40    /** 查询时使用 Statement 的 executeQuery 方法,其他用 executeUpdate 方法 */
41    public void query() throws Exception {
42      String sql="select * from student";
43      try(Statement stmt=con.createStatement();    //创建对象,该对象用来执行命令
44        ResultSet rs=stmt.executeQuery(sql);){     //执行命令,返回执行结果
45        while (rs.next()) {
46          String id=rs.getString("id");
47          String name=rs.getString("name");
48          String math=rs.getString("math");
49          String os=rs.getString("os");
50          String java=rs.getString("java");
51          System.out.printf("%s,%s,%s,%s,%s%n", id, name, math, os, java);
52        }
53      }
54    }
55
```

```
56      public static void main(String[] args) throws Exception {
57        JdbcDemo2 demo=new JdbcDemo2();
58        demo.init();
59        //demo.initTable();                              //只需要执行一次
60        demo.query();
61        demo.close();
62      }
63    }
```

2. 复杂一点的使用

在例 C.2 中,完成了如下功能:

(1) 批处理执行 SQL 语句;

(2) 保存图片到数据库;

(3) 从数据库读取图片;

(4) 显示数据库中的所有表;

(5) 显示列名。

例 C.2　JDBC 复杂使用（appendix\JdbcDemo.java）。代码如下:

```
1     import java.io.*;
2     import java.sql.*;
3
4     public class JdbcDemo {
5       public JdbcDemo() {
6       }
7
8       public static void main(String[] args) throws Exception {
9         String create_sql="create table student(id bigint,name varchar(120),";
10        create_sql+="os decimal,math decimal,java decimal)";
11        String driver="org.hsqldb.jdbcDriver";
12        String url="jdbc:hsqldb:hsql://localhost";        //连接到本机
13        String user="sa";
14        String pass="";
15
16        Class.forName(driver);
17        try(Connecton con=DriverManager.getConnection(url, user, pass);
18        Statement stmt= con.createStatement();){
19          //成批插入
20        stmt.executeUpdate(create_sql);                   //仅执行一次
21          String[] sqls=getBatchSqls();
22          batchInsert(con,sqls);
23          query(stmt,"select * from student");            //验证
24          //插入图片、从数据库读取图片
25          /**
26          saveImagesToDb(con,"jdbc.jpg");
27          readImgsFromDb(con);
```

```java
28         * /
29        //显示所有表
30        //showAllTables(con);
31      }
32    }
33
34    /** 准备批处理使用的语句 * /
35    public static String[] getBatchSqls() {
36      String[] sqls=new String[3];
37      sqls[0]="insert into student values(6,'li si6',89,76,79)";
38      sqls[1]="insert into student values(7,'li si7',89,76,79)";
39      sqls[2]="insert into student values(8,'li si8',89,76,79)";
40      return sqls;
41    }
42
43    /** 批处理,同时执行多条语句 * /
44    public static void batchInsert(Connection con, String[] sqls) throws
       Exception {
45      Statement stmt=null;
46      try {
47        con.setAutoCommit(false);                      //不自动提交
48        stmt=con.createStatement();
49        for (String sql:sqls) {
50          stmt.addBatch(sql);
51        }
52        stmt.executeBatch();
53        con.commit();                                  //提交
54      } catch (SQLException e) {
55        con.rollback();                                //失败回滚
56      } finally {
57        try {
58          stmt.close();
59        } catch (Exception e) {
60          throw e;
61        }
62        con.setAutoCommit(true);                       //恢复原来的设置
63      }
64    }
65
66    public static void query(Statement stmt, String sql) throws Exception {
67      System.out.println();
68      try(ResultSet rs=stmt.executeQuery(sql);){
69        ResultSetMetaData rsmd=rs.getMetaData();
70        for (int i=0; i <rsmd.getColumnCount(); i++) {   //显示列名
71          System.out.printf("%6s", rsmd.getColumnName(i +1));
```

```
72              }
73            System.out.println();
74            while (rs.next()) {
75              System.out.printf("%-6s", rs.getString("id"));
76              System.out.printf("%6s", rs.getString("name"));
77              System.out.printf("%6s", rs.getString("os"));
78              System.out.printf("%6s", rs.getString("math"));
79              System.out.printf("%6s", rs.getString("java"));
80              System.out.println();
81            }
82          }
83        }
84
85      /** 把图片保存到数据库 */
86      public static void saveImagesToDb(Connection con, String imageName)
                throws SQLException, IOException {
87        Statement stmt=con.createStatement();
88        //保存图片名和内容
89        /**
90          String create_sql="create table images (name varchar(50), content
            longvarbinary)";                              //hsqldb 语法
91        stmt.execute(create_sql);                        //创建表, 只需要执行一次
92        stmt.executeQuery("delete from images");         //删除所有图片
93        */
94
95        String insert_sql="insert into images values(?,?)";
96        //保存图片需要文件长度和该文件的 InputStream
97        File imageFile=new File(imageName);
98        try(FileInputStream fileIn=new FileInputStream(imageFile);
99          PreparedStatement pstmt=con.prepareStatement(insert_sql);){
100         pstmt.setString(1, imageName);
101         pstmt.setBinaryStream(2, fileIn, (int) imageFile.length());
102         pstmt.executeUpdate();
103       }
104
105       //查询
106       System.out.println("已有图片.....");
107       String query_sql="select * from images";
108       try(ResultSet rs=stmt.executeQuery(query_sql);){
109         while (rs.next()) {
110           String name=rs.getString("name");
111           System.out.println(name);
112         }
113       }
114       stmt.close();
```

```
115            }
116
117        /** 把图片从数据库读出来 */
118        public static void readImgsFromDb(Connection con) throws SQLException,
               IOException {
119            String sql:"select * from images";
120            try(Statement stmt= con.createStatement();
121            ResultSet rs= stmt.executeQuery(sql);){
122                while (rs.next()) {
123                    String fileName=rs.getString("name");
124                    try(InputStream in= rs.getBinaryStream("content");
125                        FileOutputStream out= new FileOutputStream("cp_"+ fileName);){
126                            byte[] b=new byte[8 * 1024];
127                            int len=0;
128                            while ((len=in.read(b)) !=-1) {
129                                out.write(b, 0, len);
130                            }
131                        }
132                    }
133                }
134            }
135        /** 显示库中的所有表 */
136        public static void showAllTables (Connection con) throws SQLException {
137            DatabaseMetaData dbmd=con.getMetaData();
138            try(ResultSet rs=dbmd.getTables(null, null, null,new String[] {
               "TABLE" });){
139                while (rs.next()) {
140                    System.out.println(rs.getString("TABLE_NAME"));
141                }
142            }
143        }
144    }
```

3. 用图形界面显示查询的结果

在图 C.5 和图 C.6 所示的界面中,在一文本框中输入查询的 SQL 语句,单击 query 按钮后可以显示查询的结果,结果显示在一个 JPanel 中。在 JPanel 中用 JLabel 显示列名,用 JTextField 显示对应的值。用 prev、next 按钮循环浏览查询到的数据。JLabel 和 JTextField 都是根据返回的列数和列名动态生成的。布局使用的是 GridLayout。

要完成这样的一个程序,需要以下几个步骤。

(1) 能够查询到数据,并存放在数组中。

(2) 能够得到列名。

(3) 根据列名数组创建 JLabel,显示列名,创建 JTextField,显示对应的值。

(4) 设置一个当前行,根据(1)中得到的数组显示当前行的值。

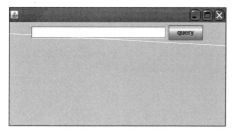

图 C.5　执行查询前

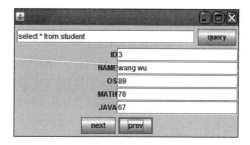

图 C.6　执行查询后

（5）根据当前行，显示下一行和前一行。

编写该程序时，可每次只完成一个步骤，这样循序渐进，完成整个程序。

例 C.3　在图形界面中输入查询语句和显示结果（appendix\ ShowDatasByGui.java）。

代码如下：

```
1      import javax.swing. * ;
2    import java.sql. * ;
3      import java.awt.event. * ;
4      import java.awt. * ;
5      import static java.lang.System.out;
6
7      public class ShowDatasByGui extends JFrame {
8        Connection con=null;
9        String[] colNames=null;
10        String[][] datas=null;
11        JTextField[] fields=null;
12        int index=0;
13
14        ShowDatasByGui() {
15          add(getQueryPanel(), "North");
16          addWindowListener(new WindowAdapter() {        //退出窗口时关闭连接
17            public void windowClosing(WindowEvent e) {
18              if (con !=null) {
19                try {
20                  con.close();
21                } catch (SQLException ex) {
22                  ex.printStackTrace();
23                }
24              }
25              System.exit(0);
26            }
27          });
28          setSize(500, 300);
29          setLocation(200, 300);
30        }
```

```
31
32      public Connection getConnection() throws SQLException {
33        String driver="org.hsqldb.jdbcDriver";
34        String url="jdbc:hsqldb:hsql://localhost";              //连接到本机
35        String user="sa";
36        String pass="";
37        try {
38          Class.forName(driver);
39        } catch (ClassNotFoundException e) {
40          e.printStackTrace();
41        }
42        return DriverManager.getConnection(url, user, pass);
43      }
44
45      public ResultSet query(String sql) throws SQLException {
46        if (con==null) {
47          con=getConnection();
48        }
49        Statement stmt=con.createStatement(ResultSet.TYPE_SCROLL_INSENSITIVE,
50            ResultSet.CONCUR_READ_ONLY);
51        ResultSet rs=stmt.executeQuery(sql);
52        return rs;
53      }
54      /** 得到列名和数据 */
55      public void convert(ResultSet rs) throws SQLException {
56        ResultSetMetaData rsmd=rs.getMetaData();
57        int col=rsmd.getColumnCount();                         //有多少列
58        colNames=new String[col];
59        for (int i=0; i<col; i++) {                            //得到列名
60          colNames[i]=rsmd.getColumnName(i+1);
61        }
62        rs.last();
63        int row=rs.getRow();                                   //有多少行
64        datas=new String[row][col];
65        rs.beforeFirst();
66        int index=0;
67        while (rs.next()) {                                    //得到所有的数据
68          for (int i=0; i<col; i++) {
69            datas[index][i]=rs.getString(i+1);
70          }
71          index++;
72        }
73      }
74
75      private JPanel getQueryPanel() {
```

```
76          JPanel panel=new JPanel();
77          final JTextField queryField=new JTextField(30);        //查询语句
78          final JButton queryBtn=new JButton("query");           //执行查询
79        queryBtn.addActionListener((e)->{
80         String sql= queryField.getText();
81            try {                                                //执行查询
82              ResultSet rs=query(sql);
83              convert(rs);                          //把查询得到的数据存在二维数组中
84              showDatasToConsole();                  //在命令行窗口显示数据
85              showDatas();                           //在图形界面中显示数据
86            } catch (SQLException ex) {
87              showMessage(ex.getMessage());
88            }
89        });
90        panel.add(queryField);
91        panel.add(queryBtn);
92        return panel;
93      }
94
95      private void showDatas() {
95        add(getDatasPanel());
97        add(getCtrlPanel(), "South");
98        pack();
99        //repaint();
100      }
101     /** 在命令行窗口显示数据 */
102     public void showDatasToConsole() {
103       for (String colName : colNames)
104         out.printf("%12s", colName);
105       System.out.println();
106       for (String[] row : datas) {
107         for (String data : row)
108           out.printf("%12s", data);
109         out.println();
110       }
111     }
112
113     /** 用按钮浏览前一记录、后一记录 */
114     private JPanel getCtrlPanel() {
115       JButton nextBtn=new JButton("next");
116       nextBtn.addActionListener((e)-> {
117       index++;
118         if (index==datas.length)
119         index=0;
120         out.println("next:"+index);
```

```
121          showRow();                                          //显示下一条记录
122        });
123        JButton prevBtn=new JButton("prev");
124        prevBtn.addActionListener((e)->{
125          index--;
126          if (index<0)
127          index=datas.length-1;
128          out.println("prev:"+index);
129          showRow();                                          //显示前一条记录
130        });
131        JPanel panel=new JPanel();
132        panel.add(nextBtn);
133        panel.add(prevBtn);
134        return panel;
135      }
136
137      private void showMessage(String msg) {
138        JOptionPane.showMessageDialog(this, msg, "查询出错",
139            JOptionPane.WARNING_MESSAGE);
140      }
141      /** 用 JLabel 显示查询列名
142      用 JTextField 显示对应的数据 */
143      private JPanel getDatasPanel() {
144        int col=colNames.length;
145        if (col==0) {
146          out.println("请先查询");
147        }
148        JPanel panel=new JPanel();
149        panel.setLayout(new GridLayout(col, 2));
150        int row=datas[0].lenqth;
151        fields=new JTextField[col];                           //显示数据
152        JLabel[] colNameLabels=new JLabel[col];               //显示列名
153        for (int i=0; i<col; i++) {
154          colNameLabels[i]=new JLabel(colNames[i]);
155          colNameLabels[i].setHorizontalAlignment(SwingConstants.RIGHT);
156          fields[i]=new JTextField(datas[0][i]);
157          panel.add(colNameLabels[i]);
158          panel.add(fields[i]);
159        }
160        return panel;
161      }
162      /** 显示 index 行的记录 */
163      private void showRow() {
164        for (int i=0; i<fields.length; i++) {
165          fields[i].setText(datas[index][i]);
```

```
166          }
167      }
168
169     public static void main(String[] args) {
170         ShowDatasByGui frame=new ShowDatasByGui();
171         frame.setVisible(true);
172     }
173   }
```

4. 得到自增列的值

对于有自增列的表，为其他列插入值后，自增列也会有值，有时需要得到自增列的值，通过以下方法得到。

（1）对于 Statement，在 executeUpdate 方法中指定参数 Statement. RETURN_GENERATED_KEYS，表明需要返回产生的值。代码如下：

```
try(Statement stmt=con.createStatement();){
    String sql="insert into weibo (content) values('努力工作中')";
    stmt.executeUpdate(sql,Statement.RETURN_GENERATED_KEYS);
    ResultSet keys=stmt.getGeneratedKeys();
    int key=-1;
    if(keys.next()){
        key=keys.getInt("id");//"id"为自动产生列的列名
    }
    System.out.println("generated_keys: "+ key);
}
```

（2）对于 PreparedStatement，在创建时指定参数，代码如下：

```
String sql="insert into weibo (content) values('努力工作中')";
try(
    PreparedStatement pstmt = con.prepareStatement(sql, Statement.RETURN_
    GENERATED_KEYS);){
    pstmt.executeUpdate();
    ResultSet keys=pstmt.getGeneratedKeys();
    //…
}
```

附录 D　连接 SQL Server 2016 Express 数据库

这里简单描述如何、配置、连接 SQL Server 2016 Express 数据库。

1. 下载

Microsoft 为开发者提供了 SQL Server 的 Express 版，可以免费使用。打开 www.microsoft.com.cn 网站，在搜索框中输入"sql server 2016 express"即可找到下载地址。

2. 配置

有了数据库服务器后，可以用图形界面进行管理：SQL Server Management Studio。

（1）从开始菜单中打开 SQL Server 的配置管理器。

（2）为了 JDBC 能够连接数据库，需要启用 TCP/IP 协议。打开的管理器如图 D.1 所示。如果 TCP/IP 对应的状态仍为"已禁用"，则在该项上右击，从弹出的快捷菜单中选择"启用"项。这时会提示重新启动服务器后所做的改动才会生效，暂时不重启，后边还会有更改。

图 D.1　启用 TCP/IP 协议

（3）启用 TCP/IP 后，需要设置 TCP/IP 属性。右击 TCP/IP 项，在弹出的快捷菜单中选择"属性"项，打开如图 D.2 所示的对话框，更改"协议"选项卡中"Enabled"项，对应的值为"是"。同样修改"Listen ALL"项对应的值为"是"。

（4）选择"IP 地址"选项卡，在其中列出了本机所有的 IP 地址，不同的计算机所列的项目也会有所不同。这里用来指定服务器在哪些 IP 地址接受连接。如果只需要在本机连接本地数据库，那么找到 IP 地址为"127.0.0.1"所在的属性组和 IPALL，如图 D.3 设置。

图 D.2　TCP/IP 协议属性

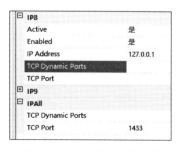

图 D.3　设置"IP 地址"属性

（5）对服务器进行设置后，需要启动服务（服务还未启动）或是重启服务（服务已经启动，正在运行）以使所做的改动生效。在图 D.4 所示的配置管理器左侧选中"SQL Server 服务"项，在右侧出现其中包含的服务项，在 SQL Server(SQLEXPRESS)项上右击，弹出如图 D.6 中所示的快捷菜单，选择"启动"或"重新启动"菜单项。SQL Server(SQLEXPRESS)括号中部分可能因人而异，SQLEXPRESS 是用户给 SQL Server 起的名字。

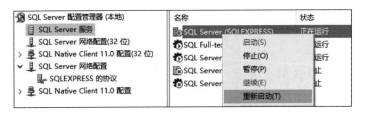

图 D.4 启动或重新启动服务

3. 连接参数

SQL Server 的 JDBC 驱动程序在 Microsoft 官网上可以下载，本书文件中也有该文件（lib\mssql-jdbc-6.2.1.jre8.jar）。有了该 JAR 文件后，把该 JAR 文件和 Java 程序放在同一目录下方便编译、运行。该文件名较长，可以取一个较短的名字方便使用。程序中连接参数如下：

```
String driver="com.microsoft.sqlserver.jdbc.SQLServerDriver";
//连接到本机上 1433 端口,数据库为 java
String url="jdbc:sqlserver://localhost:1433;databaseName=java(要修改)";
String user="sa 要修改";
String pass="要修改";
```

附录 E　Eclipse 使用指南

Eclipse 是一个广泛使用的免费 IDE,功能强大。不但可以用来开发 Java、JEE 程序,也可以用来开发 C++、PHP 程序。可从 http://www.eclipse.org/downloads/eclipse-packages 下载,选择"Eclipse IDE for Java Developers"下载,目前版本为 4.7。下载的为压缩文件,解压就可使用,不必寻求汉化,没有多难的单词。使用前必须安装 JDK 或 JRE,版本 1.8 以上,并且设置 JAVA_HOME 环境变量。这里的使用指南以 Eclipse 4.7 为例。

E.1　设置 Workspace 目录

双击 Eclipse 目录下的 Eclipse.exe 即可运行。有些时候,Eclipse 可能不能运行,又不显示出错信息,这时可在命令行运行 eclipsec.exe 程序,会显示一些错误信息。

第一次使用 Eclipse 时,会提示选择 Workspace 所在位置,如图 E.1 所示。Workspace 用来存放不同的工程,每个工程目录下存放和该工程相关的文件,例如 Java、class、配置文件等。可以选择默认或是单击"Browse…"选择其他目录。

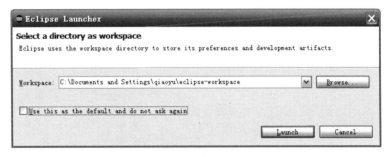

图 E.1　选择 Workspace 所放位置

选择好后,可以选中 use this as the default and do not ask again 复选框,这样就不会每次运行 Eclipse 时都提示选择工作空间位置。

如在图 E.1 选中不再提示,以后又需要重新选择默认的工作空间位置,可选择 Window 菜单,然后选择 Preferences 子菜单项,如图 E.2 所示的位置。

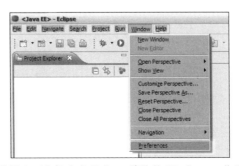

图 E.2　准备改变 Eclipse 默认的 Workspace 位置

单击 Preferences 菜单项后,打开如图 E.3 所示的对话框。Eclipse 的所有设置都可以在这里修改。选择 General | Startup and Shutdown | Workspaces 选项,选中 Prompt for workspace on startup 复选框,这样下次打开 Eclipse 时就会提示选择工作空间目录。

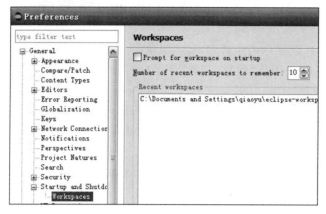

图 E.3　改变选项使 Eclipse 再次提示选择 Workspace 目录

E.2　建立工程

(1) 选择 File | New | Java Project 菜单,如图 E.4 所示。

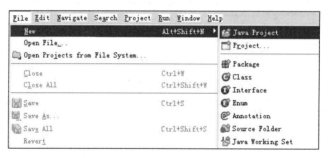

图 E.4　新建工程

(2) 弹出如图 E.5 所示对话框。在 Project name 文本框中输入 Project 的名字,例如

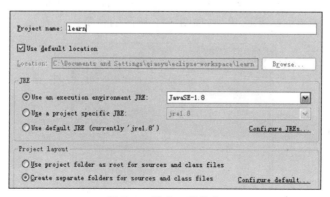

图 E.5　输入工程信息

learn。还可以指定工程所在的目录,默认保存在默认的工作空间中。JRE 选区中指定工程使用的 JRE。Project layout 选区中指定工程中保存 Java 文件和 class 文件的目录,默认的是 Java 文件放在 src 目录下,编译后的 class 文件放在 bin 目录下。其他选默认。

(3) 在图 E.5 工程名中输入"learn",然后单击 Finish 按钮,接受默认设置,完成创建工程。注意在 Package Explorer 树状结构中出现 learn,如图 E.6 所示。

单击图 E.7 中用线标注的地方,显示"package Explorer"。

图 E.6　完成后的工程

图 E.7　显示 package Explorer

(4) 如果单击图 E.5 中 Next 按钮,而不是单击 Finish 按钮,出现一个对话框,如图 E.8 所示。其中上边有 4 个选项卡,Source 选项卡表示源文件相关的设置,也就是. java 文件存放的路径,默认是 learn/src。该选项卡下边内容如图 E.8 所示,Default output folder 文本框用来指定 class 文件的存放路径,默认是 learn/bin,可以进行更改。在 Eclipse 中,默认把 Java 源文件和 class 文件分开存放。单击 Finish 按钮即可。

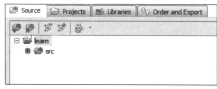

(a) 源文件目录

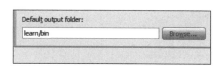

(b) 默认的类文件保存目录

图 E.8　工程设置

E.3　编辑、编译、运行 Java 类

(1) 新建 class:在图 E.7 完成的工程 learn 上右击,弹出如图 E.9 所示的菜单,选择 New|Class 选项,弹出上边为图 E.10、下边为图 E.11 所示的对话框。

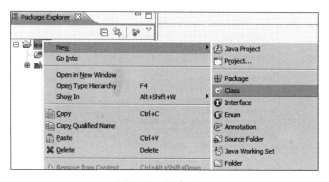

图 E.9　新建 class

（2）输入类信息：弹出的对话框上边为图 E.10，在 Name 文本框中输入类的名字，例如 HelloWorld。在 Package 文本框中，可以输入包名，例如"cn. edu. haut"（小写）。在 Modifiers 选项中，可以选择 class 的修饰符。

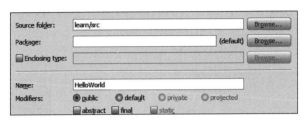

图 E.10　新建类的信息

在图 E.11 中，Superclass 文本框中用来指定父类，可以输入，也可以单击 Browse 按钮打开一个窗口选择父类，如图 E.12 所示。有自动完成功能，在图中就显示了以 Compara 开始的所有类。Interfaces 文本区中用来指定要实现的接口，单击 Add 按钮可浏览、选择要实现的接口，打开的窗口类似图 E.12。在图 E.11 的下边，可以用来指定是否生成 main()方法。Constructors from superclass 复选框用来指定是否在子类中创建和父类中同样的构造方法，当然名字不同，其他相同。Inherited abstract methods 复选框用来指定是否实现来自父类或接口中的抽象方法。

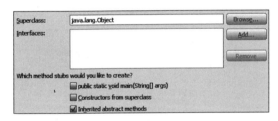

图 E.11　指定父类、要实现的接口、自动生成的方法

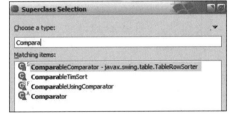

图 E.12　选择父类

（3）编辑：完成建立新类后，会打开编辑器，用来输入 Java 代码。编辑器有语法着色和代码自动完成功能，如图 E.13 所示，在输入"System. out."后，会显示备选项，选中备选项后会显示相应的帮助文档。

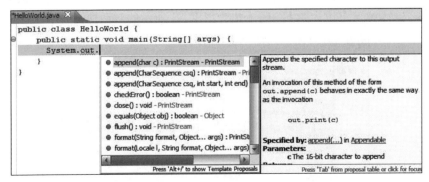

图 E.13　自动完成功能

（4）格式化：在编辑完成后，如果代码比较零乱，可以对代码进行格式化。方法是在该文件的编辑器中或是 Package Explorer 中该文件上右击，在弹出的快捷菜单中选择 Source 选项，其下的子菜单如图 E.14 所示。单击其中的 Format 即可进行格式化。

Open Declaration	F3		Format	Ctrl+Shift+F
Open Type Hierarchy	F4		Format Element	
Open Call Hierarchy	Ctrl+Alt+H		Add Import	Ctrl+Shift+M
Show in Breadcrumb	Alt+Shift+B		Organize Imports	Ctrl+Shift+O
Quick Outline	Ctrl+O		Sort Members…	
Quick Type Hierarchy	Ctrl+T		Clean Up…	
Open With	▶		Override/Implement Methods…	
Show In	Alt+Shift+W ▶		Generate Getters and Setters…	
Cut	Ctrl+X		Generate Delegate Methods…	
Copy	Ctrl+C		Generate hashCode() and equals()…	
Copy Qualified Name			Generate toString()…	
Paste	Ctrl+V		Generate Constructor using Fields…	
			Generate Constructors from Superclass…	
Quick Fix	Ctrl+1			
Source	Alt+Shift+S ▶		Externalize Strings…	
Refactor	Alt+Shift+T ▶			

图 E.14　准备进行格式化

在该图中，Source 选项下的子菜单还有 Override/Implement Methods 选项用来生成 Override 父类或 implement 接口的方法，单击该菜单后会打开一个新窗口，由用户选择生成哪些方法；Generate Getters and Setters 选项用来自动为变量生成 Getters() 和 Setters() 方法。Getter() 方法是取得变量值的方法，方法名为 get＋变量名首字母大写，无参数，返回该变量值。Setter() 方法是设置变量值的方法，方法名为 set＋变量名首字母大写，参数为变量的新值，单击该菜单后会打开一新窗口，让用户选择哪些变量生成 Getter() 和 Setter() 方法中的一个或两个都要。举例来说，如果为类中一个 int 类型变量的 age 生成 Getter() 和 Setter() 方法，则生成如下代码：

```
public int getAge() {                      //Getter 方法
    return age;
}
public void setAge(int age) {              //Setter 方法
    this.age=age;
}
```

（5）编译：确保 Project 菜单下的 Build Automatically 菜单项前有选中标记，选中后 Eclipse 可以自动编译 Java 文件，输出到默认的 bin 目录或图 E.8(b) 中指定的输出目录。

（6）运行程序：工具栏上  图标表示调试，图标表示运行。单击图标右边的向下箭头可弹出下拉菜单。保持要运行的类所在的编辑器为活动编辑器的前提下，单击运行图标可直接运行。也可单击运行图标右边的向下箭头，弹出如图 E.15 所示的菜单。选择 Run As|Java Application 菜单，运行结果显示在编辑器下方的 Console 选项卡中。

图 E.15　准备运行

（7）给程序传递参数：在图 E.15 中选 Run Configurations 选项，打开如图 E.16 所示窗口。在 Main 选项卡中填入相关信息：Name 文本框中填入该配置的名字，Project 文本框中填入要运行的类所在的工程，这里是 learn，Main class 文本框中填入要运行的类全名，这里是 HelloWorld，也可通过单击 Search 按钮来查找要运行的类。这些信息一般已经自动生成。

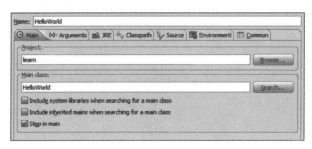

图 E.16　运行类的信息

Arguments 选项卡用来输入参数，单击该选项卡后，打开如图 E.17 所示界面。在 Program arguments 文本框中输入需要传递的参数，多个参数用空格或换行符分开。还可以在 VM arguments 文本区中指定传给 Java 虚拟机的参数。

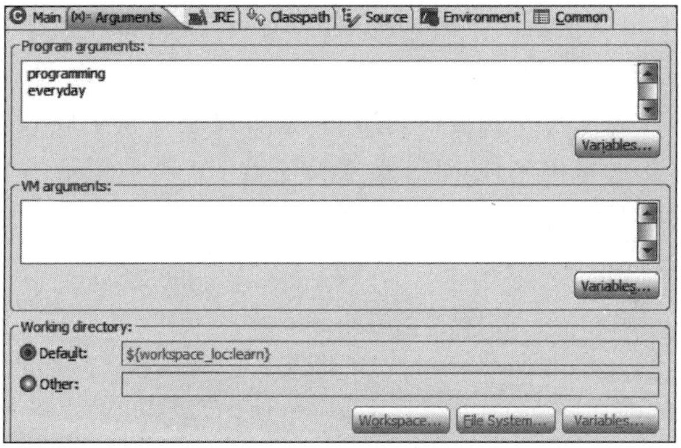

图 E.17　输入参数

需要注意的是图 E.17 下方的 Working directory 选项区中内容，在这里指定运行程序时的当前路径，相当于命令行窗口中">"前的部分，默认的是工程所在的路径。不注意这点会带来很大问题，如在 src 目录下有一个 miss.txt，程序中用如下语句访问该文件，显示其长度：

```
System.out.println(new File("miss.txt").length());
```

运行时，程序中访问 miss.txt 是在当前路径查找有无 miss.txt 文件，也就是从 Working directory 选项区中指定的当前路径（默认的是"工程所在的路径"）中查找 miss.txt，不是从 src 目录查找，也不是从 bin 目录查找。很明显，该文件在当前路径中并不存在（在当前路径的 src 子目录下），程序报找不到文件。可以在这里更改程序运行的当前路径来解决该问题，也可更改程序中访问文件的路径。在 IDE 中访问文件时尤其要注意路径问题，遇到找不到文件的情况，而自己觉得文件明明又在。这时可以显示程序认为文件应在的路径，如下：

```
System.out.prinltn(new File("miss.txt").getAbsolutePath());
```
和文件的实际路径对比即可找到问题所在。

E.4 调　　试

程序运行中难免出现这样那样的问题,这就需要对程序进行调试,观察运行过程中变量的值或方法调用的逻辑以此定位问题所在,从而解决问题。这里以计算 π 值的程序来演示如何在 Eclipse 中进行调试,程序如例 E.1 所示。

例 E.1　计算 π 值(appendix\CompPi.java)。代码如下:

```java
public class CompPi{
  private int num=2;
  /** 并非必要,只是为了演示 debug 过程 */
  private static int inverse(int sign){
    int sign1=-sign;
    return sign1;
  }
  public static void main(String[] args){
    double sum=0,a=1;
    int sign=1;
    while(Math.abs(1/a)>1e-6){
      sum+=sign/a;
      sign=inverse(sign);
      a+=2;
    }
    System.out.println(4 * sum);
  }
}
```

调试的具体步骤如下。

(1) 设置断点:调试前,要设置断点,也就是要程序在认为有问题的代码处暂停执行。设置断点的方法是在图 E.18 中左边用线标注的区域双击以设置断点,在已经设置断点处双击会取消断点。在 Eclipse 中,断点分为两种。

① 行断点:只要执行到该行就暂停执行,非方法声明前双击就可设置。

② 方法断点:只要执行到该方法就暂停,在方法声明行前双击就可设置。方法断点适合用来观察一个方法运行情况。

(2) 开始调试:单击 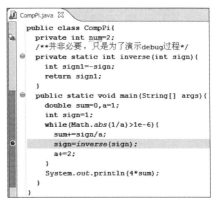 中的调试图标可以开始调试。或者单击边上的小箭头,弹出和图 E.15 类似的菜单,选择 Debug As|Java Application 选项。如果设置有断点,会提示是否进入 Debug perspective。如果没有设置断点,不会有该提示,程

图 E.18　设置断点

序直接运行。

（3）观察变量的值：调试透视图如图 E.19 所示。左上区域显示的为调试视图，显示当前挂起程序的方法调用栈，工具栏按钮有可用的调试方法。在源代码编辑器（左下）中高亮显示程序已执行到哪一行。有以下快捷键可用，F6：单步调试；F5：进入方法内；F7：跳出进入的方法；F8：执行到下一个断点。要观察变量的值，有两种方法：一种是单击右上窗口中的 Variables 选项卡，其中以表格形式显示了可见的变量和当前值；另一种是在编辑器中用鼠标指向要观察值的变量，这时会显示该变量当前值，图 E.19 中显示了这一点。

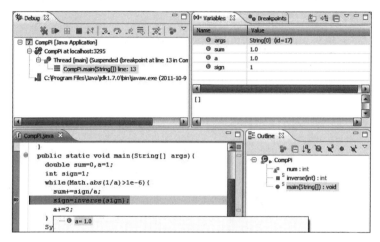

图 E.19　调试透视图

E.5　在工程中使用第三方类库

程序中可能用到第三方类库，如在 JDBC 中要用到数据库的驱动程序，要让 Eclipse 编译、运行时能够找到这些类库，需要设置工程的类路径。

在工程上右击，从弹出的快捷菜单中选择 Properties 菜单项，在打开的窗口左边选择 Java Build Path，弹出如图 E.20 所示的对话框，选择 Libraries 选项卡，在这里可以指定工程使用的第三方类库。Add JARs 按钮用来增加工作空间中的 JAR 文件（是工作空间，不是工程目录，也就是说可以从其他工程中增加类库）。单击该按钮后会显示窗口，列出工作空间中所有的工程，展开工程，就可选择需要的多个 JAR 文件。Add External JARs 按钮用来增加工作空间外的 JAR 文件，单击按钮后会打开资源管理器，可浏览、选定多个 JAR 文件。

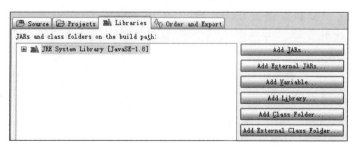

图 E.20　工程类路径

增加 hsqldb.jar 文件后如图 E.21 所示,在这里可以指定对应的源文件和 Java doc,方便编程、调试和显示帮助文档。若打算指定对应的源文件,则选定 hsqldb.jar 下的 Source attachement:(None)项,单击右侧的 Edit 按钮,打开如图 E.22 所示的对话框。从该对话框就可发现可通过 3 种方式指定源文件。

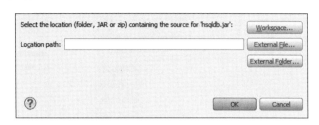

图 E.21　工程中增加类库

图 E.22　指定源文件

(1) 单击 Workspace 按钮表示源文件在工作空间中。

(2) 单击 External File 按钮表示源文件在工作空间外的文件中,JAR 或 ZIP 文件都可以。

(3) 单击 External Folder 按钮表示源文件在工作空间外的目录中。指定目录的时候要小心,要考虑包的层次结构,应该指定最顶层包对应目录的父目录。举例来说,对于 hsqldb.jar,最顶层包为 org,这样指定的目录应该为 org 目录的父目录。

设想以下两种情况。

(1) 如果多个工程都需要该文件(如数据库驱动程序 hsqldb.jar),每个工程都要添加该 JAR 文件,设置源文件、Java doc。

(2) 如果要使用新版本的 JAR 文件,则所有使用该 JAR 的工程都要重新设置一次,很容易造成多个工程使用的 JAR 文件版本不一致。这两个操作比较烦琐,而且很容易出错。 Eclipse 中通过设置共用类库的方法来解决该问题,具体如下。

(1) 在 Eclipse 中设置该共用类库包含的 JAR 文件,以及 JAR 文件对应的源文件和 Java doc。

(2) 需要使用的工程中增加该类库的引用。

这样即使有多个工程使用该类库,只要增加该类库的引用就行,不需要再逐一设置源文件和 Java doc。如果以后使用新版本的 JAR 文件,只要更改类库中的 JAR 文件就行,使用该类库的工程自然就使用了新版本的文件。这种方法是通过"层"的方法来隔离变化:工程引用一个不变的类库(名字不变),类库中 JAR 文件可随意变化。

具体操作来说,在图 E.20 中单击 Add Library 按钮即可增加对类库的引用,打开如图 E.23 所示的界面。选择其中的 User Library 项,单击 Next 按钮后如图 E.24 所示,这里显示已有类库。如已有要用的类库,可直接选择添加。如没有,则需要新建类库。单击 User Libraries 按钮,打开如图 E.25 所示的 User Libraries 管理界面。

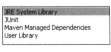

图 E.23　增加类库

图 E.24　已有类库

在图 E.25 中单击 New 按钮用来创建新的类库。在打开的对话框中输入类库的名字，如 hsqldb，确定后，图 E.25 中的内容变为图 E.26 中的内容，Add JARs 按钮变为可用，单击该按钮后的操作类似在图 E.20 中单击 Add JARs 按钮后的操作，这里不再重复。设置完类库后，单击 OK 按钮返回图 E.24。

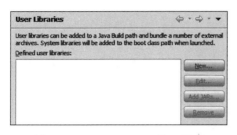
图 E.25　User Libraries 管理界面

图 E.26　增加新的类库

E.6　使　用　技　巧

（1）重命名：要正确重命名一个方法比较困难，因为可能已经有很多类调用了该方法，逐一的搜索、替换，费时费力而且容易出错。在 Eclipse 中提供了 Refactor 菜单，可以用来对代码进行重构。在要重命名的方法名、变量名、类名或文件上右击，弹出如图 E.14 所示的菜单，选择其中的 Refactor|Rename 项，选择该项，输入新名字并按回车键，Eclipse 会自动搜索整个工程，更改旧名字为新名字。

（2）使用视图：Eclipse 中的透视图由多个视图组成，每个视图右上角都有 图标，可以最小化、最大化该视图。更多的视图可单击右上角的 图标，这里有更多的视图可以使用。

（3）自定义视图：拖曳单个视图的标题栏，可以移动到新的位置，这样每个人可以自定义透视图。选择 Window|Save Perspective as 选项可以保存自定义的透视图布局。自定义透视图后，如果不满意，通过 Window 下的 Reset Perspective 选项可恢复为当前透视图的原始布局。

（4）在代码编辑器中显示行数：在图 E.18 中左边用线标注区域右击，从弹出的快捷菜单中选择 Show Line Numbers 子菜单。

（5）把外部 Java 文件加入中：复制文件，在工程的 src 目录上右击，从弹出的快捷菜单中选择 paste 选项。如果 Java 文件中有包声明，会自动创建相应的目录结构。

（6）把外部工程加入 Eclipse 中：如果从别人那里得到一个工程，要把该工程加入 Eclipse 中，操作步骤和 E.2 节中一致，新建工程，直到图 E.6 所示的步骤。在该图中，由于工程已经存在，只要指定工程所在的目录就可，无须输入工程名。在该图中，首先取消选中 Use default location 复选框，结果如图 E.27 所示。单击 Browse 按钮，在打开的对话框中选定工程目录即可，确定后就会自动提取工程名。接下来的步骤同 E.2 节。

图 E.27　加入已有的工程

也可通过导入的方式把外部工程加入工作空间中,方法是选择 File|Import 项,打开如图 E.28 的对话框,双击 General 以展开其中的内容,再次双击其中的 Existing Projects into Workspace 项来导入现存工程。打开如图 E.29 的对话框,选择工程所在的目录即可。需要注意这里指的不是工程所在的父目录。

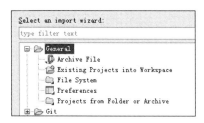

图 E.28　通过 Import 导入已有的工程

图 E.29　选择已有工程所在的路径

附录 F 使用 Ant

编写程序时,如果只是编译、运行 HelloWorld 这样的程序,很容易完成。但在实际的编程中,任务会很复杂:如在附录 E 开发的播放器就要用到多个 JAR 文件,编译、运行时有一长串的 JAR 文件要在类路径中指定;在开发 JDBC 程序时,要首先启动 Hsqldb 数据库服务器,然后才能在程序中访问;在规范化的开发中更为复杂:编译、测试、生成测试报告、打包等。这些烦琐的任务可通过使用构建工具进行简化。Ant 是 Java 开发中普遍应用的一个构建工具,通过一次运行多个任务来简化程序构建过程。Ant 本身也是用 Java 开发的。

这里用到的例子目录结构如下:工程目录为 ant-test,其下有 src、lib、bin 这 3 个子目录,还有 build. xml、db-config. properties(就是 13.4.2 节中的同名文件)两个文件。lib 下有 hsqldb. jar 文件,bin 为 class 文件的输出目录,src 下存放 Java 文件。有一个 HelloWorldByGui. java 文件,在 JFrame 中显示一 JLabel,内容为"Hello World",具体代码如下:

```
1    import javax.swing. * ;
2    public class HelloWorldByGui extends JFrame{
3      public HelloWorldByGui(){
4        super("HelloWorld");
5        add(new JLabel("Hello World!"));
6        setSize(200,300);
7        setLocation(200,300);
8        setDefaultCloseOperation(JFrame.EXIT_ON_CLOSE);
9        setVisible(true);
10     }
11     public static void main(String[] args) {
12       new HelloWorldByGui();
13     }
14   }
```

该工程在本书配套文件的 appendix 下,为了减少随书文件的大小,lib 下并无 JAR 文件,可从本书配套文件 lib\hsqldb_lib 目录下复制。

F.1 下载、设置

使用 Ant 前,需要从 ant. apache. org 下载,本书写作时最新版本为 1.10.1。下载后解压即可使用。为了能够在命令行运行 Ant,需要进行和 jdk 类似的配置,设置步骤如下。

(1) 新建名字为 ANT_HOME 的环境变量,值为 ant 的目录位置,该目录下应有 bin、docs 等目录。

(2) 在 path 环境变量对应值的最后增加";%ANT_HOME%/bin;"。注意是增加引号中的部分,还要注意值前后的分号。

（3）验证设置是否成功：在新打开的命令行窗口中输入"ant"，回车后：如果显示"ant
不是内部或外部命令，也不是可运行的程序或批处理文件"，设置有问题，需要对以上两步的
设置进行检查；如果无以上提示或提示如下：

```
Buildfile:build.xml does not exist!
Build failed
```

则表示设置成功。

以上提示的原因是，在默认情况下，ant 命令从当前目录中查找有无 build.xml 文件。
如果没有就会有该提示。

F.2 定义 property、target

Ant 要运行的任务定义在 build.xml 中。既然是 XML 文件，就有自己特定的头部和根
结点，代码如下：

```
<?xml version="1.0" encoding="utf-8"?>
<project name="test-ant" basedir="." default="build">
<!--定义任务-->
</project>
```

以上代码中 project 标记为该文件的根结点，name 用来指定该工程的名字，basedir 指
定工程的当前路径，default 中指定默认运行的 target，关于 target 在随后解释。

在 XML 文件中，一个标记必须成对出现：以"＜标记名＞"开始，以"＜/标记名＞"结
束。在其中可以增加其他允许出现的标记，如果没有增加其他标记，可简写为"＜标记
名/＞"。在 project 标记中可添加多个 property、target 标记。用 property 定义变量，形式
如下：

```
1     <property name="prj.name" value="test-ant"/>
2     <property name="build.dir" value="bin"/>
```

以上第 1 行定义了一个名为 prj.name 的变量，值为"test-ant"。第 2 行定义了一个名
字为 build.dir 的变量，值为 bin，编译后的 class 文件保存在这里。随后可以用"${build.
dir}"的形式引用该值，这样在变量值发生变化时，引用的值也会随之发生变化，不用在每个
使用该值的地方修改。大括号中是变量的名字。也可在一个单独的文件中定义多个变量，
然后引入这些定义的变量。文件中采用"name＝value"的形式定义变量，每一行定义一个变
量。13.4.2 节中的 db-config.properties 就是一个合法的格式。引入的方法如下：

```
<property file="db-config.properties"/>
```

用 target 来定义一个目标，在其中给出多个要执行的任务，按照任务定义的顺序，逐个
执行。Ant 自身已经定义了许多任务可供使用，如编译 Java 文件的 javac 任务，运行类的
java 任务等。这些任务可以从 Ant 自带的手册中找到，打开帮助文件索引目录，路径为
docs\manual\index.html，在该页面左边框架中单击 Ant Tasks 链接，在打开的页面左边框
架中单击 List of Tasks 链接。打开的页面中显示了众多的任务，单击某一个任务就可打开

对应的文档。在文档中对任务进行了详细的介绍,如该任务的一些选项,最为方便的是,在这里还提供了许多例子,并进行了解释,这样,使用起来就非常方便。

F.3 编译、运行 Java 程序

编译或运行 Java 程序时有可能要用到第三方的类库,如 JDBC 程序要用到 hsqldb.jar,要设置合适的类路径,才能编译、运行。为此先声明如下的类路径:

```
1    <path id="cp">
2    <pathelement path="$ {build.dir}"/>
3    <fileset dir="lib"/>
4    </path>
```

定义类路径用 path 标记,在第 1 行通过 id 为该类路径起名,方便编译、运行类时的引用。在第 2 行用 pathelement 增加了一个 class 文件的类路径,通过标记的 path 属性给定 class 文件存放的目录,在编译、运行时该目录下的所有 class 文件都会出现在类路径中。这里引用了已定义的变量 build.dir。在第 3 行用 fileset 标记指定了在类路径中增加多个 JAR 文件,通过 dir 属性指定了这些 JAR 文件所在的目录。可以添加更多的类路径。

准备好类路径后就可以进行编译,如下为进行编译的一个 target:

```
1    <target name="build">
2    <delete dir="$ {build.dir}" failonerror="true"/>
3    <mkdir dir="$ {build.dir}"/>
4    <javac srcdir="src" destdir="$ {build.dir}"
5          classpathref="cp"/>
6    </target>
```

以上代码的第 1 行定义了一个 target,并在 name 中为该 target 取名。在其中运行了 3 个任务。

(1) 在第 2 行,运行 delete 任务,删除以前编译的 class 文件,用 dir 指定了要删除的目录,用 failonerror 指定了删除目录失败时的操作:true 表示停止继续执行其他任务;false 表示忽略该问题,继续执行其他任务。

(2) 删除目录后,在第 3 行运行 mkdir 任务,重新创建 class 文件的输出目录。

(3) 在第 4、5 行,运行 javac 任务,该任务要通过 srcdir 指定 Java 文件所在的目录,编译后 class 文件的存放目录在 destdir 中指定,使用的类路径在 classpathref 中指定。这里引用了前述定义的类路径。

在命令行中,改变当前路径为工程目录,然后用 ant 运行,由于已经在 project 标记中定义了默认的 target,所以会运行 build,编译 Java 文件。

运行 Java 程序使用的任务是 java,定义如下 target:

```
1    <target name="run" depends="build">
2    <java classname="HelloWorldByGui" fork="true"
3          classpathref="cp"/>
4    </target>
```

以上代码中定义了一个名字为 run 的 target。要运行 Java 程序,首先必须编译,所以在

depends 中指明了 run 和 build 这两个 target 之间的关系：run 依赖于 build，这样在运行 run 时，会首先运行 build。在第 2 行，运行 java 任务，通过 classname 指定要运行的类名，fork 用来指定是否在另一 JVM 中运行程序。由于该程序为图形界面程序，如果该值为 false，则该程序和 ant 在同一个 JVM 中运行，ant 运行完后 JVM 就会退出，也就看不到图形界面。为了在 ant 运行结束后，图形界面程序依然在运行，就需要指定该值为 true。

由于 run 不是默认的 target，为了运行该 target，在命令行输入"ant run"，其中的 run 用来指定要运行的 target。

F.4　打包 Java 程序

Java 程序编译后就可打包为 JAR 文件，方便发布。ant 定义了 jar 任务，为该工程打包的代码如下：

```
1    <target name="jar" depends="build">
2      <mkdir dir="dist"/>
3      <jar destfile="dist/$ {prj.name}.jar" basedir="$ {build.dir}">
4        <manifest>
5          <attribute name="Main-Class" value="HelloWorldByGui"/>
6        </manifest>
7      </jar>
8    </target>
```

在第 1 行，定义了名为 JAR 的 target，该 target 依赖于 build。在第 2 行，创建了 dist 目录，用来存放打包后的 JAR 文件。在第 3 行运行 jar 任务，用 destfile 指定打包后的 JAR 文件名，用 basedir 指明 class 文件所在的目录。为了实现双击该 JAR 文件运行主程序，在第 4～6 行增加了 manifest 标记，在第 5 行指定了主程序的类名。如没有主程序，可去掉第 4～6 行的内容。

用 ant jar 运行该 target，双击 dist 目录下打包的文件，测试是否正确打包。

F.5　启动、管理、停止 Hsqldb 数据库服务器

启动 Hsqldb 数据库服务器，运行的为一个 Java 程序。同样，该数据库的图形管理界面也是通过执行 Java 程序来启动的，仿照前述运行 Java 程序的方法，增加如下代码：

```
1    <target name="hsqldb-manager">
2      <java classname="org.hsqldb.util.DatabaseManagerSwing"
3          classpathref="cp" fork="true"/>
4    </target>
5    <target name="hsqldb-start">
6      <java classname="org.hsqldb.server.Server"
7          classpathref="cp" fork="true"/>
8    </target>
```

在第 1～4 行定义了运行图形管理界面的 target，第 5～8 定义了启动数据库服务器的代码。注意其中的 fork。

启动服务器后,使用完后要进行关闭,可在图形管理界面执行 shutdown 终止数据库服务器的运行。这里提供另一种方法,ant 中定义了 sql 任务可用来执行 SQL 语句,具体代码如下:

```
1    <target name="hsqldb-shutdown">
2      <echo message="SHUT DOWN DATABASE USING: ${driver} ${url}"/>
3      <sql driver="${driver}" url="${url}"
4         userid="${user}" password="${password}">
5        <classpath refid="cp"/>
6          SHUTDOWN;
7      </sql>
8    </target>
```

以上代码的第 2 行,利用 echo 任务显示了连接数据库的 driver 和 url 值。在第 3、4 行,为 sql 任务指定了 driver、url、userid、password,这些值来自于 db-config. properties 中。在第 5 行指定了类路径。在第 6 行给出了要运行的 SQL 语句。

F.6　备　　份

根据 Ant 文档,可向 build. xml 文件中加入备份 target:用 zip 任务压缩源文件和配置文件等,用 mail 任务上传该文件到邮箱,实现异地存储。可以通过以下方式为 ZIP 文件名中加入时间戳信息:

```
1    <tstamp/>
2    <property name="time" value="${DSTAMP}${TSTAMP}"/>
3    <property name="bak.name" value="${prj.name}-${time}.zip"/>
4    <target name="bak">
5      <echo message="${bak.name}"/>
6    </target>
```

以上代码的第 5 行显示了备份文件名,根据运行时间的不同显示不同的文件名。zip、mail 的使用方法可以参考 Ant 文档。

F.7　在 Eclipse 使用 Ant

把 test-ant 工程添加到 Eclipse 工程中,然后增加 Ant 视图。在该视图中需要指定使用的 build. xml 文件。单击该视图工具栏上的  按钮,打开一个对话框,展开 ant-test 工程,选定 build. xml 文件,确定后结果如图 F.1 所示。列出了其中的 target,在 target 上双击就可运行该 target。

图 F.1　增加 test-ant 工程的 build. xml 文件后

附录G 授课计划和方法

授课计划

本授课计划仅供参考,具体的学时分配还请结合各校的实际情况进行调整。本书所涉及的内容,包括实验部分,不必全讲或全做,根据授课对象的专业和知识程度,可进行增删。部分内容可留作学生自学,加上针对性的作业,可以培养自学能力。因此这里提供的学时不是讲述全部内容的学时,指的是去掉各章选学内容后需要讲授的课时。

这里所提供的授课计划针对的授课对象是已具有面向对象编程基础的学生,例如之前学习过"面向对象程序设计"的学生。对于其他学生,可参考备注栏信息,增加或删减相应章节的学时。

授课内容	学 时			备 注
	课时	习题	实验	
第1章 Java入门	2或3*			*:没有编程基础的需要讲授3个课时
实验Ⅰ JDK安装、配置及Java程序的编译和运行			2	
第2章 Java基本语法	2或8*			*:没有编程基础的需要讲授8个课时
第3章 流程控制	2或8*			*:没有编程基础的需要讲授8个课时
实验Ⅱ Java基本语法			2	
第4章 面向对象编程	5或8*			*:没有面向对象编程基础的需要讲授8个课时
第5章 继承	2或5*			*:没有面向对象编程基础的需要讲授5个课时
第6章 抽象类、接口和内部类	4或6*			*:没有面向对象编程基础的需要讲授6个课时
实验Ⅲ Java的类继承机制、接口			2	
第7章 枚举	1+			+:选学
第8章 异常	2			
第9章 输入输出	8			
实验Ⅳ Java的输入机制			2	
实验Ⅴ Java的输出机制			2	
实验Ⅵ 综合性程序设计——简单学生信息管理系统(序列化版)			4+	+:选做
第10章 图形用户界面	8+			+:选学

授课内容	学 时			备 注
	课时	习题	实验	
第 11 章　JavaFX	8			
实验Ⅶ　综合性程序设计——简单学生信息管理系统(GUI 版)			2	
第 12 章　JDBC	5 或 4*			*：如已学过 SQL,减少学时为 4
实验Ⅷ　综合性程序设计——简单学生信息管理系统(数据库版)			2	
第 13 章　集合类	6+ 或 8*			+：选学 *：如无数据结构知识,需要讲授 8 个课时
实验Ⅸ　综合性程序设计——简单学生信息管理系统(集合版)			4+	+：选做
第 14 章　Java 相关框架	4+			+：选学
总　　计	**40**		**14**	没有统计标+ 和* 的学时

授课方法探讨

关于授课方法,有条件的话,最好能够在授课时现场编程,一点点的增加功能。开始时不必写出非常完整的代码(除了天才外,普通人也不可能一开始就写出非常完整的代码)。尝试和犯错(try-error)适合用来循序渐进的学习。按普通人的思路,首先应该怎么办,一步步的来增加代码(导入、异常处理、增加变量声明等),通过不断地编译、运行发现问题,对问题进行分析、修正、现场调试来解决问题,使程序完成既定的功能。这样会比用 PPT 讲慢不少,但效果会好很多,学生印象会更深刻,也容易学会编程。授课不在于讲多少,而在于学生掌握多少,讲基础,多锻炼。像 Java 这种语言课程,只要学会了基础,有了兴趣,后边的内容完全可自学。学生能够看到一个程序从一行行的代码开始增加,经过调试、修改成为一个完整的程序。学生参与这个循序渐进的过程,会减少一点对编程的畏难情绪:"一步步来,我也能做到这点"。如果用 PPT,一下出来很多行代码,会让学生感到:"我无法考虑这么周到"。学生也可在逐行的编码过程中学会分析、调试,从而培养他们的编程兴趣和动手能力。

课堂演示时可使用有语法着色功能的文本编辑器,如 EditPlus、UltraEdit 等,免费的有 Notepad++,然后配合命令行进行编译、运行。不必使用 Eclipse 等 IDE 工具,对于该课程来说,这些文本编辑器更为合适,安装、运行方便,便于携带。上机时应要求学生不要使用 Eclipse 等 IDE 工具,IDE 有代码自动完成、出错提示、代码格式化等功能,不利于培养学生动手编程和调试能力、对 Java 基础知识的掌握以及良好的编码风格。完成基础知识的学习,也就是学习完前 13 章后才能考虑使用 Eclipse 等 IDE。

作为 Java 语言的第一门课程,理论性内容本身也就很少,可考、值得考的内容就更少,考核的重点应放在编程能力上,机试时可允许使用 JDK API 文档,笔试时可提供方法和构造方法(名字和参数)。完成基础课程的学习后,可自行补充相关的理论,这样也不迟。

这里以用 FileInputStream 显示 FinallyDemo.java 文件中内容为例说明如何循序渐进,

逐渐增加功能完成预定的目标。

FinallyDemo.java 中内容如下：

```
1    package haut;
2    public class FinallyDemo{
3    }
```

具体步骤如下。

（1）在已知输入的 4 个步骤的基础上，参考本书代码，不难写出如下程序：

```
1    public class InputDemo{
2    public static void main(String[] args) {
3      FileInputStream in=new FileInputStream("FinallyDemo.java");
4      int b=0;
5      while((b=in.read())!=-1){
6        System.out.println(b);
7      }
8      in.close();
9    }
10   }
```

在第 6 行使用的是用 println 输出，因为这个常用，编程输出时最容易想起来用这个。

编译以上程序，会有错误提示，按照一次只改第一个错误的原则，只看第一个错误提示，如图 G.1 所示。

图 G.1　找不到符号的错误提示

根据图 G.1 的提示，不难发现是没有导入包，在以上程序中加入"import java.io.＊;"，源代码变为：

```
1    import java.io.＊;
2    public class InputDemo{
3      public static void main(String[] args) {
4        FileInputStream in=new FileInputStream("FinallyDemo.java");
5        int b=0;
6        while((b=in.read())!=-1){
7          System.out.println(b);
8        }
9        in.close();
10     }
11   }
```

（2）再次编译上述代码，会出现错误提示，第一个错误提示如图 G.2 所示。

根据图 G.2 的提示：查 JDK API 文档，该异常为检查异常：要么在方法声明时加上

```
InputDemo.java:4: 错误: 未报告的异常错误FileNotFoundException; 必须对其进行捕获或声明以便抛出
                FileInputStream in=new FileInputStream("FinallyDemo.java");
                                ^
```

图 G.2　FileNotFoundException 未处理的提示

throws，要么 catch 处理。这里选 throws，代码变为

```
1   import java.io.*;
2   public class InputDemo{
3     public static void main(String[] args) throws FileNotFoundException{
4       FileInputStream in=new FileInputStream("FinallyDemo.java");
5       int b=0;
6       while((b=in.read())!=-1){
7         System.out.println(b);
8       }
9       in.close();
10    }
11  }
```

(3) 再次编译上述代码，会出现错误提示，第一个错误提示如图 G.3 所示。

```
InputDemo.java:6: 错误: 未报告的异常错误IOException; 必须对其进行捕获或声明以便抛出
    while((b=in.read())!=-1){
                    ^
```

图 G.3　IOException 未处理的提示

根据图 G.3 的提示：在代码的第 6 行，会发生 IOException 异常，该异常为检查异常：要么在方法声明时加上 throws，要么 catch 处理。这里再次选 throws，代码变为

```
1   import java.io.*;
2   public class InputDemo{
3      public static void main(String[] args)throws FileNotFoundException,IOException
       {
4        FileInputStream in=new FileInputStream("FinallyDemo.java");
5        int b=0;
6        while((b=in.read())!=-1){
7          System.out.println(b);
8       }
9       in.close();
10    }
11  }
```

(4) 编译上述代码，无错误提示，运行程序，结果如图 G.4 所示。

运行该程序应该输出文件内容，实际上输出如图 G.4 所示，输出了数字。应该是上述代码第 7 行，输出内容这行，发生了问题。在该行，输出的为一个 int，所以显示的为数字。把 int 强制类型转换为 char 进行输出。把第 7 行代码改为

```
7   System.out.println((char)b);
```

其他代码相同，并且行号也相同，不再罗列。

（5）编译上述代码，无错误提示，运行程序，结果如图 G.5 所示。

图 G.4　运行结果（都是数字）　　　　　　图 G.5　运行结果（每个字符后换行）

根据图 G.5 所示，这次运行确实输出了字符，但是为何每个字符后都加了换行？不应该在每个字符后换行。问题出在进行输出的第 7 行的 println 方法，去掉输出换行。为此，把该行代码改为

```
7        System.out.print((char)b);
```

（6）编译上述代码，无错误提示，运行程序，结果如图 G.6 所示。

图 G.6　运行结果

根据图 G.6，这次运行结果正确，显示了正确的内容，换行也正常。这时应分析为何输出了换行？文件中每行的末尾有换行符，保存在文件中。从文件中读取时，自然可以得到该换行符，强制类型转换后，是普通字符就输出普通字符，是换行符就输出换行符，这样就进行了正确的换行。

通过以上不断分析、修改、完善的过程，使代码完成了既定的功能。在此过程中，学生能够比较容易跟上教师的思路，有益于培养他们发现问题、分析问题、解决问题的能力。

参 考 文 献

［1］ SCHILDT H. Java 2 参考大全［M］. 4 版. 北京：清华大学出版社，2002.

［2］ HORSTMANN C S. Core Java Volume I：Fundamentals［M］. 10th ed.［s. l.］：Prentice Hall Press，2016.

［3］ HORSTMANN C S,. Core Java Volume II：Advanced Features［M］. 10th ed.［s. l.］：Prentice Hall Press，2016.

［4］ FISHER M, ELLIS J, BRUCE J. JDBC API Tutorial and Reference［M］. 3rd ed.［s. l.］：Addison Wesley，2003.

［5］ COLE B, ECKSTEIN R, ELLIOTT J,et al. Java Swing［M］. 2nd ed.［s. l.］：O'Reilly，2002.

［6］ HAROLD E R. Java I/O［M］. 2nd ed.［s. l.］：O'Reilly，2006.

［7］ OAKS S, WONG H. Java 线程［M］. 2 版. 黄岩波，程峰，译. 北京：中国电力出版社，2003.

［8］ FLANAGAN D. Java Examples in a Nutshell［M］. 3rd ed.［s. l.］：O'Reilly，2004.

［9］ DARWIN I F. Java Cookbook［M］. 2nd ed.［s. l.］：O'Reilly，2004.

［10］ FLANAGAN D, MCLAUGHLIN B. Java 1. 5 Tiger：A Developer's Notebook［M］.［s. l.］：O'Reilly，2004.

［11］ FLANAGAN D. Java in a Nutshell［M］. 4th ed.［s. l.］：O'Reilly，2002.

［12］ COOPER J W. Java 设计模式［M］. 王宇，林琪，杜志秀，译. 北京：中国电力出版社，2003.

［13］ SHALLOWAY A, TROTT J R. 设计模式精解［M］. 2 版. 北京：机械工业出版社，2006.

［14］ VENNERS B. 深入 Java 虚拟机［M］. 曹晓钢，蒋靖，译. 北京：机械工业出版社，2003.

［15］ BLOCH J. Effective Java［M］. 北京：中国电力出版社，2004.

［16］ BLOCH J, GAFTER N. Java 解惑［M］. 北京：人民邮电出版社，2006.

［17］ DACONTA M C, SMITH K L, AVONDOLIO D. et al. More Java Pitfalls［M］. 徐波，赵科，译. 北京：人民邮电出版社，2004.

［18］ WALLS C, BREIDENBACH R. Spring In Action［M］. 4th ed.［s. l.］：Manning Publications Co. ，2015.

［19］ BAUER C, KING G. Java Persistence with Hibernate［M］.［s. l.］：Manning Publications Co. ，2007.

［20］ ECKEL B. Java 编程思想［M］. 陈昊鹏，译. 北京：机械工业出版社，2007.

［21］ LIANG Y D. Java 语言程序设计基础篇［M］. 王镁，新夫，李娜，等译. 北京：机械工业出版社，2007.

［22］ 郎波. Java 语言程序设计［M］. 北京：清华大学出版社，2009.

［23］ HORSTMANN C S. Core Java for the Impatient［M］.［s. l.］：Pearson Education，2015.

［24］ URMA R,FUSCO M,MYCROFT A. Java 8 in Action［M］.［s. l］：Manning Publications Co. ，2015.

［25］ HECKLER M,GRUNWALD G,PEREDA J,et al. JavaFX 8：Introduction by Example［M］.［s. l.］：Apress，2014.

［26］ TAMAN M. JavaFX Essentials［M］.［s. l.］：Packt Publishing，2015.